全国高等职业教育“十三五”规划教材

云计算基础及应用

郎登何　等编著

机 械 工 业 出 版 社

本书站在云计算服务提供者、使用者和监管者的角度，以通俗易懂的方式介绍了云计算基础及应用的相关知识和技术，全书共9章，包括云计算概述、云服务、云用户、云计算架构及标准化、云计算主要支撑技术、公有云平台应用、私有云平台搭建、云计算存在的问题和云计算的应用。本书内容丰富、结构清晰、理论与实际操作相结合，能让读者在动手操作过程中理解抽象的概念和掌握云计算应用技术，章末有小结和思考与练习，帮助读者巩固所学知识。

本书可作为云计算科普读物和大专院校电子信息类的专业教材，也可以作为工程技术和管理人员的参考用书。

本书配套授课电子课件，需要的教师可登录 www. cmpedu. com 免费注册、审核通过后下载，或联系编辑索取（QQ：1239258369，电话：010 - 88379739）。

图书在版编目（CIP）数据

云计算基础及应用 / 郎登何等编著. —北京：机械工业出版社，2016.6（2019.1 重印）
全国高等职业教育“十三五”规划教材
ISBN 978-7-111-54412-8

Ⅰ. ①云… Ⅱ. ①郎… Ⅲ. ①云计算-高等职业教育-教材
Ⅳ. ①TP393.4

中国版本图书馆 CIP 数据核字（2016）第 174581 号

机械工业出版社（北京市百万庄大街 22 号　邮政编码 100037）
策划编辑：鹿　征　　责任编辑：鹿　征
责任校对：张艳霞　　责任印制：常天培
涿州市京南印刷厂印刷
2019 年 1 月第 1 版 • 第 4 次印刷
184mm×260mm • 13.25 印张 • 318 千字
7901-109000 册
标准书号：ISBN 978-7-111-54412-8
定价：35.00 元

凡购本书，如有缺页、倒页、脱页，由本社发行部调换

电话服务
服务咨询热线：（010）88379833
读者购书热线：（010）88379649

网络服务
机 工 官 网：www.cmpbook.com
机 工 官 博：weibo.com/cmp1952
教育服务网：www.cmpedu.com
金 书 网：www.golden-book.com

全国高等职业教育规划教材计算机专业

编委会成员名单

出版说明

《国务院关于加快发展现代职业教育的决定》指出：到2020年，形成适应发展需求、产教深度融合、中职高职衔接、职业教育与普通教育相互沟通，体现终身教育理念，具有中国特色、世界水平的现代职业教育体系，推进人才培养模式创新，坚持校企合作、工学结合，强化教学、学习、实训相融合的教育教学活动，推行项目教学、案例教学、工作过程导向教学等教学模式，引导社会力量参与教学过程，共同开发课程和教材等教育资源。机械工业出版社组织全国60余所职业院校（其中大部分是示范性院校和骨干院校）的骨干教师共同策划、编写并出版的“全国高等职业教育规划教材”系列丛书，已历经十余年的积淀和发展，今后将更加紧密结合国家职业教育文件精神，致力于建设符合现代职业教育教学需求的教材体系，打造充分适应现代职业教育教学模式的、体现工学结合特点的新型精品化教材。

“全国高等职业教育规划教材”涵盖计算机、电子和机电3个专业，目前在销教材300余种，其中“十五”“十一五”“十二五”累计获奖教材60余种，更有4种获得国家级精品教材。该系列教材依托于高职高专计算机、电子、机电3个专业编委会，充分体现职业院校教学改革和课程改革的需要，其内容和质量颇受授课教师的认可。

在系列教材策划和编写的过程中，主编院校通过编委会平台充分调研相关院校的专业课程体系，认真讨论课程教学大纲，积极听取相关专家意见，并融合教学中的实践经验，吸收职业教育改革成果，寻求企业合作，针对不同的课程性质采取差异化的编写策略。其中，核心基础课程的教材在保持扎实的理论基础的同时，增加实训和习题以及相关的多媒体配套资源；实践性较强的课程则强调理论与实训紧密结合，采用理实一体的编写模式；涉及实用技术的课程则在教材中引入了最新的知识、技术、工艺和方法，同时重视企业参与，吸纳来自企业的真实案例。此外，根据实际教学的需要对部分课程进行了整合和优化。

归纳起来，本系列教材具有以下特点。

1）围绕培养学生的职业技能这条主线来设计教材的结构、内容和形式。

2）合理安排基础知识和实践知识的比例。基础知识以“必需、够用”为度，强调专业技术应用能力的训练，适当增加实训环节。

3）符合高职学生的学习特点和认知规律。对基本理论和方法的论述容易理解、清晰简洁，多用图表来表达信息；增加相关技术在生产中的应用实例，引导学生主动学习。

4）教材内容紧随技术和经济的发展而更新，及时将新知识、新技术、新工艺和新案例等引入教材。同时注重吸收最新的教学理念，并积极支持新专业的教材建设。

5）注重立体化教材建设。通过主教材、电子教案、配套素材光盘、实训指导和习题及解答等教学资源的有机结合，提高教学服务水平，为高素质技能型人才的培养创造良好的条件。

由于我国高等职业教育改革和发展的速度很快，加之我们的水平和经验有限，因此在教材的编写和出版过程中难免出现问题和疏漏。我们恳请使用这套教材的师生及时向我们反馈质量信息，以利于我们今后不断提高教材的出版质量，为广大师生提供更多、更适用的教材。

机械工业出版社

前　言

随着云计算技术及产业的迅猛发展，社会对云计算技术人才的需求成倍增加。一方面，信息资源用户对信息的获取和应用的便捷性、低成本和个性化的要求不断提高，促使众多的IT企业在激烈的竞争中不断创新和变革以满足用户需求；另一方面，越来越多的公司认识到云计算在信息社会中的地位和作用，希望在新一轮信息技术革命中生存与发展，纷纷将云计算作为公司发展的重要战略；同时国家高度重视云计算产业在国民经济中的重要作用，将其作为产业结构调整，发展国民经济的重要战略。

企业信息技术人员、高校电子信息类专业学生和社会大众渴望学习云计算知识与技术，亟需一批通俗易懂、快速入门的读物或教材。笔者所在单位重庆电子工程职业学院与时俱进，把“云计算知识与技术”融入现有信息类专业，并成立了云计算技术教学团队，为即将建设的“云计算技术与应用”新专业奠定基础，希望能开发出适应产业需求和新专业教学规律的系列教材或参考书，这本《云计算基础及应用》是其中之一。

本书第1章为云计算概述，首先解决云计算是什么，有什么用，产生由来，对信息技术应用有什么优势和劣势的问题；第2章根据云服务类型介绍了基础设施即服务（IaaS）、平台即服务（PaaS）和应用即服务（SaaS）；第3章讲述了服务的使用者政府、企业、开发人员和社会大众等各类云用户在云计算及其产业发展中的地位和相互作用；在前3章基础上，通过第4章“云计算架构及标准化”和第5章“云计算主要支撑技术”让读者从宏观上理解云计算整体结构和所涉及的主要支撑技术；第6章“公有云平台的应用”和第7章“私有云平台搭建”，通过实际操作引领读者使用国内知名的百度、阿里和腾讯公有云平台，有兴趣的读者可以自己动手搭建私有云平台；第8章介绍了云计算存在的问题及应对态度和策略；最后，通过第9章云计算应用简要介绍了云计算在行业中的相关应用情况。

本书在内容安排上力求循序渐进、理论与实践相结合，解释抽象的概念和专业术语时尽量用通俗易懂的语言和容易接受和理解的示例进行说明。

本书由郎登何、李力、胡凯共同编写，殷鹏程和王围对本书进行了资料整理工作，郎登何进行全书统稿。由衷感谢本书编写过程中提供大力支持和帮助的太平洋电信有限公司重庆帕克耐科技有限公司彭贤明常务副总经理、重庆市深联电子信息有限公司张晓非高级工程师、重庆电子工程职业学院龚小勇教授和武春岭教授，以及云计算技术教学团队和教研室的同事。

由于作者水平有限，错误和疏漏之处在所难免，恳请同行专家和广大读者朋友不吝赐教。

编者

目　录

第1章　云计算概述

本章要点

- 云计算概念和基本特征
- 云计算的发展情况
- 云计算优势和劣势

互联网的快速发展提供给人们海量的信息资源，移动终端设备的广泛普及使得人们获取、加工、应用和向网络提供信息更加方便和快捷。信息技术的进步将人类社会紧密地联系在一起，世界上各国政府、企业、科研机构、各类组织和个人对信息的“依赖”程度前所未有。

降低成本、提高效益是企事业单位生产经营和管理的永恒主题，因对“信息”资源的依赖，使得企事业单位不得不在“信息资源的发电站”（数据中心）的建设和管理上大量投入，导致信息化建设成本高，中小企业更是不堪重负。传统的信息资源提供模式（自给自足）遇到了挑战，新的计算模式已悄然进入人们的生活、学习和工作，它就是被誉为第三次信息技术革命的“云计算”。

本章介绍云计算基本概念、特征、优势和劣势。

1.1　云计算的概念与特征

云计算是一个新名词，但不是一个新概念，从互联网诞生以来就一直存在，业界目前并没有对云计算进行一个统一的定义，也不希望对云计算过早地下定义，避免约束了云计算的进一步发展和创新。下面对“云计算”进行一个较全面的介绍。

1.1.1　云计算的基本概念

到底什么是云计算（Cloud Computing），目前有多种说法。现阶段广为接受的是美国国家标准与技术研究院（NIST）的定义：云计算是一种按使用量付费的模式，这种模式提供可用的、便捷的、按需的网络访问，进入可配置的计算资源共享池（资源包括网络、服务器、存储、应用软件、服务），这些资源能够被快速提供，只需要投入很少的管理工作，或与服务供应商进行很少的交互。通俗地讲，云计算要解决的是信息资源（包括计算机、存储、网络通信和软件等）的提供和使用模式，即由用户投资购买设施设备和管理促进业务增长的“自给自足”模式，转变为用户只需要付少量租金就能更好地服务于自身建设的、以“租用”为主的模式。

1. 云计算概念的形成

云计算概念的形成经历了互联网、万维网和云计算3个阶段，如图1-1所示。

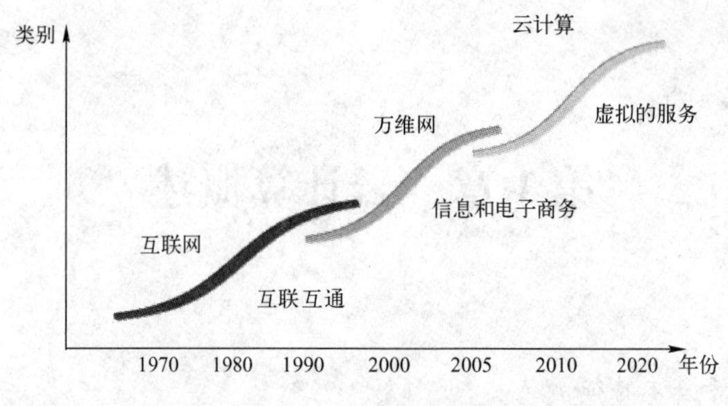

图 1-1　云计算概念的发展历程

（1）互联网阶段

个人计算机时代的初期，计算机不断增加，用户期望计算机之间能够相互通信，实现互联互通，由此，实现计算机互联互通的互联网的概念出现。技术人员按照互联网的概念设计出目前的计算机网络系统，允许不同硬件平台、不同软件平台的计算机上运行的程序能够相互之间交换数据。这个时期，PC 是一台“麻雀虽小，五脏俱全”的小计算机，每个用户的主要任务在 PC 上运行，仅在需要访问共享磁盘文件时才通过网络访问文件服务器，体现了网络中各计算机之间的协同工作。思科等企业专注于提供互联网核心技术和设备，成为 IT 行业的巨头。

（2）万维网阶段

计算机实现互联互通以后，计算机网络上存储的信息和文档越来越多。用户在使用计算机的时候，发现信息和文档的交换较为困难，无法用便利和统一的方式来发布、交换和获取其他计算机上的数据、信息和文档。因此，实现计算机信息无缝交换的万维网概念出现。目前全世界的计算机用户都可以依赖万维网的技术非常方便地进行网页浏览、文件交换等操作，同时，网景、雅虎和谷歌等企业依赖万维网的技术创造了巨量的财富。

（3）云计算阶段

万维网形成后，万维网上的信息越来越多，形成了一个信息爆炸的信息时代。中国各行各业的互联网化与现实世界数据化的趋势，使得数量和计算量呈指数性爆发，而数据存储、计算和应用都更加需要集中化。预测到 2020 年时，每年新增数据量将会达到 15.45ZB，整个网络上数据存储量将会达到 39ZB。如此规模的数据，使得用户在获取有用信息的时候存在极大的障碍，如同大海捞针。同时，互联网上所连接的大量的计算机设备提供超大规模的 IT 能力（包括计算、存储、带宽、数据处理和软件服务等），用户也难以便利地获得这些 IT 能力，导致 IT 资源的浪费。

另一方面，众多的非 IT 企业为信息化建设投入大量资金购置设备、组建专业队伍进行管理，成本通常居高不下，是许许多多中小企业难以承受的。

于是，一种需求产生了，它就是通过网络向用户提供廉价、满足业务发展的 IT 服务的需求，从而形成了云计算的概念。云计算的目标就是在互联网和万维网的基础上，按照用户的需要和业务规模的要求，直接为用户提供所需要的服务。用户不用自己建设、部署和管理这些设施、系统和服务。用户只需要参照租用模式，按照使用量来支付使用这些云服务的费用。

在云计算模式下，用户的计算机变得十分简单，用户的计算机除了通过浏览器给“云”发送指令和接收数据外基本上什么都不用做，便可以使用云服务提供商的计算资源、存储空间和各种应用软件。这就像连接“显示器”和“主机”的电线无限长，从而可以把显示器放在使用者的面前，而主机放在远到甚至计算机使用者本人也不知道的地方。云计算把连接“显示器”和“主机”的电线变成了网络，把“主机”变成云服务提供商的服务器集群。

在云计算环境下，用户的使用观念也会发生彻底的变化：从“购买产品”转变到“购买服务”，因为他们直接面对的将不再是复杂的硬件和软件，而是最终的服务。用户不需要拥有看得见、摸得着的硬件设施，也不需要为机房支付设备供电、空调制冷、专人维护等费用，并且不需要等待漫长的供货周期、项目实施等冗长的时间，只需要给云计算服务提供商支付费用，就会马上得到需要的服务。

2. 不同角度看云计算

云计算的概念可以从用户、技术提供商和技术开发人员 3 个不同角度来解读。

（1）用户看云计算

从用户的角度考虑，主要根据用户的体验和效果来描述，云计算可以总结为：云计算系统是一个信息基础设施，包含有硬件设备、软件平台、系统管理的数据以及相应的信息服务。用户使用该系统的时候，可以实现“按需索取、按用计费、无限扩展、网络访问”的效果。

简单而言，用户可以根据自己的需要，通过网络去获得自己需要的计算机资源和软件服务。这些计算机资源和软件服务是直接供用户使用而不需要用户做进一步的定制化开发、管理和维护等工作。同时，这些计算机资源和软件服务的规模可以根据用户业务变化和需求的变化，随时进行调整到足够大的规模。用户使用这些计算机资源和软件服务，只需要按照使用量来支付租用的费用。

（2）技术提供商看云计算

技术提供商对云计算理解为，通过调度和优化的技术，管理和协同大量的计算资源；针对用户的需求，通过互联网发布和提供用户所需的计算机资源和软件服务；基于租用模式的按用计费方法进行收费。

技术提供商强调云计算系统需要组织和协同大量的计算资源来提供强大的 IT 能力和丰富的软件服务，利用调度优化的技术来提高资源的利用效率。云计算系统提供的 IT 能力和软件服务针对用户的直接需求，并且这些 IT 能力和软件服务都在互联网上进行发布，允许用户直接利用互联网来使用这些 IT 能力和服务。用户对资源的使用，按照其使用量来进行计费，实现云计算系统运营的盈利。

（3）技术开发人员看云计算

技术开发人员作为云计算系统的设计和开发人员，认为云计算是一个大型集中的信息系统，该系统通过虚拟化技术和面向服务的系统设计等手段来完成资源和能力的封装以及交互，并且通过互联网来发布这些封装好的资源和能力。

所谓大型集中的信息系统，指的是包含有大量的软硬件资源，并且通过技术和网络等对其进行集中式的管理的信息系统。通常这些软硬件资源在物理上或者在网络连接上是集中或者相邻的，能够协同来完成同一个任务。

信息系统包含有软硬件和很多软件功能，这些软硬件和软件功能如果需要被访问和使用，必须有一种把相关资源和软件模块打包在一起并且能够呈现给用户的方式。虚拟化技术和 Web 服务是最为常见的封装和呈现技术，可以把硬件资源和软件功能等打包，并且以虚拟计算机和网络服务的形式呈现给用户使用。

3. 云计算概念总结

云计算并非一个代表一系列技术的符号，因此不能要求云计算系统必须采用某些特定的技术，也不能因为用了某些技术而称一个系统为云计算系统。

云计算概念应该理解为一种商业和技术的模式。从商业层面，云计算模式代表了按需索取、按用计费、网络交付的商业模式。从技术层面，云计算模式代表了整合多种不同的技术来实现一个可以线性扩展、快速部署、多租户共享的 IT 系统，提供各种 IT 服务。

云计算仍然在高速发展，并且不断地在技术和商业层面有所创新。

1.1.2 云计算的基本特征

云计算的核心思想是将大量用网络连接的计算资源统一管理和调度，构成一个计算资源池向用户按需服务。其通过使计算分布在大量的分布式计算机上，而非本地计算机或远程服务器中，企业数据中心的运行将与互联网更相似，使得企业能够将资源切换到需要的应用上，根据需求访问计算机和存储系统。

4 个基本特征如下。

1）基于大规模基础设施支撑的强大计算能力和存储能力。

多数云计算中心都具有比较大规模的计算资源，例如，Google 云计算中心已经拥有几百万台服务器，通过整合和管理这些数目庞大的计算机集群来赋予用户前所未有的计算和存储能力。

2）使用多种虚拟化技术提升资源利用率。

云计算支持用户在任意位置、使用各种终端获取应用服务，对用户而言，只要按照需要请求“云”中资源，而不必（实际上是无法）了解资源的实体信息，例如，物理位置、性能限制等，从而有效简化应用服务的使用过程。

3）依托弹性扩展能力支持的按需访问，按需付费以及强通用性。

云计算中心的定位通常表现为，支持业界多数主流应用，支撑不同类型服务同时运行，保证服务质量。“云”是一个庞大的资源池，“云”中资源能够动态调整、伸缩，适应用户数量的变化以及每个用户根据业务调整应用服务的使用量等具体需求，保证用户能够像自来水、电和煤气等公用事业一样根据使用量为信息技术应用付费。

4）专业的运维支持和高度的自动化技术。

“云”实现了资源的高度集中，不仅包括软硬件基础设施和计算、存储资源，也包括云计算服务的运维资源。在“云端”聚集了具有专业知识和技能的人员和团队，帮助用户管理信息和保存数据，从而保证业务更加持续稳定地运行。另一方面，云中不论是应用、服务和资源的部署，还是软硬件的管理，都主要通过自动化的方式来执行和管理，从而极大地降低整个云计算中心庞大的人力成本。

1.1.3 云计算判断标准

判断是不是云计算可用以下三条标准来衡量

1. 用户使用的资源不在客户端而在网络中

云计算必须是通过网络向用户提供动态可伸缩的计算能力，如果来自用户本地肯定不能称为云计算。

2. 服务能力具有优于分钟级的可伸缩性

从网络得到的服务，无论是服务注册、查询、使用都应该是实时的，用户通常没有等待超过一分钟以上时间的耐心。

3. 五倍以上的性价比提升

用户在使用服务的成本支付上大大降低，同使用本地资源相比应该有五倍以上的性价比。

1.2 云计算的发展

云计算是继20世纪80年代大型计算机到客户端/服务器的大转变之后的又一种巨变。了解云计算发展情况，有利于深刻理解云计算基本概念和掌握有关技术。

1.2.1 云计算简史

1983年，太阳微系统公司（Sun Micro systems）提出“网络即计算机”（The Network is the Computer）。

2006年3月，亚马逊（Amazon）推出弹性计算云（Elastic Compute Cloud，EC2）服务。

2006年8月9日，Google首席执行官埃里克·施密特（Eric Schmidt）在搜索引擎大会（SES San Jose 2006）首次提出“云计算”（Cloud Computing）的概念。Google“云端计算”源于Google工程师克里斯托弗·比希利亚所做的“Google 101”项目。

2007年10月，Google与IBM开始在美国大学校园，包括卡内基梅隆大学、麻省理工学院、斯坦福大学、加州大学柏克莱分校及马里兰大学等，推广云计算的计划，这项计划希望能降低分布式计算技术在学术研究方面的成本，并为这些大学提供相关的软硬件设备及技术支持（包括数百台个人计算机及Blade Center与System x服务器，这些计算平台将提供1600个处理器，支持包括Linux、Xen和Hadoop等开放源代码平台）。而学生则可以通过网络开发各项以大规模计算为基础的研究计划。

2008年1月30日，Google宣布在台湾启动“云计算学术计划”，将与台湾台大、交大等学校合作，将这种先进的大规模、快速计算技术推广到校园。

2008年2月1日，IBM宣布将在中国无锡太湖新城科教产业园为中国的软件公司建立全球第一个云计算中心（Cloud Computing Center）。

2008年7月29日，雅虎、惠普和英特尔宣布一项涵盖美国、德国和新加坡的联合研究计划，推出云计算研究测试床，推进云计算。该计划要与合作伙伴创建6个数据中心作为研究试验平台，每个数据中心配置1400个至4000个处理器。这些合作伙伴包括新加坡资讯通信发展管理局、德国卡尔斯鲁厄大学Steinbuch计算中心、美国伊利诺伊大学香槟分校、英特尔研究院、惠普实验室和雅虎。

2008 年 8 月 3 日，美国专利商标局网站信息显示，戴尔正在申请“云计算”（Cloud Computing）商标，此举旨在加强对这一未来可能重塑技术架构的术语的控制权。2010 年 3 月 5 日，Novell 与云安全联盟（CSA）共同宣布一项供应商中立计划，名为“可信任云计算计划（Trusted Cloud Initiative）”。

2010 年 7 月，美国国家航空航天局和包括 Rack space、AMD、Intel、戴尔等支持厂商共同宣布“Open Stack”开放源代码计划。

2010 年 10 月微软表示支持 Open Stack 与 Windows Server 2008 R2 的集成；而 Ubuntu 已把 Open Stack 加至 11.04 版本中。

2011 年 2 月，思科系统正式加入 Open Stack，重点研制 Open Stack 的网络服务。

2012 年，随着阿里云、盛大云、新浪云、百度云等公共云平台的迅速发展，腾讯、淘宝、360 等开放平台的兴起，云计算真正进入到实践阶段。2012 年被称为“中国云计算实践元年”。

2014 年 8 月 19 日，阿里云启动“云合计划”，该计划拟招募 1 万家云服务商，为企业、政府等用户提供一站式云服务，其中包括 100 家大型服务商、1000 家中型服务商，并提供资金扶持、客户共享、技术和培训支持，帮助合作伙伴从 IT 服务商向云服务商转型。东软、中软、浪潮、东华软件等国内主流的大型 IT 服务商，均相继成为阿里云合作伙伴。

2015 年，全球云计算服务市场规模达到 1750 亿美元，增长 13.06%。从全球来看，2021 年全球云计算服务市场规模将达到 3912.2 亿美元，我国公有云服务市场规模将达到 570.3 亿元。

1.2.2 云计算现状

当前云计算已经不再像前几年那样火热，产业界对云计算的关注度已经被大数据、可穿戴设备等新的名词所超越，但这并不意味着云计算本身影响力的削弱，而是因为“云”已经成为 ICT 技术和服务领域的“常态”。产业界对待云计算不再是抱着疑虑和试探的态度，而是越来越务实地接纳它、拥抱它，不断去挖掘云计算中蕴藏的巨大价值。其国际国内现状如下。

1. 国际现状

国际上几个云计算巨头表现各有其特点：

IBM 继续加速向云计算转型。据华尔街预计，以目前 IBM 的发展速度，2018 年 IBM 总营收将达到 900 亿美元，这意味着来自云计算等新兴业务的营收将占到总营收的约 44%，而 2015 年这部分业务的营收为 250 亿美元，占 930 亿美元总销售额的约 27%。

微软云计算转型初显成效，未来加速前行。在 2016 年 1 月底微软发布的第二财季的报告来看，微软以 Office 365、Azure 和 Dynamics CRM 为核心的企业级云服务，收入上增长了 114%，年收入已达 55 亿美元，显示出强劲的增长态势。事实上，作为一家即将 40 岁的老牌 IT 巨头，微软在减少对 PC 过度依赖的同时，正在努力追赶大数据、移动互联和云计算的浪潮。

2014 年 9 月，Google Enterprise 正式更名为 Google for Work，谷歌希望新的品牌能够在

延续 Google Enterprise 服务内容的同时，帮助它向企业客户售出更多的服务。目前，谷歌正在不遗余力地进军云计算市场，公司为此投入了大量资源，并在内部将这一业务视为目前的重心。

亚马逊云计算业务成长迅速。在传统业务不断加强的基础上，同样也在寻找新的营收增长点，云计算无疑是重点所在。如今，亚马逊已经是最大的公有云服务提供商，并在 2014 年与诸多竞争对手打起了云服务的价格战。据悉，自从 AWS 服务推出以来，亚马逊已经进行了 40 次定价调整。可见该领域 IT 厂商之间竞争剧烈。

虚拟化起家的公司 VMware，从 2008 年也开始举起了云计算的大旗。VMware 具有坚实的企业客户基础，为超过 19 万家企业客户构建了虚拟化平台，而虚拟化平台正成为云计算的最为重要的基石。没有虚拟化的云计算，绝对是空中楼阁，特别是面向企业的内部云。到目前为止，VMware 已经推出了云操作系统 vSphere、云服务目录构件 vCloud Director、云资源审批管理模块 vCloud Request Manager 和云计费 vCenter Chargeback。VMware 致力于开放式云平台建设，是目前业界唯一一款不需要修改现有的应用就能将今天数据中心的应用无缝迁移到云平台的解决方案，也是目前唯一提供完善路线图帮助用户实现内部云和外部云联接的厂家。

VMware 和 EMC 宣布计划共同成立新的云服务业务，旨在为客户提供业内最全面的混合云产品组合。这家新的联盟企业将使用 Virtustream 品牌，将 vCloud Air、Virtustream、对象存储和管理云服务融为一体。在 VMworld 2015 大会上，VMware 邀请 3.2 万名客户、合作伙伴和具有影响力的嘉宾齐聚美国旧金山和巴塞罗那，并发布了一系列新产品、服务和合作伙伴动态，旨在帮助客户业务转型，迎接全新 IT 模式。

VMware 宣布为 VMwarevCloud Air 提供新一代公有云产品，包括对象存储服务和全球 DNS 服务。VMware vCloud Air Object Storage 是搭载谷歌云平台和 EMC 非结构化数据的一个高度可扩展、可靠和具成本效益的存储服务。

VMware 宣布了在“云管理平台”的多项重大更新，包括 vRealize Automation 7.0 和 vRealize Business。增强功能包括在整个云端提供以应用为主的网络和安全应用程序，通过单一的控制面板提高透明度和控制 IT 服务的成本和质量。

VMware 为其云原生技术产品提供两个全新项目，旨在满足企业的安全和隔离 IT 要求、服务水平协议、数据持久性、网络服务和管理。VMware vSphere Integrated Containers 将帮助 IT 团队在本地或在 VMware 的公有云或 vCloud Air 中运行云原生应用。VMware 的 Photon 平台将作为运行云原生应用的专用平台。

此外，惠普、英特尔等国际 IT 巨头都成立了自己的数据中心，目的同样是推广云计算技术。

2. 国内现状

我国云计算经过多年产业培育期，从产业链成熟度、商业模式，到客户使用习惯等方面，已经具备很好的发展条件，随着各行业领域大数据应用的不断推进，整个云计算行业即将步入爆发期。

云计算在促进大众创业、万众创新方面成效明显。如百度开放云平台就聚集了 100 多万开发者，利用百度云的计算能力、数据资源和应用软件等，开发位置导航、影音娱乐、健康管理和信息安全等各类创新应用。几年来，百度云已累计为开发者节约了超过 25 亿元的研发成本。

此外，阿里小贷依托阿里云生态体系和大数据支撑，可以了解把握小微企业的信用程度，已累计为90万家小微企业放贷2300亿元，为缓解我国小微企业融资难问题做出了积极贡献。云计算已经成为我国社会创新创业的重要基础平台，应用市场需求旺盛，发展前景广阔。

当前，我国已经进入信息时代，随着“一带一路”经济带的贯通，信息产业势必也会随之扩大。云计算是信息产业中的重点领域，在“一带一路”发展过程中将释放较大潜力，未来有望突破万亿元规模。

2015年1月30日，国务院下发《关于促进云计算创新发展培育信息产业新业态的意见》。意见提出，到2017年，云计算在重点领域的应用得到深化，产业链条基本健全，初步形成安全保障有力，服务创新、技术创新和管理创新协同推进的云计算发展格局，带动相关产业快速发展。到2020年，云计算应用基本普及，云计算服务能力达到国际先进水平，掌握云计算关键技术，形成若干具有较强国际竞争力的云计算骨干企业。

1.3 云计算的优势与劣势

当前各种市场营销都以云计算作为卖点，云手机、云电视、云存储等频频冲击着人们的眼球。2012年以来，各大IT巨头们频繁出手，纷纷收购各种软件公司为以后云计算发展打下基础，而且在云计算背景下各大厂家以此作为营销法宝，各种云方案、云功能“纷纷出炉”，一切似乎都预示着人们已进入“云的时代”。

1.3.1 云计算的优势

那么云计算究竟有什么好处呢？为什么各大巨头纷纷出手发展云计算呢？为什么要用云计算？云计算能给人们带来哪些便利？这些都是用户需要弄明白的问题，下面总结一下云计算的几大优势，以帮助更多用户了解云计算。

1. 更加便利

如果你的工作需要经常出差，或者有重要的事情需要及时得到处理，那么云计算就会给你提供一个全球随时访问的机会，无论你在什么地方，只要登录自己的账户，都可以随时处理公司的文件或亲人的信件。你可以安全地访问公司的所有数据，而不至于仅限U盘中有限的存储空间，能让人随时随地都可以享受跟公司一样的处理文件的环境。

2. 节约硬件成本

前谷歌中国区总裁李开复在2011年表示，云计算可将硬件成本降低40倍，他举例说，谷歌如果不采用云计算，每年购买设备的资金将高达640亿美元，而采用云计算后仅需要16亿美元的成本。

云计算能为公司节省多少成本会根据公司的不同有所差别。但是云计算能节省企业硬件成本已经是个不争的事实，企业可以使公司的硬件的利用率达到最大化，从而使公司支出进一步缩小。

3. 节约软件成本

公司利用云技术将不必为每一个员工都购买正版使用权，当使用云计算的时候，只需要为公司购买一个正版使用权就可以了，所有员工都可以依靠云计算技术共同使用该软件。软件即服务（SaaS）已经得到越来越多的人的认可，随着它的发展，云计算节省软件成本的优势将会越来越显著。

4. 节省物理空间

部署云计算后，企业再也不需要购买大量的硬件，同时存放服务器和计算机的空间也被节省出来，在房屋价格不断上涨的阶段，节省企业物理空间无疑会给企业节省更多的费用，大大提升了企业的利润。

5. 实时监控

企业员工可以在全国各地进行办公，只需要一个移动设备就能满足，而通过手机电话等方式可以对员工的具体情况进行监控，可以对公司的情况进一步了解，在提升员工的工作积极性的同时使员工的效率达到最大化。

6. 企业更大的灵活性

云计算提供给企业更多的灵活性，企业可以根据业务情况来决定是否需要增加服务，企业也可以从小做起，用最少的投资来满足自己的现状，而当企业的业务增长到需要增加服务的时候，可以根据自己的情况对服务进行选择性增加，使企业的业务利用性达到最大化。

7. 减少 IT 支持成本

简化硬件的数量，消除组织网络和计算机操作系统配置步骤，可以减少企业对 IT 维护人员数量需求，从而使企业的 IT 支持成本达到最小化，使企业工作人员达到最佳状态，省去之前庞大的 IT 维护人员需要的支持成本无疑就是提升了企业的利润。

8. 企业安全

云计算能给企业数据带来更安全的保证，可能很多人并不同意这个观点，但是云计算能给企业带来的安全是真实存在的。在我国，IT 人员极其缺乏，网络安全人员更是少之又少，在一些企业，很难对计算机的安全做到固若金汤，而云计算则能很好地解决这类问题，服务提供商能够给企业提供最完善、最专业的解决方案，使企业数据安全得到最大保证。

9. 数据共享

以前人们保存电话号码，通常是手机里面存储一百多个，电话簿上也会存储很多，计算机里面也会存储一些，当有了云计算，数据只要一份（即保存在云的另一端，如云盘），用户的所有电子设备只要连接到互联网，就可以同时访问和使用同一数据。

10. 使生活更精彩

以前人们存储数据在很多情况下是记录在笔记本或者计算机硬盘中，而现在，可以把所有的数据保存在云端。当驾车在外时，只要自己登录所在地区的卫星地图上就能了解实时路况，可以快速查询实时路线，还可以把自己随时拍下的照片传到云端保存，实时发表亲身感受，等等。

可以说云计算带来的好处是非常多的，使我们的生活更精彩。

1.3.2 云计算的劣势

事物都有利弊之分，云计算也不例外，只有充分认识到它的优势和劣势，才能更好地应用云计算，其劣势表现在以下几个方面。

1. 云计算本身还不太成熟

尽管众多云计算厂商把云计算炒得火热，每个厂商推出的云产品和云套件也是琳琅满目、层出不穷，但是都各自为阵，没有统一的平台和标准来规范。用户必须结合自身实际情况在安全性、稳定性等方面慎重考虑。云计算还有很长的路要走，很多地方都得优化。

2. 数据安全性

从数据安全性方面看，云计算还没有完全解决这个问题，企业将数据存储在云上还会考虑其重要性，有区别地对待。

3. 应用软件性能不够稳定

尽管已有许多云端应用软件供大家使用，由于网络带宽等原因使用其性能受到影响，相信随着我国信息化的发展，这个问题将迎刃而解。

4. 按流量收费有时会超出预算

将资源和数据存储在云端进行读取的时候，需要的网络带宽是非常庞大的，所需要的成本过于巨大，甚至超过了购买存储本身的费用。

5. 自主权降低

客户希望能完全管理和控制自己的应用系统，原来的模式中，每层应用都可以自定义的设置和管理；而换到云平台以后，用户虽然不需要担心基础架构，但同时也让企业感到了担忧，毕竟现在熟悉的东西突然变成了一个“黑盒”。

小结

云计算概念应该理解为一种商业和技术的模式。从商业层面，云计算模式代表了按需索取、按用计费、网络交付的商业模式。从技术层面，云计算模式代表了整合多种不同的技术来实现一个可以线性扩展、快速部署、多租户共享的 IT 系统，提供各种 IT 服务。云计算仍然在高速发展，并且不断地在技术和商业层面有所创新。

云计算有 4 个基本特征，分别是：基于大规模基础设施支撑的强大计算能力和存储能力；使用多种虚拟化技术提升资源利用率；依托弹性扩展能力支持的按需访问，按需付费以及强通用性；专业的运维支持和高度的自动化技术。

云计算在不断发展变化中，随着相关技术的成熟，其优势的一面是客户将不断受益，其不足之处是用户必须结合自身实际情况在安全性、稳定性等方面慎重考虑。云计算还有很长的路要走，很多地方还得优化。

思考与练习

1. 请列举一些关于云计算的名词。
2. 结合自己认识谈谈什么是云计算。
3. 云计算对中小企业有何意义？如果你是企业的信息主管，对信息化有何期待？
4. 云计算有何特征？如何理解？
5. 云计算的发展过程中，互联网有何作用？
6. 简述云计算的优势和劣势。
7. 结合对云计算的理解，讨论：百度云、阿里云、云办公、云安全。
8. 如何判断所用资源是否为云计算？

第2章　云　服　务

本章要点

- 领会什么是云服务
- 理解基础设施即服务、平台即服务
- 掌握应用即服务
- 了解其他云服务

从信息资源的提供和使用来看，通过网络获取信息资源的用户也就获得了云服务，云计算环境下，IT 即服务。这些服务有哪些，有什么特点，在信息化高速发展的今天，有必要理解并掌握这些服务获取知识和技能。

2.1　什么是云服务

云服务是基于互联网的相关服务的增加、使用和交付模式，通常是通过互联网提供的动态、易扩展、廉价的各类资源。这种服务可以是 IT、软件和互联网相关产品，也可以是其他服务，云服务意味着计算能力可以作为一种商品通过互联网进行流通，能解决企事业单位和社会组织业务效率快速提升的有关问题。

如图 2-1 所示。云服务的提供者是各类 IT 厂商，以下章节简称为云服务提供商。包括电信运营商、各类软件开发企业、应用服务开发单位等，如中国电信、移动、联通通信运营商务，微软、Oracle 等软件公司，亚马逊、谷歌、百度、阿里巴巴等服务提供商等。云服务的客户是使用信息资源的企事业单位或者个人，客户只需要通过网络连接到云服务商的资源中心就可以获得所需要的服务。

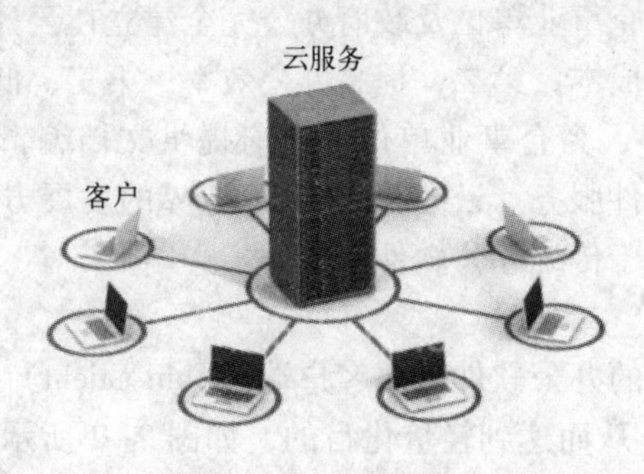

图 2-1　云服务与客户关系图

2.1.1 云服务简介

云服务商向客户提供的服务非常丰富，例如存储服务、办公服务、安全服务、娱乐服务、金融服务和教育服务等，也可以相对应地称为云存储、云办公、云安全、云娱乐等。例如百度、360、阿里向用户推出的云盘存储服务；微软在中国大陆推出由世纪互联运营的Office 365 云办公服务等。

1. 云存储（Cloud Storage）

在 PC 时代用户的文件存储在本地存储设备中（如硬件、软盘或者 U 盘中），云存储则不将文件存储在本地存储设备上，而存储在“云”中，这里的云即“云存储”，它通常是由专业的 IT 厂商提供的存储设备和为存储服务的相关技术集合，即它是指通过集群应用、网格技术或分布式文件系统等功能，将网络中大量各种不同类型的存储设备通过应用软件集合起来协同工作，共同对外提供数据存储和业务访问功能的一个系统。云存储的核心是应用软件与存储设备相结合，通过应用软件来实现存储设备向存储服务的转变，是一个以数据存储和管理为核心的云计算系统。

提供云存储服务的 IT 厂商主要有微软、IBM、Google、网易、新浪、中国移动 139 邮箱和中国电信等。

2. 云安全（Cloud Security）

云计算中用户程序的运行、各种文件存储主要由云端完成，本地计算设备主要从事资源请求和接收功能，也就是事务处理和资源的保管由第三方厂商提供服务，用户会考虑这样可靠吗，重要信息是否泄密，等等，这就是云安全问题。

“云安全”是在“云计算”“云存储”之后出现的“云”技术的重要应用，已经在反病毒软件中取得了广泛的应用，发挥了良好的效果。云安全是我国企业创造的概念，在国际云计算领域独树一帜。最早提出“云安全”这一概念的是趋势科技，2008 年 5 月，趋势科技在美国正式推出了“云安全”技术。“云安全”的概念在早期曾经引起过不小争议，现在已经被普遍接受。值得一提的是，中国网络安全企业在“云安全”的技术应用方面走到了世界前列。

3. 云办公（Cloud Office）

广义上的云办公是指将企事业单位及政府办公完全建立在云计算技术基础上，从而实现三个目标：第一，降低办公成本；第二，提高办公效率；第三，低碳减排。狭义上的云办公是指以“办公文档”为中心，为企事业单位及政府提供文档编辑、存储、协作、沟通、移动办公和工作流程等云端软件服务。云办公作为 IT 业界的发展方向，正在逐渐形成其独特的产业链与生态圈，并有别于传统办公软件市场。

（1）云办公的原理

云办公的原理是把传统的办公软件以瘦客户端（Thin Client）或智能客户端（Smart Client）运行在网络浏览器中，从而达到轻量化目的，如图 2-2 所示。随着云办公技术的不断发展，现今世界顶级的云办公应用，不但对传统办公文档格式具有很强的兼容性，更展现了前所未有的特性。

（2）云办公的特性

云办公的特性如下。

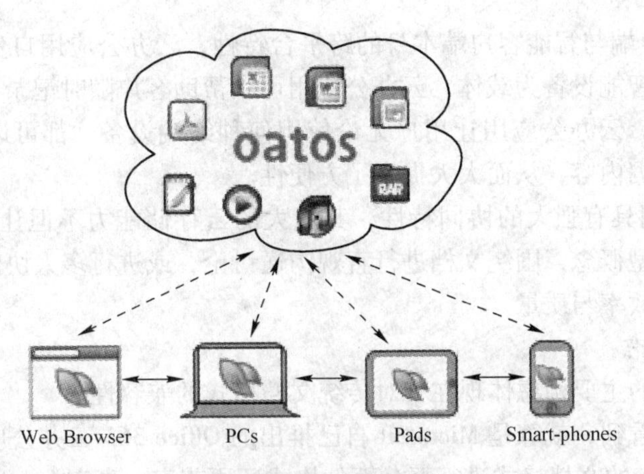

图 2-2　云办公原理图

1）跨平台：编制出精彩绝伦的文档不再是传统办公软件（如 Microsoft Office）所独有，网络浏览器中的瘦客户端同样可以编写出符合规格的专业文档，并且这些文档在大部分主流操作系统与智能设备中都可以轻易被打开。

2）协同性：文档可以多人同时进行编撰修改，配合直观的沟通交流，随时构建网络虚拟知识生产小组，从而极大地提高办公效率。

3）移动化办公：配合强大的云存储能力，办公文档数据可以无处不在，通过移动互联网随时随地同步与访问数据，云办公可以帮助外派人员彻底扔掉繁重的公文包。

（3）云办公和传统办公软件比较

传统办公软件的问题：在 PC 时代 Microsoft 公司的 Office 软件垄断了全球的文档办公市场，但随着企业协同办公需求的不断增加，传统办公软件展现出以下这些缺点。

1）使用复杂，对计算机硬件有一定要求。传统办公软件需要用户购买及安装臃肿的客户端软件，这些客户端软件不但价格昂贵，而且要求用户在每一台计算机都进行烦琐的下载与安装，最后更拖慢了用户本地计算机的运行速度。

2）跨平台能力弱。传统办公软件对于新型移动设备操作系统（如 iOS、Android 等）没有足够的支持。随着办公轻量化、办公时间碎片化逐渐成为现代商业运作的特性，传统办公软件则相对显得臃肿与笨重。

3）协同能力弱。现代商业运作讲究团队协作，传统办公软件“一人一软件”的独立生产模式无法将团队中每位成员的生产力串联起来。虽然传统办公厂商（如 Microsoft）推出了 SharePoint 等的专有文档协同共享方案，但其昂贵的价格与复杂的安装维护工作成为其普及的绊脚石。

（4）云办公应用的优越性

云办公应用为解决传统办公软件存在的诸多问题而生，其相比传统办公软件的优越性体现在如下几个方面：

1）运用网络浏览器中的瘦客户端或智能客户端，云办公应用不但实现了最大程度的轻量化，更为客户提供创新的付费选择。首先，用户不再需要安装臃肿的客户端软件，只需要打开网络浏览器便可轻松运行强大的云办公应用。其次，利用 SaaS 模式，客户可以采用按需付费的形式使用云办公应用，从而达到降低办公成本的目的。

2）因为瘦客户端与智能客户端本身的跨平台特性，云办公应用自然也拥有了这种得天独厚的优势。借助智能设备为载体，云办公应用可以帮助客户随时记录与修改文档内容，并同步至云存储空间。云办公应用让用户无论使用何种终端设备，都可以使用相同的办公环境，访问相同的数据内容，从而大大提高了方便性。

3）云办公应用具有强大的协同特性，其强大的云存储能力不但让数据文档无处不在，更结合云通信等新型概念，围绕文档进行直观沟通讨论，或进行多人协同编辑，从而大大提高团队协作项目的效率与质量。

（5）用户的疑虑

对云办公应用的主要疑虑体现在其对传统文档格式的兼容性。

其实我们应该看到，就算是 Microsoft 自己推出的 Office 365 云办公应用，也无法对其自家的 Office 软件生产的文档格式进行百分百的格式还原兼容。事实上，这正是云办公与传统办公软件市场最大的不同之处。经过长期的发展，一些世界尖端的云办公应用已经完全有能力编辑出专业的文档与表格，因此在与传统办公软件格式兼容的问题上，我们大可以转换一种思维，如果我们从现在开始使用云办公应用来生产新的文档，而这些文档又可以在大多数平台中得到完全展现的话，与旧文档格式兼容的依赖就可以大大弱化。我们可以这样理解，对旧文档格式的兼容支持仅作为导入云办公应用格式的用途。

（6）云办公——知名云办公应用提供商

1）Google Doc。Google Docs 是云办公应用的先行者，提供在线文档、电子表格、演示文稿三类支持。该产品于 2005 年推出至今，不但为个人提供服务，更整合到了其企业云应用服务 Google Apps 中，至 2011 年，Google Docs 在全球的用户数超过了 2500 万。

2）Office 365。传统办公软件王者 Microsoft 公司也在近期推出了其云办公应用 Office 365，预示着 Microsoft 自身对于 IT 办公的理解转变，更预示着云办公应用的发展革新浪潮不可阻挡。Office 365 将 Microsoft 众多的企业服务器服务以 SaaS 方式提供给客户。

3）EverNote。EverNote 在近年来异军突起，主打个人市场，其口号为“记录一切”。EverNote 并没有在兼容传统办公软件格式上花太多的功夫，而是瞄准跨平台云端同步这个亮点。EverNote 允许用户在任何设备上记录信息并同步至用户其他绑定设备中。

4）搜狐企业网盘。搜狐企业网盘是集云存储、备份、同步、共享为一体的云办公平台，具有稳定安全、快速方便的特点。搜狐企业网盘，支持所有文件类型上传、下载和预览，支持断点 logo 续传；多平台高效同步，共享文件实时更新，误删文件快速找回；并有用户权限设置，保障文件不被泄露；以及采用 AES-256 加密存储和 HTTP+SSL 协议传输，多点备份，保证数据安全。

5）OATOS 云办公套件。OATOS 专注于企业市场，企业用户只需要打开网络浏览器便可以安全直观地使用其云办公套件。OATOS 兼容现今主流的办公文档格式（doc、xls、ppt、pdf 等），更配合 OATOS 企业网盘、OATOS 云通信和 OATOS 移动云应用等核心功能模块，为企业打造一个创新的，集文档处理、存储、协同、沟通和移动化为一体的云办公 SaaS 解决方案。

6）35 互联云办公。35 云办公，采用行业领先的云计算技术，基于传统互联网和移动互联网，创新云服务+云终端的应用模式，为企业用户版提供一账号管理聚合应用服务。35 云办公聚合了企业邮箱、企业办公自动化、企业客户关系管理、企业微博和企业即时通信等企业办公应用需求，同时满足了桌面互联网、移动互联网的办公模式，开创全新的立体化企业办公新模式。一体化实现企业内部的高效管理，使企业沟通、信息管理以及事务流转不再受使用平台和地域限制，为广大企业提供最高效、稳定、安全和一体化的云办公企业解决方案。

4. 云娱乐

广义的云娱乐是基于云计算的各种娱乐服务，如云音乐、云电影、云游戏等。狭义的云娱乐是通过电视直接上网，不需要计算机、鼠标、键盘，只用一个遥控器便能轻松畅游网络世界，既节省了去电影院的时间和金钱，又省去了下载电影的麻烦，电视用户可随时免费享受到即时、海量的网络大片，打造了一个更为广阔的3C融合新生活方式。

（1）云娱乐背景

1987年9月20日，中国人发出第一封主题为“穿越长城，走向世界”的E－mail，首次实现与Internet的连接，使中国成为国际互联网络大家庭的一员。互联网在中国20多年的发展带来了深刻影响，几乎大部分60岁以下的人群都与互联网有着千丝万缕的联系，可以说互联网已经成为人们获取信息和娱乐的一种习惯，随着在线视频的逐渐流行，及生活水平的提高和消费理念的成熟，消费者对于电视的功能给予了更多的期望，人们意识到计算机有时不能提供最佳的互联网体验，电视机在视频显示方面的优势就凸显出来，用更少的支出获得更多的生活享受成为一种需求，能通过电视直接上网成为众多用户的期待。

（2）云娱乐的形成条件

彩电行业进入数字化时代以来，数字技术正在打破消费电子、通信和计算机之间的界限，全球彩电企业面临全新的竞争局面。从模拟时代到数字时代，彩电行业的竞争形态发生了根本变化，在尺寸、画质、音质和外观等方面做到差异化越来越难，3C融合成为竞争新方向。3C融合的关键是内容的共享，内容的载体是开放式流媒体，开放式流媒体电视是未来电视发展的主流方向。在用户需求、行业方向和技术趋势日渐成熟之际，海尔模卡电视与搜狐的合作恰恰实现了消费电子用户与网络用户的对接，使云娱乐变成现实。

（3）云娱乐的主要产品

在“互联网＋”的当下，家庭生活进入云娱乐时代，各种云娱乐产品以更加开放、更加融合的资态改变着人们的生活。yobbom家庭云娱乐一体机就是杰出的代表。

yobbom家庭云娱乐一体机是一款集“HIFi音响＋WiFi点唱机＋OTT播放器”功能于一身的生态创新、聚合交互型智能家居设备。它不仅以极具性价比的优势从硬件层面解决了构建家庭娱乐中心/系统基础设备的难题，而且从内容层面聚合了咪咕音乐、芒果TV等国内顶级音视频内容供应商的优质资源，可将用户的客厅瞬间升级成家庭KTV、电影院、私人音乐会。

（4）云娱乐特点

1）省时省力省钱。对于爱看电影的用户来说，接入搜狐高清、豆瓣电影、优酷影视频道看电影省去了去电影院的时间和金钱，又省去了下载电影的麻烦，高清画质弥补了在计算机上观看电影画质不清的缺陷。

2）方便快捷。云娱乐时代，在闲暇的时光，人们无论是想听听音乐，还是想和家人一起看一部震撼的大片，抑或是想和朋友在家 KTV，都将变得轻松、经济和便捷；更重要的是，电视机、计算机和电影院三种模式之间只需要通过一个遥控器自由切换，给酷爱电影、喜欢上网的朋友带来了福音，同时为一些从未上网的用户敞开了网络之门。

云服务按是否公开发布服务分为公有云、私有云和混合云。

公有云通常指第三方提供商为用户提供的能够使用的服务，一般可以通过 Internet 使用，可能是免费或成本低廉的。这种云有许多实例，可以在当今整个开放的公有网络中提供服务。公有云被认为是云计算的主要形态。在国内发展如火如荼，根据市场参与者类型分类，可以分为五类：

- 传统电信基础设施运营商，包括中国移动、中国联通和中国电信；
- 政府主导下的地方云计算平台，如各地的“某某云”项目；
- 互联网巨头打造的公有云平台，如盛大云、阿里云、百度云等；
- 部分原 IDC 运营商，如世纪互联；
- 具有国外技术背景或引进国外云计算技术的国内企业，如风起亚洲云。

私有云是为一个客户单独使用而构建的，因而提供对数据、安全性和服务质量的最有效控制。该公司拥有基础设施，并可以控制在此基础设施上部署应用程序的方式。私有云可部署在企业数据中心的防火墙内，也可以将它们部署在一个安全的主机托管场所，私有云的核心属性是专有资源。

混合云融合了公有云和私有云，是近年来云计算的主要模式和发展方向。私有云主要是面向企业用户，出于安全考虑，企业更愿意将数据存储在私有云中，但是同时又希望可以获得公有云的计算资源，在这种情况下混合云正成为主要建设模式，它将公有云和私有云进行混合和匹配，以获得最佳的效果，这种个性化的解决方案，达到了既省钱又安全的目的。

三者之间的关系如图 2-3 所示。公有云是可以服务于所有客户的云计算系统，它通常是由专门的服务商提供，隔离在企业防火墙以外的系统，而私有云只服务于企业内部，部署在企业防火墙以内，所有应用只对内部员工开放，混合云则介于二者之间，具有私有云和公有云的共同特征。

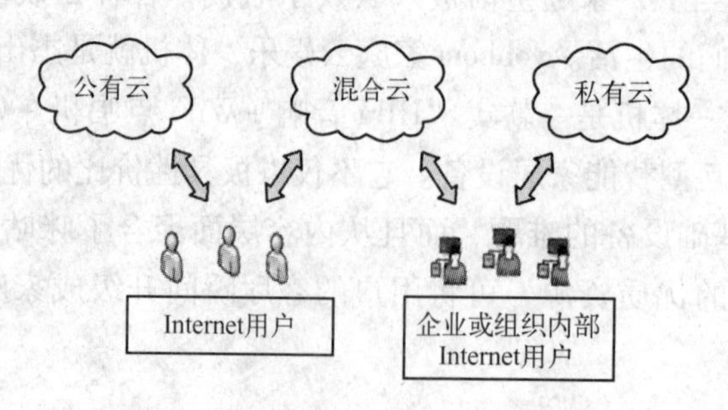

图 2-3　公有云、混合云和私有云关系

2.1.2 云服务的特点和对 IT 的改变

云服务是社会经济发展的必然结果，已经深入到国民经济的各行各业和人们的生活、工作和学习之中，云服务是建立在云计算的基础之上的。云服务的发展必将促进企业信息化的发展和引发 IT 服务的深刻变革。企业和用户只需要关注自己的数据，而对数据的计算、存储方式、效率都由云服务商负责管理，云的服务商则将核心业务重点放在 IT 架构的运营上，服务将成为 IT 的核心内容。

1. 云服务的特点

云服务作为一种全新的模式，受到大家广泛的关注，并产生巨大的商业潜力，已经有越来越多的 IT 巨头投身到了云服务的领域里。其特点如下：

（1）设备无关性

用户所用服务无论是哪个层次的，都通过网络从服务商处获取，服务商用什么设备、如何管理与维护，用户不需要知道，只需要上网的设备可以使用即可。对用户来源，大大减少了传统模式下的设备依赖性，这为云服务动态地配置资源提供可能。

（2）无限可能的计算能力

服务商将大量计算资源集中到一个公共资源池中，通过多种租用的方式共享这个服务，提供了最大限度的共享，提高了资源的利用率，对用户来说好像有无限的资源，永远也用不完。

（3）成本低

使用云服务一方面服务商方便集中管理云中心设施设备，降低管理成本，另一方面用户不仅省去了基础设施设备的购置费用、运维费用，还可以根据业务需要不断扩展和更换服务，降低了 IT 成本，提高了资金利用率。

2. 云服务对传统 IT 行业的改变

现在，由云服务引发的一场变革正在轰轰烈烈进行，对传统 IT 行业的影响如下：

1）小的 IT 厂商被迫转型，那些以组装台式机为主营业务的小计算机公司迎来新的机遇和挑战，IT 行业将重新进行资源整合，强者愈强，弱者将出局。

2）“世界上只需几台计算机就够了”，它们是 IBM、谷歌、微软或者阿里巴巴等。云计算模式下互联网即计算机，国际 IT 巨头因掌握 IT 领域核心技术、管理先进，在这场声势浩大的竞争中处于优势。

3）软件开发公司的工作方式更加自由。软件公司根据市场需要开发的各种软件只需要放在自己的数据中心或租用的空间，提供服务接口让用户使用。盗版软件将没有市场。软件公司在软件需求获取、分析、设计、实施、测试和营销将变得更加方便，有利于开发更多优质软件服务用户。

4）用户终端种将多样化，设备生产厂商竞争更加激烈。

5）IT 行业将产生一系列云服务标准。这些标准将有利于云服务商提供优质服务和用户使用云服务提高企业生产效率。

2.2 基础设施即服务（IaaS）

按照服务类型云服务分为基础设施即服务（Infrastructure as a Service，IaaS,）、平台即服务（Platform as a Service，PaaS）和软件即服务（Software as a Service，SaaS）。如图2-4所示。

图2-4　云服务的三种类型

基础设施即服务（Infrastructure as a Service，IaaS）是指用户通过Internet可以获得IT基础设施硬件资源，并可以根据用户资源使用量和使用时间进行计费的一种能力和服务。提供给消费者的服务是对所有计算基础设施的利用，包括CPU、内存、存储、网络等计算资源，用户能够部署和运行任意软件，包括操作系统和应用程序。消费者不管理或控制任何云计算基础设施，但能控制操作系统的选择、存储空间、部署的应用，也有可能获得有限制的网络组件（例如路由器、防火墙、负载均衡器等）的控制。

1. IaaS的作用

1）用户可以从供应商那里获得需要的虚拟机或者存储等资源来装载相关的应用，同时这些基础设施的烦琐的管理工作将由IaaS供应商来处理。

2）IaaS能通过它上面的虚拟机支持众多的应用。IaaS主要的用户是系统管理员。

2. IaaS的特征

1）以服务的形式提供虚拟的硬件资源。

2）用户不需要购买服务器、网络设备、存储设备，只需要通过互联网租赁即可。

3. IaaS的优势

1）节省费用：大量设施设备购置、管理和维护费用的节省。

2）灵活，可随时扩展和收缩资源：用户可根据业务需求增加和减少所需虚拟化资源。

3）安全可靠：专业的IT厂商（云服务商）管理IT资源比用户单位自行管理很多时候更专业、更可靠。

4）让客户从基础设施的管理活动中解放出来，专注核心业务的发展。

4. IaaS 的应用方式

美国纽约时报使用成百上千台亚马逊弹性云计算虚拟机在 36 小时内处理 TB 级的文档数据，如果没有亚马逊提供的计算资源，纽约时报处理这些同样多的数据将要花费数天或者数月的时间，采用 IaaS 方式大大提高了处理效率，降低了处理成本。

IaaS 通常分为三种用法：公有云、私有云的和混合云

亚马逊弹性云在基础设施中使用公共服务器池（公有云）；更加私有化的服务会使用企业内部数据中心的一组公用或私有服务器池（私有云）；如果在企业数据中心环境中开发软件，那么这两种类型公有云、私有云都可以使用（混合云），而且使用弹性计算云临时扩展资源的成本也很低，如开发和测试，综合使用两者可以更快地开发应用程序和服务，缩短开发和测试周期。

5. 主要服务商

（1）服务商选择考虑因素

选择云计算基础设施服务商（如 VMware、微软、IBM 或 HP）时，用户应结合自身业务发展需求选择有利于可持续发展的服务商提供基础设施服务，考虑因素有：

1）服务商是否有明确云计算战略。

2）服务商所提供的服务是否满足用户需求且不会突破预算。

3）服务商能否提供创新产品，即其产品应能与其他厂商的云计算平台实现互操作。

需要强调的是如果没有一家服务商满足用户需要，选择构建私有云的代价是昂贵的，用户如果不经过深思熟虑和产品调研比较，所面临的风险将是受制于某一厂商而无法脱身。

（2）国外主要服务商

1）VMware。VMware 公司无疑是云计算领域的推动者，为公有云和私有云计算平台搭建提供软件，如 vSphere 系列软件为云平台的搭建提供了全方位支持。

2）微软。众所周知，微软公司已全面向云计算转变，Windows Azure 是微软的平台即服务（PaaS）产品，Windows Server 2008、Hyper - V 等都提供云计算支持。

3）IBM。IBM 提供了 Cloud Burst 私有云产品和 Smart Cloud 公有云产品。

4）Open Stack。Open Stack 是一个美国国家航空航天局和 Rackspace 合作研发的，以 Apache 许可证授权，并且是一个自由软件和开放源代码项目。

5）Amazon EC2。亚马逊弹性云计算（Amazon Elastic Compute Cloud，Amazon EC2），是亚马逊的 Web 服务产品之一，Amazon EC2 利用其全球性的数据中心网络，为客户提供虚拟主机服务，让用户可以租用数据中心运行的应用系统。

6）Google Compute Engine（GCE）。Google Compute Engine（GCE）是一个 IaaS 平台，其架构与驱动 Google 服务的架构一样，开发者可以在这个平台上运行 Linux 虚拟机，获得云计算资源、高效的本地存储，通过 Google 网络与用户联系，得到更强大的数据运算能力。

（3）国内主要服务商

百度、阿里巴巴、腾讯和盛大被誉为国内云计算“四大金刚”。

1）百度。通过百度可在互联网上找到需要的信息，也可申请成为百度用户使用其提供的云盘，申请云主机和开发平台的使用。百度已成为人们网络生活不可缺少的工具。

2）阿里巴巴。在 2009 年，阿里巴巴宣布成立“阿里云”子公司，该公司将专注于云计

算领域的研究和研发。“阿里云”也成为继阿里巴巴、淘宝、支付宝、阿里软件、中国雅虎之后的阿里巴巴集团第八家子公司。阿里云的目标是要打造互联网数据分享的第一平台，成为以数据为中心的先进的云计算服务公司，现在可在阿里云上申请云服务器、云数据、云安全等多项服务。

3）腾讯。腾讯是国内最大社交平台之一，QQ 用户都是腾讯公司的客户。腾讯公司在云计算领域不吝重金建设数据中心向全世界提供各类云服务。

4）世纪互联。世纪互联在 2008 年初开始进行 IaaS 探索，并推出了现今通用的“云主机”，2009 年初推出云主机 beta 版，2009 年底重组为云快线，2010 年底推出云主机 2.0，同时推出微软公司 Office 365 等云服务产品。

此外，国内知名的云服务商还有 360、万网、鹏博士、中国电信、中国联通和中国移动等。

2.3 平台即服务（PaaS）

平台即服务（Platform as a Service，PaaS）是把服务器平台或开发环境作为一种服务提供给客户的一种云计算服务。在云计算的典型层级中，平台即服务层介于软件即服务与基础设施即服务之间（如图 2-5 所示）。平台即服务是一种不需要下载或安装即可通过互特网发送操作系统和相关服务的模式。由于平台即服务能够将私人计算机中的资源转移至网络，所以有时它也被称为“云件”（cloudware）。平台即服务是软件即服务（Software as a Service）的延伸。

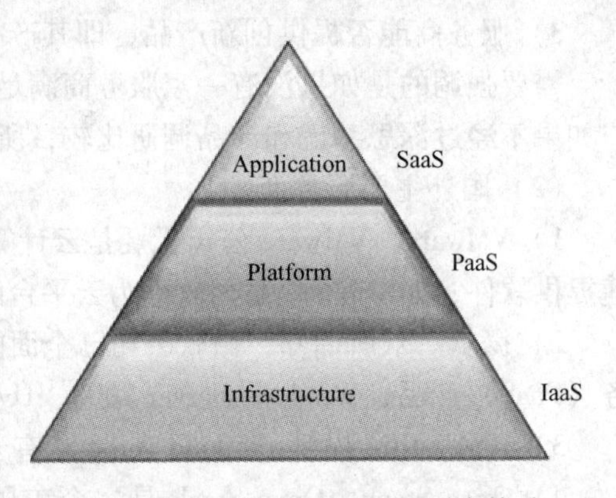

图 2-5　IaaS、PaaS、SaaS 层次关系

平台即服务提供用户能将基础设施部署与创建至客户端，或者借此获得使用编程语言、程序库与服务。用户不需要管理与控制基础设施，包含网络、服务器、操作系统或存储，但需要控制上层的应用程序部署与应用代管的环境。用户或者厂商基于 PaaS 平台可以快速开发自己所需要的应用和产品。

1. PaaS 的功能

1）友好的开发环境：通过提供 SDK 和 IDE 等工具让用户能在本地方便地进行应用的开发和测试。

2）丰富的服务：PaaS 平台会以 API 的形式将各种各样的服务提供给上层的应用。

3）自动的资源调度：也就是可伸缩这个特性，它不仅能优化系统资源，而且能自动调整资源来帮助运行于其上的应用更好地应对突发流量。

4）精细的管理和监控：通过 PaaS 能够提供应用层的管理和监控，来更好地衡量应用的运行状态，还能够通过精确计量应用使用所消耗的资源来更好地计费。

5）主要用户：应用 PaaS 用户可以非常方便地编写应用程序，而且无论是在部署还是在运行的时候，用户不需要为服务器、操作系统、网络和存储等资源的管理操心，这些烦琐的工作都由 PaaS 供应商负责处理。PaaS 主要的用户是开发人员。

2. PaaS 的特点

1）按需要服务；

2）方便的管理与维护；

3）按需计费；

4）方便的应用部署。

3. PaaS 的优势

1）开发简单；

2）部署简单；

3）维护简单。

2.4 软件即服务（SaaS）

软件即服务（Software as a Service，SaaS）是随着互联网技术的发展和应用软件的成熟，兴起的一种完全创新的软件应用模式，如图 2-6 所示。它是一种通过 Internet 提供软件的模式，服务商（厂商）将应用软件统一部署在自己的服务器上，客户可以根据自己的实际需求，通过互联网向厂商定购所需要的应用软件服务，按定购的服务多少和时间长短向厂商支付费用，并通过互联网获得厂商提供的服务。用户不用再购买软件，而改用向服务提供商租用基于 Web 的软件，来管理企业经营活动，且不用对软件进行维护，服务提供商会全权管理和维护软件，软件厂商在向客户提供互联网应用的同时，也提供软件的离线操作和本地数据存储功能，让用户随时随地都可以使用其定购的软件和服务。对于许多小型企业来说，SaaS 是采用先进技术的最好途径，它消除了企业购买、构建和维护基础设施和应用程序的需要。

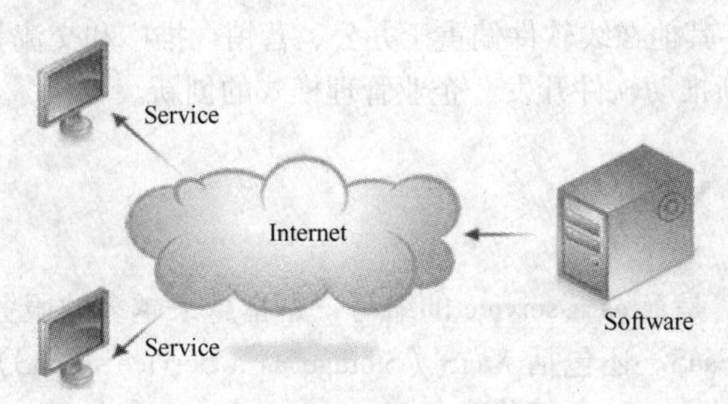

图 2-6　软件即服务示意图

SaaS 应用软件的价格通常为“全包”费用，囊括了通常的应用软件许可证费、软件维护费以及技术支持费，将其统一为每个用户的月度租用费。对于广大中小型企业来说，SaaS 是采用先进技术实施信息化的最好途径。但 SaaS 绝不仅仅适用于中小型企业，所有规模的企业都可以从 SaaS 中获利。

1. SaaS 的功能

1）随时随地访问：在任何时候或者任何地点，只要接上网络，用户就能访问这个 SaaS 服务；

2）支持公开协议：通过支持公开协议（例如 HTML4/5），能够方便用户使用；

3）安全保障：SaaS 供应商需要提供一定的安全机制，不仅要使存储在云端的用户数据处于绝对安全的环境，而且也要在客户端实施一定的安全机制（例如 HTTPS）来保护用户；

4）多租户机制：通过多租户机制，不仅能更经济地支撑庞大的用户规模，而且能提供一定的可定制性以满足用户的特殊需求。

2. SaaS 特点

1）在中小企业盛行；

2）不用管理软硬件；

3）服务主要是通过浏览器实现。

3. SaaS 的优势

1）软件租赁：用户按使用时间和使用规模付费；

2）绿色部署：用户不需要安装，打开浏览器即可运行；

3）不需要额外的服务器硬件；

4）软件（应用服务）按需订制。

4. SaaS 的一些应用

1）实际上 SaaS 主要在 CRM 软件领域应用广泛；

2）另外，进销存、物流软件等也是一种应用；

3）更广义的是工具化 SaaS，例如视频会议租用等，企业邮箱等成为 SaaS 应用的主要应用。

需要强调的是：随着技术发展和商业模式的创新，SaaS 定义范围会更宽泛，不仅包括企业在线管理软件（CRM/EPR/SCM/人力资源管理），而且还包括企业在线办公系统、在线营销系统、在线客服系统和在线调研系统等，只是满足客户的不同需求而已，在线管理软件偏重于企业管理需求，其他在线软件偏重于办公、营销、推广和交流等需求。

SaaS 的应用将不断推动软件开发、企业管理模式的创新。

2.5 更多服务（XaaS）

XaaS 是一个通称，是 X as a service 的缩写，是指越来越多的服务通过互联网提供，不仅仅指 IaaS、PaaS 和 SaaS。还包括 XaaS（Storage as a Service，SaaS）、通信即服务（Communications as a Service，CaaS）、网络即服务（Network as a Service，NaaS）和监测即服务（Monitoring as a Service，MaaS）等。云计算的本质就是 XaaS。

XaaS 最常见的例子是软件即服务（Software as a Service，SaaS）、基础设施即服务（Infrastructure as a Service，IaaS）和平台即服务（Platform as a Service，PaaS）。这三个结合起来使用，有时被称为 SPI 模式（SaaS、PaaS、IaaS）。

随着云服务爆炸式的增长，“即服务”这个后缀也正在以令人目眩的速度增长，以下列出的仅仅是云服务领域中目前存在的此类服务的一部分：

存储即服务（Storage as a Service，SaaS）；

安全即服务（Security as a Service，SECaaS）；

数据库即服务（Database as a Service，DaaS）；

监控/管理即服务（Monitoring/Management as a Service，MaaS）；

通信、内容和计算即服务（Communications，content and computing as a Service，CaaS）；

身份即服务（Identity as a Service，IDaaS）；

备份即服务（Backup as a Service，BaaS）；

桌面即服务（Desktop as a Service，DaaS）。

小结

云服务是基于互联网的相关服务的增加、使用和交付模式，通常是通过互联网提供的动态、易扩展、廉价的各类资源。这种服务可以是 IT、软件和互联网相关产品，也可以是其他服务，云服务意味着计算能力可作为一种商品通过互联网进行流通，能解决企事业单位和社会组织业务效率快速提升的有关问题。

云服务商向客户提供的服务非常丰富，例如存储服务、办公服务、安全服务、娱乐服务、金融服务、教育服务等，也可以相对应地称为云存储、云办公、云安全、云娱乐等。例如百度、360、阿里向用户推出的云盘存储服务；微软在中国大陆推出由世纪互联运营的 Office 365 云办公服务等。

随着世界经济不断发展与变迁，云服务已经深入各行各业之中，人们对其利用程度也越来越广泛，云服务是建立在云计算的基础之上的。它的发展是随着企业信息化的发展而发展的，它的发展将引发 IT 服务的变革，企业和用户只需要关注数据是自己的，而对数据的计算存储方式、效率均采用云的服务来实现和提升，云的服务商则将核心业务重点放在 IT 架构的运营上，服务将成为下一代 IT 的核心内容。

基础设施即服务（Infrastructure as a Service，IaaS）是指用户通过 Internet 可以获得 IT 基础设施硬件资源，并可以根据用户资源使用量和使用时间进行计费的一种能力和服务。提供给消费者的服务是对所有计算基础设施的利用，包括处理 CPU、内存、存储、网络和其他基本的计算资源，用户能够部署和运行任意软件，包括操作系统和应用程序。消费者不管理或控制任何云计算基础设施，但能控制操作系统的选择、存储空间、部署的应用，也有可能获得有限制的网络组件（例如路由器、防火墙、负载均衡器等）的控制。

平台即服务（Platform as a Service，PaaS）是一种无须下载或安装，即可通过互联网发送操作系统和相关服务的模式。由于平台即服务能够将私人计算机中的资源转移至网络云，所以有时它也被称为“云件”（cloudware）。平台即服务是软件即服务（Software as a Service）的延伸。

软件即服务（Software as a Service，SaaS）是随着互联网技术的发展和应用软件的成熟，兴起的一种完全创新的软件应用模式。它是一种通过 Internet 提供软件的模式，服务商（厂商）将应用软件统一部署在自己的服务器上，客户可以根据自己实际需求，通过互联网向厂商定购所需要的应用软件服务，按定购的服务多少和时间长短向厂商支付费用，并通过互联网获得厂商提供的服务。用户不用再购买软件，而改用向提供商租用基于 Web 的软件，来管理企业经营活动，且无须对软件进行维护，服务提供商会全权管理和维护软件，软件厂商在向客户提供互联网应用的同时，也提供软件的离线操作和本地数据存储功能，让用户随时随地都可以使用其定购的软件和服务。对于许多小型企业来说，SaaS 是采用先进技术的最好途径，它消除了企业购买、构建和维护基础设施和应用程序的需要。

XaaS 是一个通称，是 X as a Service 的缩写，是指越来越多的服务通过互联网提供，不仅仅指 IaaS、PaaS 和 SaaS。还包括 XaaS（Storage as a Service，SaaS）、通信即服务（Communications as a Service，CaaS）、网络即服务（Network as a Service，NaaS）和监测即服务（Monitoring as a Service，MaaS）等。云计算的本质就是 XaaS。

XaaS 最常见的例子是软件即服务（Software as a Service，SaaS）、基础设施即服务（Infrastructure as a Service，IaaS）和平台即服务（Platform as a Service，PaaS）。这三个结合起来使用，有时被称为 SPI 模式（SaaS、PaaS、IaaS）。

思考与练习

1. 结合你学习和生活实际情况，说说什么是云服务，使用了哪些服务，应该如何选择云服务商。

2. 什么是基础设施即服务（IaaS）？有何功能和特点？

3. 什么是平台即服务（PaaS）？有何功能和特点？

4. 什么是软件即服务（SaaS）？有何功能和特点？

5. 还有哪些云服务？举例说明。

第3章　云　用　户

本章要点

- 政府用户
- 企业用户
- 开发人员
- 大众用户

任何技术的发展与创新都是满足人们生产、生活需要为目的的，云计算的迅猛发展同样是为一定用户群体服务的。它的兴起动力源于高速互联网络和虚拟化技术的发展、更加廉价且功能强劲的芯片及硬盘、数据中心的发展。云计算的用户为获取自身业务发展需要的信息资源，借助各种终端设备通过网络访问云服务商提供各类服务。其用户已渗透到人类生产、生活的各个领域，这些用户可以分为政府机构、企业、开发人员及大众用户。本章介绍云计算的各类用户。

3.1　政府用户

政府机构在云计算的发展过程中扮演着一个特殊的角色，国家政府机构是信息资源的最大的生产者和使用者，国家政府部门的信息化程度是衡量其国家现代化程度的一个指标。起着推动这项技术发展的一股力量，这其中包括引导、投资及提供相应的资助。同时还肩负着对这个“生态系统”的监管和标准制定的责任。再者，政府还是最大的使用者和受益者。图3-1所示给出了政府在云计算发展中所扮演的三种角色。可以理解为承担着监管、使用和服务为一体的这样一个特殊的职责。

图3-1　云计算发展中政府的角色

3.1.1　政府机构作为云服务提供商

政府机构是云计算的提供商，是信息资源的最大生产者，也是信息资源的最大使用者。这里的信息资源就可以理解为人类在生产、生活中创造的有价值信息服务。从某种意义上讲，政府行使职能进行国家管理的过程就是信息搜集、加工处理并进行决策的过程，在这个过程中信息流动贯穿其中，而政府作为信息流的“中心节点”，其自身的信息化则成为经济和社会信息化的先决条件之一。人们通常所讲的政务信息透明完全可以借助云服务为老百姓提供便利。当然国家推行的电子政务正是其在国民经济和社会信息化背景下，以提高政府办公效率、改善决策和投资环境为目标，将政府的信息发布、管理、服务和沟通功能向互联网迁移，同时也为政府管理流程再造、构建和优化政府内部管理系统、决策支持系统、办公自动化系统，提高政府信息管理、服务水平提供了强大的技术和咨询支持。那么电子政务的发展必然会用到云计算技术，云计算技术将国家大力投入的政府机构的高标准的网络环境、物理硬件环境有效地作为资源最大化被应用。按需求提供资源，服务可计量，整个分布式共享形式可被动态地扩展和配置，最终以服务的形式提供给用户。换言之，政府机构可通过各种终端设备传播相应服务。

3.1.2 政府机构作为云服务的监管者

政府机构是云计算的监管者。政府作为监管者，有责任降低使用云服务的“风险”，并通过“必要的监管职能确保用户和供应商的正常运作”，这里的监管职能是通过制定相应法律法规和行业标准加以约束，特别是对违反法律以及道德规范相关服务坚决进行打击，为整个社会以及“云计算生态环境”构建一个健康发展的外部环境，使得这个行业能为人民生活水平的提高以及国家财富的积累起积极作用。

3.1.3 政府机构作为云服务的使用者

政府机构是云计算的用户。政府信息化发展需要云计算。这里所说的需要云计算是指对于某些政务信息公开化方面，云计算能够更好地解决。但是政府机构应该确定自己的业务需求，切不可追求政绩工程盲目投资，必须先进行评估，明确内部业务需求。

长期以来，我国在信息基础设施上投入巨大，然而我们需要深刻地认识到，这些基础设施如果不能最大化地发挥作用，很快会变成不值钱的固定资产，这样造成国家资源的巨大浪费。政府机构在采购或者做出某些决策时应该能够尽可能地制定出方案，以科学化的手段并进行综合考虑，既不造成资源浪费，又能从根本上解决实际问题。

3.1.4 政务云

政务云即电子政务云（E－government cloud），结合了云计算技术的特点，对政府管理和服务职能进行精简、优化、整合，并通过信息化手段在政务上实现各种业务流程办理和职能服务，为政府各级部门提供可靠的基础 IT 服务平台。政务云通过统一标准不仅有利于各个政府之间的互连互通，避免产生“信息孤岛”，也有利于避免重复建设，节约建设资金。为政府机构优质、全面、规范、透明、国际水准的管理和服务提供条件。

1. 电子政务的重要性

党的十八大报告指出，推进电子政务的发展和应用，是政务部门提升履行职责能力和水平的重要途径，也是深化行政管理体制改革和建设人民满意的服务型政府的战略举措。

国家电子政务十二五规划提出，在将来的一段时间内，电子政务建设要以服务经济结构、战略性调整、服务保障和改善民生、服务加强和创新社会管理为目标，促进服务责任、法治和廉洁政府建设。

2. 电子政务信息化过程中出现如下问题

1）资源浪费现象严重；

2）信息孤岛阻碍信息的交流共享；

3）高难度开发制约着应用；

4）高运行成本难以承受网络环境下的应用系统的部署、运行和维护。

3. 政务云对电子政务的影响

1）为从根本上打破各自为政的建设思路提供了可能；
2）通过统筹规划，可以把大量的应用和服务放在云端，充分利用云服务；
3）通过第三方、专业化的服务，可以增强电子政务的安全保障；
4）可以大量节约电子政务的建设资金，降低能源消耗，实现节能减排。

4. 电子政务云平台优势

（1）硬件使用效率低，资源无法共享

问题描述：各委、办、局子系统独立运行，特定时间一些业务需求得不到满足，而其他业务却处于空闲状态。

解决方案：通过多层虚拟技术，实现各电子政务系统的之间的硬件共享，甚至与各地的"云计算中心"平台的硬件资源共享。

"云"优势：充分利用共享的硬件资源，实现应用系统按照需求，向电子政务云动态申请计算与存储能力的"云计算"。

（2）服务质量保证参差不齐

问题描述：不断申请上马新的业务系统，运维压力不断提升，水平却很难提高。一些经过特殊设计的应用系统，能够实现高可用性，而更多的系统服务质量完全依赖各信息中心的技术与资源，运营水平参差不齐。

解决方案：通过集中化的虚拟化管理，轻松实现统一的低成本高标准的运维管理。

"云"优势：各委办局系统都能达到统一标准的运维管理。原信息中心，可以将精力投入到各自业务系统中，不必再过分关注备份恢复、安全管理和运行维护等细节。

（3）客户端维护成本高

问题描述：每个系统都有特定的客户端应用。这些应用的分发、维护工作随应用的增加，成本增长。

解决方案：通过 VDI（Virtual Desktop Infrastructure），全面虚拟化客户端上的行业应用。简化客户端应用运维需求，实现动态管理。

"云"优势：大幅降低客户端运维需求，将有可能实现低成本的客户端运维或客户端外包与租赁。

（4）灾难恢复困难

问题描述：遭遇重大灾难，造成政务系统全面彻底的破坏，除个别特殊设计的系统外，多数政务系统将完全瘫痪。而按照现有模式，把所有系统都实现异地灾备，成本和复杂度极高。

解决方案：通过云计算主机和 VM 高可用性、热迁移等技术，或与姐妹城市达成共识，利用对方的"电子政务云"互为备份，实现低成本异地灾备。

"云"优势：可通过云计算高可用性、也可与姐妹城市的政务云互相备份，恢复快，成本低，管理方便。

3.2 企业用户

企业是云计算的重要用户，它们遍布于农业、工业、商业、建筑、交通运输和教育培训等行业，下面从大型企业和中小企业两个方面介绍。

3.2.1 大型企业

大型企业一般实力雄厚，业务复杂。可以分为两种，一种是作为云服务提供商角色，另一种则是根据自身业务需求构建私有云的角色，当然也可以使用公有云及混合云。

1. 大型企业作为云服务商

21 世纪是信息时代，谁拥有更多的资源，谁就站在了制高点，谁就能创造更多的财富。一些大型的 IT 企业恰恰看到了这样的发展趋势，才大力发展云技术。图 3-2 所示列出了部分云服务商提供的服务及其投入云计算行业的一个历程，以及他们是何时开始提供云计算的。进入 2012 年后越来越多的大型 IT 企业进入云服务商的行列。

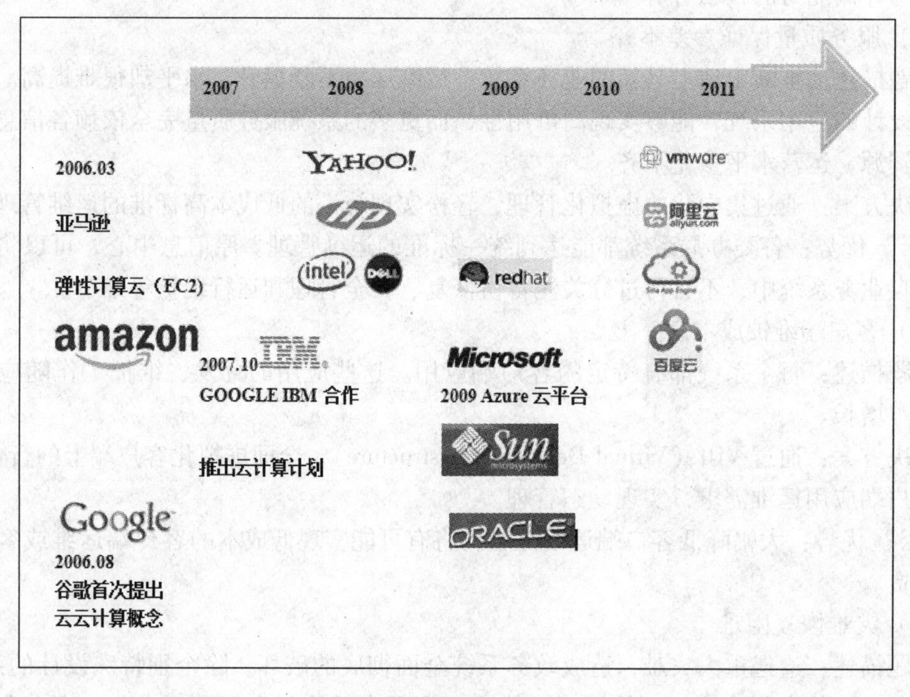

图 3-2　云提供商历史阶段

2. 大型企业建设私有云

一般来讲大型企业业务复杂，职能机构多，需要信息化的建设。云计算可以轻松实现不同设备间的数据与应用共享，存在跨设备平台的业务推广的优势，云计算的出现是软硬件技术发展到一定阶段的产物，是大型企业发挥资源规模效应的关键。云计算平台具有高可扩展性、超大规模、高可用性和成本低廉等特点。

随着企业业务量的不断增加，云计算能实时监控资源的使用情况，分析并自动重新增加以及分配相应的系统资源。同时当业务处于阶段性低需求时，云平台可伸缩式自动化地回收资源开销，节约维护成本，降低能耗。

当云计算下的软件系统出现故障时，云计算支持冗余的、能够自我恢复的高扩展性保障。

对于企业如何利用云计算平台，如何搭建自身的私有云以及混合云，需要结合自身企业内部信息化的软硬件基础综合考虑，加以分析决策以制定出合理的解决方案。

3.2.2 中小型企业

中小企业处于整个国民经济行业的金字塔的最底层，其坚实有力的发展是整个国家经济的发展基础。云计算是渗透于整个国民经济所有行业的一种技术以及商业模式，那么云计算又能给中小企业带来什么，下面将和大家分享一下对此的理解。

1. 中小型企业在云计算中的机会

在这场云计算蓬勃发展的大潮中，一批中小型企业或许面临着抉择。2008 年经济危机的影响还未退去，紧接着 2010 年的欧债危机，至今仍阴云密布，绝大多数企业仍在苦苦挣扎，特别是对于中小型企业的发展造成了巨大的冲击。那么云计算又能给中小型企业带来什么样的发展机遇？

2. 中小型企业在云计算中如何做

云计算技术是第三次 IT 行业的变革、大众化及个性化的应用需求越来越广泛，中小企业只需要通过互联网就可以获得高水准的信息化服务，实现日常的财务管理、客户关系管理、电子商务等。如此一来，中小型企业省去了以往购置设备、部署软件的 IT 运营成本。特别是一些云服务商提供了更多、更简便的云服务获取方式，中小企业在实现其信息化建设方面，只需要通过软件外包或者自己开发即可，这样中小企业用户只需要专注于自身核心业务逻辑，不用考虑外围的成本。

中国工程院院士倪光南在“中国云高端论坛”上表示，云计算所具有的高性能、通用性、资源动态共享和业务创新等优势，对于社会新的业务、新的商业模式发展具有非常好帮助。而云计算的最终价值就是计算成为社会的服务，可以把大规模的分散计算资源整合为按需提供的计算资源，大大提高了 IT 设施的利用率，降低了成本及用户使用门槛。“从每家挖水井到自来水水管；工厂从产业化电气发电到电网输电，云计算要像用水电那样提供计算服务，这是传统产业趋势。”按需付费是云计算的首要特征，但云计算提供的是信息，而水电提供的是物质，信息的特点是可以无限复制，不需成本。在“云计算生态环境”中的中小企业只需要采取租用方式即可获取服务，以及其他如云主机、云存储等的云计算资源。

3. 中小型企业在云计算中的发展模式

对于中小型企业的发展也提供了一个发展模式，开始时企业由于资金紧张，可先通过租用的方式获取云服务商提供的服务资源，满足自身业务的某些需求，随着发展到一定规模，再自行购买一些 IT 设备，构建好自身业务的应用。某些服务一部分可由自己公司内部完成设计开发，而另一部分仍然采取租用的形式。当公司逐渐发展到一定程度时，更多的业务需要单纯地从云服务那里获取资源已不能满足需求，并且涉及一些安全方面等重要机密信息时，更多的已不再适合租用方式进行时，那么为了提升本企业的信息化建设及资源的配置合理化，公司可采取自建私有云，或者将私有云的构建交给云服务托管单位，从而使企业运营达到一定的高可用程度。

通常中小型企业的类别是根据收入情况来定义的，但在讨论技术需求方面，产品数目、通道数目、运行的国家以及第三方供应链的集成等，是需要按照同等重要性来考虑的。简言之，小型企业是其业务复杂度的衡量。很多小型企业通过收购成长，也有一些小型企业从大公司剥离出来。中小型企业阶段是理解业务流程及数据的成熟度与深度方面的一个关键时期，其数据安全性及保密性的需求不低于大型企业。中小型企业概括来说 IT 部门相对较小，因而与大型企业相比，其专业技术技能以及知识结构相对比较落后。中小型企业的重要 IT 项目可能很难调整，IT 部门的投资可能会削减，IT 基础设施可能会变得落后，IT 团队可能在及时响应业务需求方面有困难。与大型企业不同，中小型企业的决策制定往往是由几个人来决定的。鉴于这些特定情况，中小型企业的一些基本特征是可以通过充分利用云计算资源得到加速改善的。中小型企业内部没有基础设施，而是由云服务商提供服务，可以把复杂的中小企业看作云计算使用的先锋。图 3-3 所示简要说明了中小型企业是如何借助云计算发展的这样一个逐步做大做强的过程。

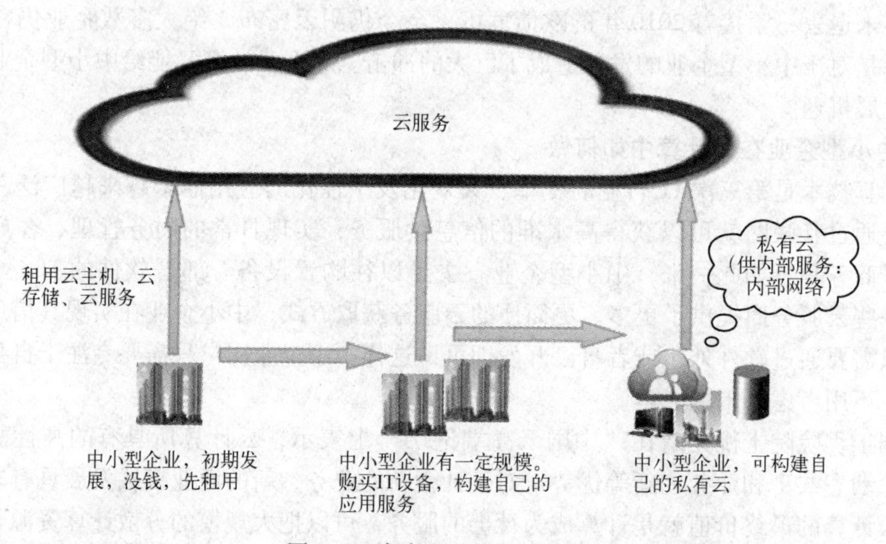

图 3-3　中小型企业发展过程

笔者还要说明一点，随着社会信息化程度的不断提高，某些基础性的软硬件已经达到了非常成熟的阶段，中小企业获取这些信息化资源的方式也变得越来越方便，很多的技术已经被封装得更加简化实用，不用关心更多的原理，就像我们使用电话一样，我们有些时候只需要使用即可。那么这时中小型企业应学会站在巨人的高肩膀上看远方，只要是能够看见具体的一些应用价值，就会很快通过各种信息化技术来得以实现，效率在这里体现得非常明显，也就是说点子变得越来越重要。

4. 中小型企业在云计算中的发展举例

启信宝是由苏州贝尔塔数据技术有限公司于 2015 年 5 月开发上市的一款企业征信产品，应用阿里云提供的 ECS（Elastic Compute Service，弹性计算服务）服务，通过 ECS 的自身弹性扩容等功能，支持用户即时查询全国 7000 多万家企业的对外投资、知识产权、新闻和招聘等信息。

满足了各应用场景对于各系统层资源的需求，实现了高灵活性及扩展性。在阿里云技术支持下，面对快速增长的百万级用户群，系统不仅提供了企业信息的快捷查询、实时的在线更新以及精准的动态推送等服务，同时还为多家金融、银行、保险等企业提供深度的企业征信数据服务。此外，消息服务的应用大大提高了系统后台数据处理的能力，高并发，可扩展。

阿里云的应用很大程序节省了启信宝开发和运维成本，公司将集中更多的精力在核心业务上。依赖阿里云现有的技术，可以很容易地调整公司业务的规模，从容应对高速增长的用户量所带来的负载压力，实现了系统资源的高灵活性及扩展性，有力地保障了系统提供持续稳定、快捷优质的用户体验。

3.2.3 云计算与制造业

随着云计算的发展，越来越多的云应用开始融入到制造企业的日常业务中，从管理信息化到研发信息化，再到IT基础设施，云计算无孔不入，不知不觉地“钻入”到企业IT应用的方方面面。

1. 云计算对于制造业的价值

1）在研发信息化领域：由基于工作站或PC平台的产品研发向桌面云平台的转变；由区域研发向远程异地协同研发转变。

2）在管理信息化领域：由单机应用模式向在线应用模式转变；由自主部署信息化系统向租赁软硬件信息化系统转变。

3）在IT架构领域：由逻辑架构向虚拟架构转变；由低效的IT系统向高效的IT系统转变；由固化的资源利用向按需分配资源方向转变。

云计算对于制造业的应用优势是显而易见的，这些优势主要体现在系统的高效性、资源的共享性以及部署的灵活性。在传统IT架构应用模式下，制造业企业要实现信息化应用必须首先购买IT软硬件产品，成立专门的IT部门负责实施包括IT基础设施以及业务系统在内的所有平台，不但周期长，而且部署之后还需要专门的IT运维人员来保证所有系统的正常运行。随着企业规模的扩大以及业务系统的日趋复杂，信息化系统也在不断扩大，而且投入成本也在不断增长，这是传统制造企业在传统IT架构下应用信息化系统所面临的普遍问题，也是必须经历的过程。

在云时代，这一切都发生了彻底转变。制造业企业的信息化应用无须购买任何软硬件产品，也无须部署信息化平台，企业可以通过租赁软硬件系统的方式来满足企业的所有业务需求，按照使用多少来支付费用。这不但能有效减少信息化投入对于企业资金的占用，而且能大幅度地帮助企业节省成本。

2. 制造业云计算面临的挑战

当前，云计算应用已经在很大程度上被制造企业所接受。因为这种新型架构及应用模式能极大地降低制造业企业对于IT资金的投入以及IT运维的压力，而且能够很好地满足制造业企业某些业务的应用需求，例如：在管理信息化领域，基于SaaS模式的CRM和ERP系统已经被很多中小企业所接受；在产品研发领域，基于桌面虚拟化的协同设计或远程异地协同设计也已经在部分制造业企业得到初步应用。企业无须考虑其实现模式，也无须管理这些系统，只需要根据业务使用了多少软硬件资源而支付相应的费用即可。但是，制造业的云应用依然存在很多问题需求解决。

1）数据安全无法保障。这既包括由云计算服务提供商的系统故障导致的数据丢失，也包括由于人为或黑客入侵导致的数据泄露，从而给企业带来重大经济损失。当前，云计算应用刚刚起步，相关法律法规仍不完善，一旦服务方出现信任危机或系统故障导致客户重要数据丢失，造成无法挽回的损失，该如何处理，业界目前争论不一。

2）服务迁移困难。就像使用手机一样，可以使用中国移动的服务，也可以使用中国联通的服务或中国电信的服务，各服务商提供的服务大同小异，价格也有区别。云服务也如此。客户可以使用亚马逊的云服务，也可以使用谷歌或微软的云服务。客户必须能很方便地实现从一家云服务提供商向另一家云服务提供商的迁移，但目前由于各家云服务平台发展不一，这种服务迁移还不容易实现。

3）带宽限制。除部分制造业企业部署的私有云之外，大多云服务都是基于互联网的在线应用，这些在线云服务严重依赖网络带宽访问。企业在接入远处的云端时，较窄的带宽会严重影响业务的使用效率。目前，有很多厂商都提供基于云服务的广域网加速解决方案，例如 Riverbed、F5 等，也有很多虚拟化厂商也有自己的广域网加速技术或产品，如惠普的 HP2 压缩技术，Citrix 也提供基于自己桌面虚拟化系统的网络优化技术等。

4）云应用集成存在问题。很多大型集团型制造业企业不但拥有众多的信息化系统，如 ERP、CRM、OA、SCM、MES、PLM、PDM 和 CAD 等，这就需要考虑如何对异构系统如何进行集成的问题，当然，在这方面有很多制造业企业做得很不错，能够实现数据一次录入就可以被所有系统所调用。但对于云应用，这些业务系统的集成会存在很大困难。其原因就在于目前云应用发展还不够成熟，很多信息化解决方案提供商只能提供部分或少数几种业务系统，而且不同厂商之间的云服务系统无法实现集成。因此就目前而言，信息化云服务主要适用中小型企业，这些企业的信息化应用还处于起步或初级阶段，并不会涉及业务系统之间的集成。

3. 制造业云计算发展的推动因素及趋势

随着云计算的发展，传统的 IT 系统将显得越来越笨拙，云计算替代传统 IT 架构系统已经成了不可逆转的趋势。同时，随着终端移动化的发展，移动办公渐成气候，这将进一步推动云计算在制造企业的落地。未来，制造业云计算应用将呈现以下趋势。

（1）企业业务移动化将推动云计算在制造业的落地

随着移动终端开始融入企业业务应用，企业的业务系统正在“移动”，这种移动化的业务系统将使企业变得更加灵活。但这种业务移动化应用与云计算所演绎的应用模式在很大程度上非常类似，它们都是通过互联网访问远端的信息化平台，依赖远端平台的计算来实现业务数据的交互和访问，而且数据都在远端，不在本地。不同的是，云计算的远端平台都是经过了虚拟化的资源，能实现更为高效的资源分配。但这种类似的应用模式能很大程度上推动云计算应用在企业的落地。

（2）大数据的发展将越来越依赖于云计算平台来完成这类高性能应用

随着大数据的发展，企业对高性能的计算系统越来越依赖，因为更高性能的分析系统带来的是更短的分析时间，这就意味着企业能更快地从海量数据信息中获取想要的信息，加快企业的业务决策。但依赖传统的 IT 系统来完成这里分析应用将越来越不可能，因为就目前而言，再强大的服务器在面对海量数据处理时，其计算能力也会很快耗尽。与这种情况不同，云计算的优势就是将分散的系统整合成一台虚拟的超级计算机，其最大的优势就是能够提供超强的计算能力。

（3）云制造是制造业云计算应用的终极模式

很多人将云制造称之为制造业的云计算。就目前而言，制造业的云计算还远远不能称之为云制造。云制造的目标是：实现对产品开发、生产、销售、使用等全生命周期的相关资源的整合，提供标准、规范、可共享的制造服务模式。这种制造模式可以使制造业企业用户像用水、电、煤气一样便捷地使用各种制造服务。从对云计算的定义看，目前的制造业云计算离云制造还有相当距离。目前的制造业云计算应用还仅仅限制在一些有限的领域，而且应用还很浅显，根本没有涉及企业的核心系统和业务。但随着制造业云计算的发展，云制造终有一天会实现。

3.2.4 云计算与商业企业（云电子商务）

互联网共经历了十多年时间，已经进行了两次大的技术升级，也就重新分配了两次财富。

第一次互联网的技术升级是1994～2000年的拨号上网，它孕育着互联网的第一次财富的重新分配；互联网的第二次技术升级是2000年到现在的宽带拨号上网，因此而带来的第二次财富的重新分配的代表有Google（全球最大搜索引擎）、百度（中文最大的搜索引擎）、QQ（在线聊天，马化腾）、盛大（传奇和泡泡堂，陈天桥）和联众（棋牌游戏，鲍岳桥，过亿）。

而今互联网正在进行第三次大的技术升级，那就是IPv6，IPv6和现在的宽带技术相比会更快（比现在的宽带要快1000～10000倍），IP地址更多（是2^{128}个IP地址，而现在的IP地址只有2^{32}个，IPv6可以使地球上的每一粒砂子都拥有一个IP地址）、更安全。当IPv6真正推向家庭的时候，将进行一次更大规模的财富的重新分配。而IPv6并不是遥不可及的，中国已经在北京、上海、广州3个城市铺了6000 km的光缆，很快就会进入每一个家庭，当IPv6来临的时候，不是想不想上网，而是不上网不行。

人人都要上网，自然生意也要搬到网上来经营，商业企业的管理者，如何利用互联网给自己的企业带来发展和帮助呢？如何利用最低的成本达到最大的效益呢？如何让不懂互联网的企业进入互联网电子商务领域呢？

2011年是互联网电子商务的元年，云商务的诞生将带动中国电子商务的发展，为各个中小型企业以及个人网站的发展带来一次新的机遇！

新一代云电子商务，是一个非常美丽的商业网络应用模式。它的出现将为不甘平庸、怀抱梦想的平民百姓带来自主创业的商机；为苦于无法把自己的产品推向更大市场的中小型企业带来海量的分销渠道；为苦于耗费太多时间选购生活用品的消费者带来方便、节约和实惠。

通俗点说：云商务就好像电表和电线路，用户不需要自己再发电了，只需要接上电，安上电表，按需付费即可；也可以比喻为煤气管道，用户再也不需要自己去买一罐一罐的煤气了。

云电子商务模式包括云联盟、云推广、云搜索和云共享整套电子商务解决方案。

公司把各个电子商务网站整合，形成战略联盟、利益联盟，构建互联网上最大的站长联盟群体，以个人为中心，辐射周边的企业、商家和消费者，同时不断地发展和推动更多的人来建立自己的网站，开设自己的新一代云电子商务平台，然后由公司提供空中托管，保姆式经营，通过站长联盟和建立渠道网络，拓展更多的盈利通道，让一个没有技术、没有资金的平民百姓都能以最少投资、最小风险和最大回报来从事互联网创业，分享互联网财富。

云电子商务产品有 B2B（类似阿里巴巴）、C2C（类似淘宝网）、B2C（团购系统）和 B2B + C2C + B2C 综合系统。这些产品由许多模块化组成，价格低廉，几百至几千元就可以拥有一套功能强大的电子商务网站。更重要的是可以通过这个网站把自己的产品分销出去，还要让个人利用这个网站赚钱！新一代云电子商务管理系统一般包括团购电子商务系统（B2C）、商城电子商务系统（C2C）和企业交易电子商务系统（B2B）3 个部分，如图 3-4 所示。

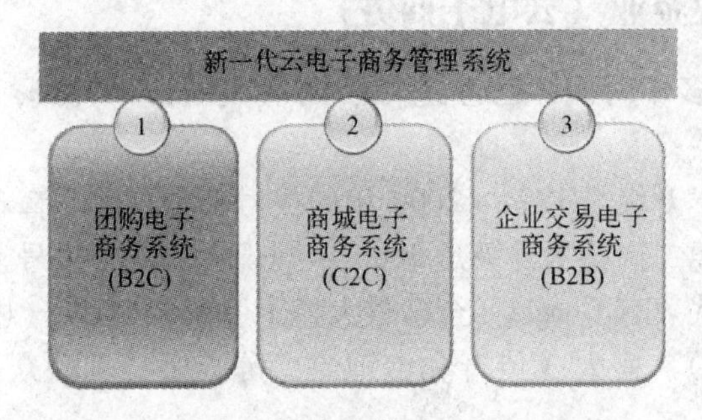

图 3-4　新一代云电子商务管理系统组成

云电子商务服务对象是创业者、企业商务和消费者，如图 3-5 所示。

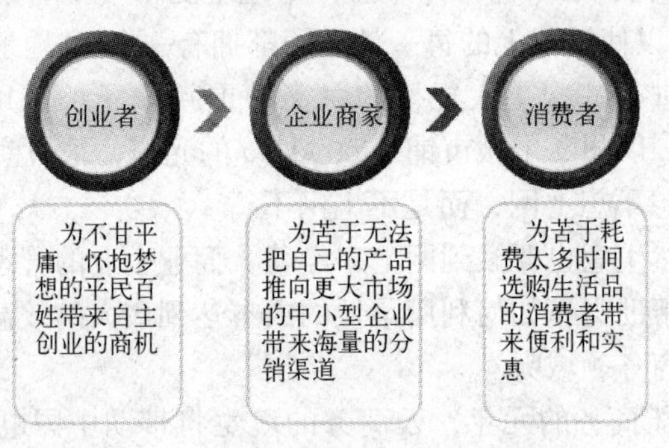

图 3-5　云电子商务服务对象

云电子商务对企业用户的好处：现在很多企业商家都在搭建自己的企业网站，目的是为了把自己的企业或产品推广到全国甚至全球，拓展销售通路，打造知名度。委托一般的建站公司一年至少也要几千元，多则几万元，推广和宣传还需要自己负责。

选择云电子商务平台就拥有了千千万万个帮其分销商品的渠道商，并终生锁定这些利益与企业相关的消费者，因为获得是终身授权，企业只要把产品上传到自己的新一代电子商务网站，加入云联盟计划后商品信息就可以在千千万万个联盟网站上出现，消费者只要在他们的网站里单击购买，企业就会在后台看到订单进行交易后资金就会进入自己的网站账户，同时还可以通过云联盟体系获得联盟网站里产品的销售佣金提成，企业不但给自己的产品拓展了销售通路，省去了大量的广告费用，还能通过这个系统联盟赚钱——何乐而不为？

云电子商务对企业用户的好处：个人选择云服务商提供的云商务平台就是选择了投入最小回报最大的互联网创业工具，可以用微不足道的资金投入，拥有一个融合 B2B、B2C 和 C2C 三种成功模式的电子商务平台；拥有千千万万个帮助您一起成功的事业伙伴。让企业者能以非常高的起点进入互联网，不需要为策划运营和盈利方案而劳神，因为系统为用户设定好了前中后期盈利模式，拥有多种赚钱通路；也不需为网站的持续开发和技术问题操心，一旦获得系统的商业授权，将终身享受新一代公司研发团队的技术服务；客户网站还可以进行空中托管，进行“保姆式”指点，系统有网上网下的培训课程，还有各种站长服务手把手地指导用户经营自己的网站，轻松实现在家创业！

3.3 开发人员

云计算带给开发人员的是一个开发模式的改变，本节针对这样一个开发模式的改变进行讲解。

3.3.1 软件开发模式的转变

这里将开发人员作为云计算的一个用户群，要着重提到的一点是云计算产业的发展，同时也带来了软件业的开发模式的转变，如图 3-6 所示。

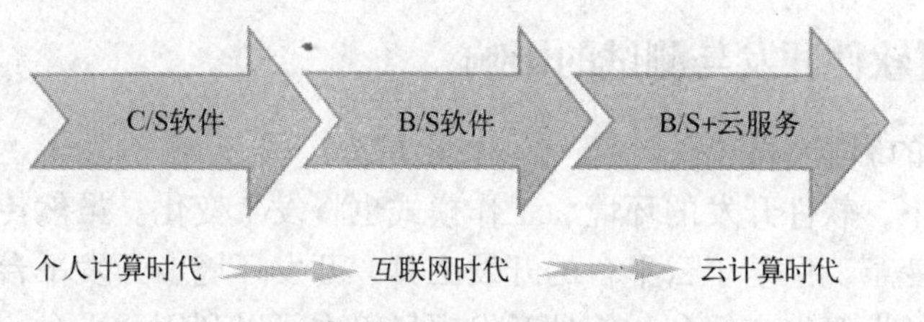

图 3-6 软件开发模式的转变

目前，大部分的应用软件都是运行在浏览器上的，也就是说多数软件都采用 B/S 结构的软件模型，用户更多的是通过浏览器即可访问应用系统，满足自身业务需求，越来越多的软件都迁移到了 B/S 这种结构上来。当然这里并不是说，C/S 软件会消失，其实或许在某些应用场景，这种结构的软件或许是不会被替代的。

3.3.2 B/S + 云服务软件模式

B/S + 云服务的软件模式已经到来。目前有很多大型云服务提供商将服务以不同的形式提供给用户以及开发人员，有些企业利用云服务并结合自身业务，再次生成新的服务提供出来，开发人员可通过 API 来访问这些服务接口，然后结合自己的业务逻辑开发应用软件。这种模式必将变得越来越普遍，这是信息化发展的一个必然，软件封装变得越来越容易，把更多的服务交给更专业的公司去做，企业只需要关注自身的业务。例如，如果想获取地图服务，以及实现地图相关操作的功能，我们只需要去访问像 Google 地图 API、百度地图 API、搜狗地图 API、MapABC 地图 API 或者阿里云地图 API 等即可，我们只需要在地图上叠加功能。例如想实现一个热点事件地图网站，不管是利用网络爬虫，还是自己采用其他技术来获取一些热点新闻发生的地点坐标、图片及文字或者视频，然后再叠加在地图上，我们只需要通过这些服务厂商提供的 API 接口调用即可。也就是说我们只关注我们的点子及业务，而不需要做多余的别人做得比自己更专业的工作。

现在的云计算最以为实用的价值是为开发人员提供自助服务工具，只需要规定适合自己的测试环境，要么是私有云，要么是通用的 IaaS（基础设施即服务），例如 Amazon Web Services，或是一个 PaaS（平台作为服务）。基于云的应用也非常适合应用程序的快速开发。当把工作划分成许多小模块，不希望因为手动配置而减缓速度，用户希望测试它、部署它，然后继续工作。在通常情况下，我们会得到一个预装的应用程序服务器、工作流程工具和资源监控以及需要着手处理的一些资源。对于那些学习如何利用云的开发人员而言，这不仅提高了效率，还创建了一些极具价值的应用程序，更好地满足了企业的商业需要。云计算为开发人员省去了部署应用程序环境的时间，让他们有更多的时间、更多的精力用在开发技术方面。云计算的优势远远不止于提供良好的测试环境。这些年来，开发团队成员往往遍布全球，毫无疑问，类似 Wiki 的网页社交工具还可为开发人员提供状态报告以及其他沟通方式。如果这个世界上确实存在原生云应用的话，那无疑就是合作。人们或许想把源代码库、Bug 跟踪等资源共享在云端，随时方便他人访问。

许多开发商现在已支持 Web 合作，无论它们是否在云环境中工作。不过，我们需要好好地想一想如何防止云的突发性，有了云计算，确实会大大节省费用，特别是公共的云服务——可以按照选择的需求来支付费用。

3.3.3 云计算对软件开发与测试的影响

1. 对软件开发的影响

在云计算环境下，软件开发的环境、工作模式也将发生变化。虽然传统的软件工程理论不会发生根本性的变革，但基于云平台的开发工具、开发环境、开发平台将为快速开发、项目组内协同和异地开发等带来便利。软件开发项目组内可以利用云平台，实现在线开发，并通过云实现知识积累、软件复用。

云计算环境下，软件产品的最终表现形式更为丰富多样。在云平台上，软件可以是一种服务，如 SaaS，也可以就是一个 Web Services，也可能是可以在线下载的应用，如苹果的在线商店中的应用软件，等等。

2. 对软件测试的影响

在云计算环境下，由于软件开发工作的变化，也必然对软件测试带来影响和变化。

软件技术、架构发生变化，要求软件测试的关注点也应做出相对应的调整。软件测试在关注传统的软件质量的同时，还应该关注云计算环境所提出的新的质量要求，如软件动态适应能力、大量用户支持能力、安全性和多平台兼容性等。

云计算环境下，软件开发工具、环境和工作模式发生了转变，也就要求软件测试的工具、环境和工作模式也应发生相应的转变。软件测试工具也应工作于云平台之上，测试工具的使用也应可通过云平台来进行，而不再是传统的本地方式；软件测试的环境也可移植到云平台上，通过云构建测试环境；软件测试也应该可以通过云实现协同、知识共享和测试复用。

软件产品表现形式的变化，要求软件测试可以对不同形式的产品进行测试，如 Web Services 的测试、互联网应用的测试和移动智能终端内软件的测试等。

3.4 大众用户

这里所说的大众用户是指千千万万的个人用户，这些用户更在乎云服务的高效、便捷和低成本，甚至免费。例如，通过云存储服务，大众用户可以收发电子邮件，存取照片和个人文档；通过云娱乐服务商，可以购买音乐、电影等娱乐内容；通过云生活服务，可以查找出行的驾驶及步行路线、与网络中的其他用户进行电话、视频互动交流等。

当然，云计算给大众用户带来好处的同时，也不能忽视它的缺点。其缺点主要表现在：①过度依赖网络，可以说没有网络就没有云计算，更谈不上服务的用户体验了；②有数据安全的问题，云计算环境中，用户的数据通常储存在云服务商的“数据中心”，这些数据对“黑客”是一个巨大的诱惑，一旦被别有用心的人掌握，后果很严重；③有可靠性问题，如果网络瘫痪，或者接入网络的那条线路瘫痪，用户是无法访问自己数据的；④数据中心的应用程序和数据出现故障或关闭，用户也是不能得到服务的。

尽管如此，随着云计算及其产业的发展，各种改善和提高人们生活、学习、工作效率的云服务呈百花齐放之势，正在深刻地改变着人们身边的一切。

小结

政府机构在云计算的发展过程中扮演着一个特殊的角色，承担着监管、使用和服务为一体的特殊职责。政府机构作为云计算的提供商，是信息资源的最大生产者，也是信息资源的最大使者。政府作为监管者，有责任降低使用云服务的“风险”，并通过“必要的监管职能确保用户和供应商的正常动作”，这里的监管职能是通过制定相应法律法规和行业标准加以约束，特别是对违反法律以及道德规范相关服务坚决进行打击，为整个社会以及“云计算生态环境”构建一个健康发展的外部环境，得这个行业能为人民生活水平的提高以及国家财富的积累起积极作用。政府机构是云计算的用户。政府信息化发展需要云计算。这里所说的需要云计算是指对于某些政务信息公开化方面，云计算能够更好地解决。

政府云即电子政务云（E－government cloud），结合了云计算技术的特点，对政府管理和服务职能进行精简、优化、整合，并通过信息化手段在政务上实现各种业务流程办理和职能服务，为政府各级部门提供可靠的基础 IT 服务平台。

企业是云计算重要用户，它们遍布于农业、工业、商业、建筑、交通运输和教育培训等行业。大型企业一般实力雄厚，业务复杂，可以分为两种，一种是作为云服务商角色，另一种则是根据自身业务需求构建私有云的角色，当然也可以使用公有云及混合云。随着社会信息化程度的不断提高，某些基础性的软硬件已经达到了非常成熟的阶段，中小型企业获取这些信息化资源的方式也变得越来越方便，很多的技术已经被封装得更加简化实用，不用关心更多的原理，就像我们使用打电话一样，我们有些时候只需要使用即可而不用关心其背后的复杂技术。那么这时中小型企业应学会站在巨人的高肩膀上看远方，只要是能够看见具体的一些应用价值，就会很快通过各种信息化技术来得以实现，效率在这里体现得非常明显。

开发人员作为云计算的一个用户群，云计算带给开发人员的开发模式带来了改变，云计算产业的发展，也带来了软件业的开发模式的转变。

通过云服务，大众用户可以存储个人电子邮件、存储相片、从云计算服务商处购买音乐、存储配置文件和信息、参与社交网络互动、通过云计算查找驾驶及步行路线、开发网站以及与云计算中的其他用户互动。云计算消费者可以安排网球比赛或者打高尔夫球、追踪某个健身计划、进行交易可搜索、打电话、通过视频交流、通过互联网查找最新消息、确定某种说法的出处以及查找新认识的朋友个人信息。现在纳税申报单也可以通过云计算完成。

思考与练习

1. 云服务的用户有哪些，政府机构作为云用户应该怎样做？
2. 大型企业、中小型企业在云服务的使用中应该分别怎样做？
3. 开发人员如何使用云计算？在云计算环境下，软件开发行业如何改变开发模式？
4. 作为大众用户，使用云服务可以做什么？

第4章　云计算架构及标准化

本章要点

- 云计算参考架构
- 国际云计算标准化工作
- 国内云计算标准化工作
- 如何实施云计算

掌握云计算架构，有利于理解和掌握云计算模式和其他计算模式之间的区别和联系、云服务和云用户等角色之间的分工、合作和交互，为云计算提供者和开发者搭建了一个基本的技术实现参考模型，对于推动云计算及其产业的发展有非常重要的意义。

云计算标准化工作作为推动云计算产业及应用发展以及行业信息化建设的重要基础性工作之一，近年来受到各国政府以及国内外标准化组织和协会的高度重视。

本章在介绍云计算架构和标准化的基础上，希望读者掌握如何实施云计算路线和步骤。

4.1　云计算参考架构

本节介绍国家标准《信息技术云计算参考架构》模型，该模型展示了云计算模式和其他计算模式之间的区别和联系，同时展示了不同角色之间的分工、合作和交互，为云计算提供者和开发者搭建了一个基本的技术实现参考模型，该国家标准等同采用国际标准 ISO/IEC 17789《信息技术云计算参考架构》（Cloud Computing Reference Architecture），简称 CCRA。

CCRA 从用户、功能、实现和部署 4 个不同的视角描述了云计算，如图 4-1 所示。

CCRA 包含了详细的用户视角和功能视角，并未包含实现视角和部署视角的具体介绍。用户视角涉及云计算活动、角色和子角色、参与方、云服务类别、云部署模型和共同关注点等概念。

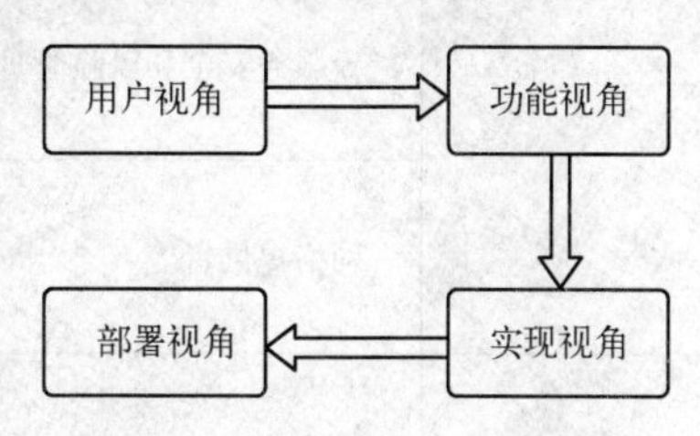

图 4-1　架构视角之间的转换

其中，角色是一组具有相同目标的云计算活动的集合，包括云服务客户、云服务提供者、云服务协作者。如表 4-1 所示，展示了云计算角色及其包含的子角色与活动。

CCRA 还有一个很重要的概念就是共同关注点，共同关注点指的是需要在不同角色之间协调，且在云计算系统中一致实现的行为或能力。共同关注点包含可审计性、可用性、治理、互操作性、维护和版本控制、性能、可移植性、隐私、法规、弹性、可复原性、安全、服务水平和服务水平协议等。

表 4-1 CCRA 角色、子角色和活动

角 色	子 角 色	活 动
云服务客户	云服务用户	使用云服务
	云服务管理者	• 执行服务测试 • 监控服务 • 管理安全策略 • 提供计费和使用量报告 • 对问题报告的处理 • 管理租户
	业务管理者	• 执行业务管理 • 选择和购买服务 • 获取审计报告
	云服务集成者	连接 ICT 系统和云服务
云服务提供者	云服务运营管理者	• 准备系统 • 监控和管理服务 • 管理资产和库存 • 提供审计数据
	云服务部署管理者	• 定义环境和流程 • 定义度量指标的收集 • 定义部署步骤
	云服务管理者	• 提供服务 • 部署和配置服务 • 执行服务水平管理
	云服务业务管理者	• 管理提供云服务的业务计划 • 管理客户关系 • 管理财务流程
	客户支持和服务代表	监控客户请求
	跨云提供者	• 管理同级的云服务 • 执行云服务的调节、聚集、仲裁、互连或者联合
	云服务安全和风险管理者	• 管理安全和风险 • 设计和实现服务的连续性 • 确保依从性
	网络提供者	• 提供网络连接 • 交付网络服务 • 提供网络管理
云服务协作者	云服务开发者	• 设计、创建和维护服务组件 • 组合服务 • 测试服务
	云审计者	• 执行审计 • 报告审计结果
	云服务代理者	• 获取和评估客户 • 选择和购买服务 • 获取审计报告

4.1.1　云计算的功能架构

CCRA 认为云计算功能架构用一组高层的功能组件来描述云计算。功能组件代表了为执行与云计算相关的各种角色和子角色的云计算活动的功能集合。

功能架构通过分层框架来描述组件。在分层框架中，特定类型的功能被分组到各层中，相邻层次的组件之间通过接口交互。功能视图涵盖了功能组件，功能层和跨层功能等云计算概念，如图 4-2 所示。

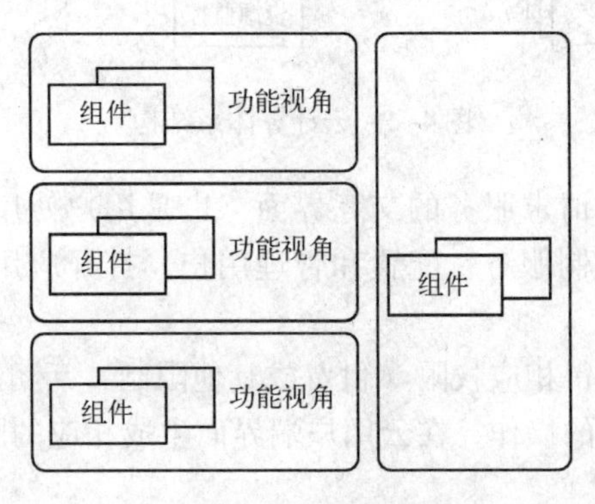

图 4-2　功能层

CCRA 的分层框架包括 4 层和一个跨越各层的跨层功能集合。4 层分别是用户层、访问层、服务层和资源层，跨越各层的功能集合称为跨层功能。分层框架及 CCRA 功能组件如图 4-3 所示。

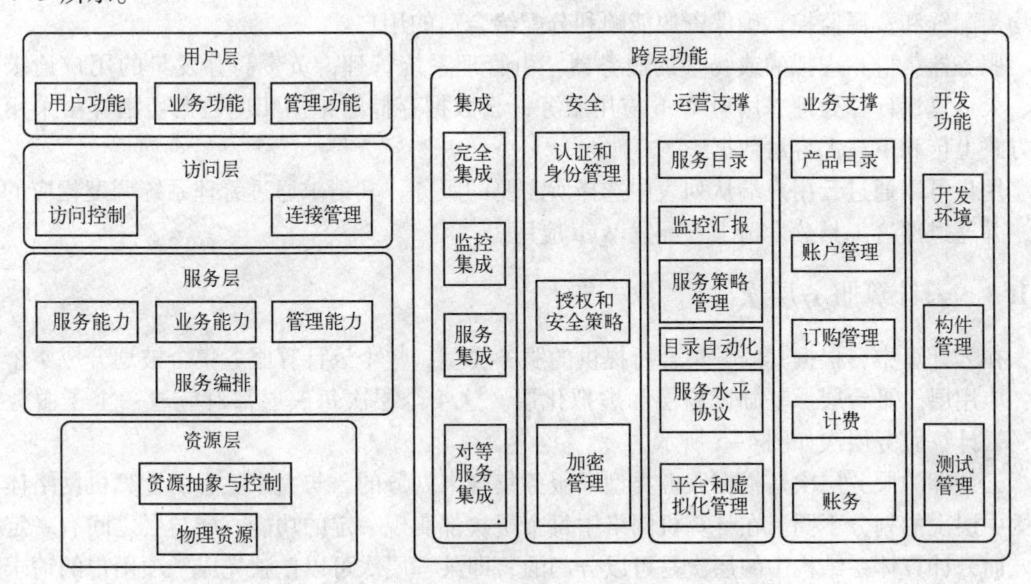

图 4-3　云计算层次框架及 CCRA 功能组件

4.1.2　云计算体系结构

云计算平台是一个强大的“云”网络，连接了大量并发的网络计算和服务，可利用虚拟化技术扩展每一个服务器的能力，将各自的资源通过云计算平台结合起来，提供超级计算和存储能力。通用的云计算体系结构如图 4-4 所示。

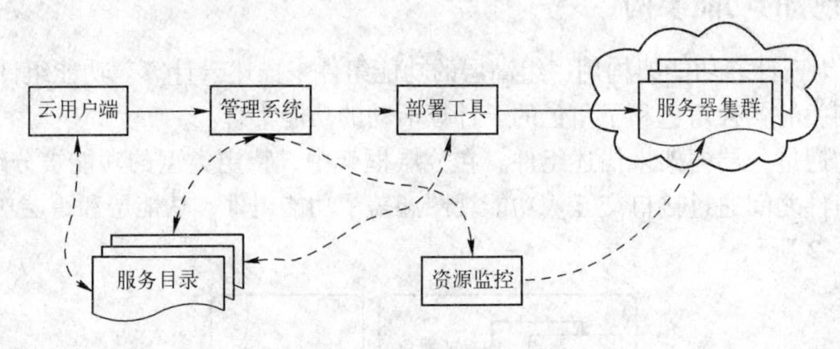

图 4-4 云计算体系结构

云用户端：提供云用户请求服务的交互界面，也是用户使用云的入口，用户通过 Web 浏览器可以注册、登录及定制服务、配置和管理用户。打开应用实例与本地操作桌面系统一样。

服务目录：云用户在取得相应权限（付费或其他限制）后可以选择或定制的服务列表，也可以对已有服务进行退订的操作，在云用户端界面生成相应的图标或列表的形式展示相关的服务。

管理系统和部署工具：提供管理和服务，能管理云用户，能对用户授权、认证、登录进行管理，并可以管理可用计算资源和服务，接收用户发送的请求，根据用户请求并转发到相应的程序，调度资源智能地部署资源和应用，动态地部署、配置和回收资源。

监控：监控和计量云系统资源的使用情况，以便做出迅速反应，完成节点同步配置、负载均衡配置和资源监控，确保资源能顺利分配给合适的用户。

服务器集群：虚拟的或物理的服务器，由管理系统管理，负责高并发量的用户请求处理、大运算量计算处理、用户 Web 应用服务，云数据存储时采用相应数据切割算法采用并行方式上传和下载大容量数据。

用户可以通过云用户端从列表中选择所需要的服务，其请求通过管理系统调度相应的资源，并通过部署工具分发请求、配置 Web 应用。

4.1.3 云计算服务层次

在云计算中，根据其服务集合所提供的服务类型，整个云计算服务集合被划分成 4 个层次：应用层、平台层、基础设施层和虚拟化层。这 4 个层次每一层都对应着一个子服务集合，云计算服务层次如图 4-5 所示。

云计算的服务层次是根据服务类型即服务集合来划分的，与大家熟悉的计算机网络体系结构中层次的划分不同。在计算机网络中每个层次都实现一定的功能，层与层之间有一定关联。而云计算体系结构中的层次是可以分割的，即某一层次可以单独完成一项用户的请求而不需要其他层次为其提供必要的服务和支持。

在云计算服务体系结构中各层次与相关云产品对应。

应用层对应 SaaS 软件即服务如 Google APPS、SoftWare + Services；

平台层对应 PaaS 平台即服务如 IBM IT Factory、Google APP Engine、Force. com；

基础设施层对应 IaaS 基础设施即服务如 Amazon Ec2、IBM Blue Cloud、Sun Grid。

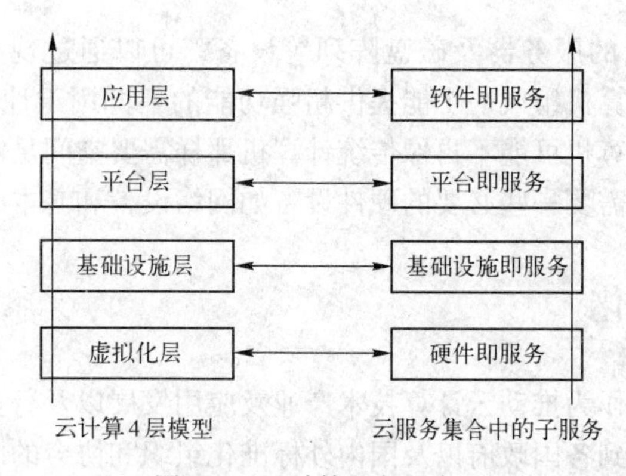

图4-5　云计算服务层次

虚拟化层对应硬件即服务结合 PaaS 提供硬件服务，包括服务器集群及硬件检测等服务。

4.1.4　云计算技术层次

云计算技术层次和云计算服务层次不是一个概念，后者从服务的角度来划分云的层次，主要突出了云计算带来什么服务，而云计算的技术层次主要从系统属性和设计思想角度来说明，是对软硬件资源在云计算技术中所充当角色的说明。从云计算技术角度来分，云计算大约有4部分构成：物理资源、虚拟化资源、服务管理中间件和服务接口，如图4-6所示。

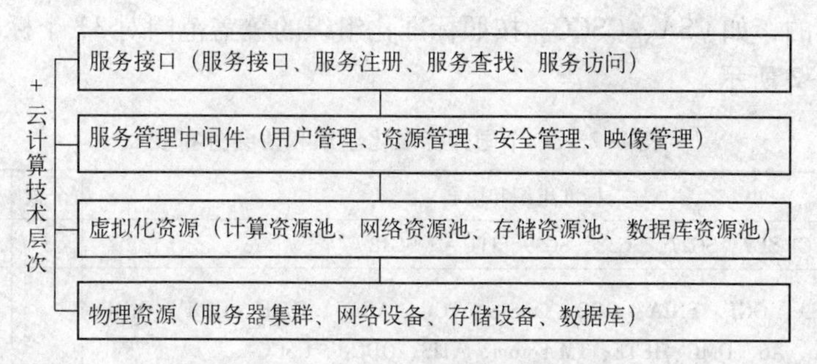

图4-6　云计算技术层次

服务接口：统一规定了在云计算时代使用计算机的各种规范、云计算服务的各种标准等，用户端与云端交互操作的入口，可以完成用户或服务注册，对服务的定制和使用。

服务管理中间件：在云计算技术中，中间件位于服务和服务器集群之间，提供管理和服务即云计算体系结构中的管理系统。对标识、认证、授权、目录和安全性等服务进行标准化和操作，为应用提供统一的标准化程序接口和协议，隐藏底层硬件、操作系统和网络的异构性，统一管理网络资源。其用户管理包括用户身份验证、用户许可和用户定制管理；资源管理包括负载均衡、资源监控和故障检测等；安全管理包括身份验证、访问授权、安全审计和综合防护等；映像管理包括映像创建、部署和管理等。

虚拟化资源：指一些可以实现一定操作具有一定功能，但其本身是虚拟而不是真实的资源，如计算池、存储池和网络池、数据库资源等，通过软件技术来实现相关的虚拟化功能包括虚拟环境、虚拟系统和虚拟平台。

物理资源：主要指能支持计算机正常运行的一些硬件设备及技术，可以是价格低廉的

PC，也可以是价格昂贵的服务器及磁盘阵列等设备，可以通过现有网络技术和并行技术、分布式技术将分散的计算机组成一个能提供超强功能的集群用于计算和存储等云计算操作。在云计算时代，本地计算机可能不再像传统计算机那样需要空间足够的硬盘、大功率的处理器和大容量的内存，只需要一些必要的硬件设备如网络设备和基本的输入输出设备等。

4.2 云计算标准化

云计算标准化工作作为推动云计算技术产业及应用发展以及行业信息化建设的重要基础性工作之一，近年来受到各国政府以及国内外标准化组织和协会的高度重视。本节介绍国际和国内云计算标准化工作，希望在企事业单位云计算实施中有所帮助。

4.2.1 国际云计算标准化工作

1. 国际云计算标准化工作概述

2008 年来，云计算在国际上已经成为标准化工作热点之一。国际上共有 33 个标准化组织和协会从各个角度在开展云计算标准化工作。这 33 个国外标准化组织和协会既有知名的标准化组织，如 ISO/IEC JTC1 SC27、DMTF，也有新兴的标准化组织，如 ISO/IEC JTC1 SC38、CSA；既有国际标准化组织，如 ISO/IEC JTC1SC38、ITU - T SG13，也有区域性标准化组织，如 ENISA；既有基于现有工作开展云标准研制的，如 DMTF、SNIA；也有专门开展云计算标准研制的，如 CSA、CSCC。按照标准化组织的覆盖范围对 33 个标准化组织进行分类，结果如表 4-2 所示。

表 4-2 33 个国外标准化组织和协会分布表

序号	标准组织和协会	个数	覆 盖 范 围
1	ISO/IEC JTC1 SC7、SC27、SC38、SC39、ITU - T SG13	5	国际标准化组织
2	DMTF、CSA、OGF、SNIA、OCC、OASIS、TOG、ARTS、IEEE、CCIF、OCM、Cloud use case、A6、OMG、IETF、TM Forum、ATIS、ODCA、CSCC	19	国际标准化协会
3	ETSI、Eurocloud、ENISA	3	欧洲
4	GICTF、ACCA、CCF、KCSA、CSRT	5	亚洲
5	NIST	1	美洲

从表 4-2 的部分国际标准组织可以了解到，除了国际标准化组织和区域性标准化组织大力参与云计算标准化工作外，国际标准化协会日益成为云计算标准化工作的生力军。总的来说，目前参与云计算标准化工作的国外标准化组织和协会呈现以下特点。

（1）三大国际标准化组织从多角度开展云计算标准化工作

三大国际标准化组织 ISO、IEC 和 ITU 的云计算标准化工作开展方式大致分为两类：一类是已有的分技术委员会，如 ISO/IEC JTC1 SC7（软件和系统工程）、ISO/IEC JTC1 SC27（信息技术安全），在原有标准化工作的基础上逐步渗透到云计算领域；另一类是新成立的分技术委员会如 ISO/IEC JTC1 SC38（分布式应用平台和服务）、ISO/IEC JTC1 SC39（信息技术可持续发展）和 ITU - T SG13（原 ITU - T FGCC 云计算焦点组），开展云计算领域新兴标准的研制。

(2) 知名标准化组织和协会积极开展云计算标准研制

知名标准化组织和协会，包括 DMTF、SNIA、OASIS 等，在其已有标准化工作的基础上，纷纷开展云计算标准工作研制。其中，DMTF 主要关注虚拟资源管理，SNIA 主要关注云存储，OASIS 主要关注云安全和 PaaS 层标准化工作。截止 2014 年 1 月，DMTF 的 OVF（开放虚拟化格式规范）和 SNIA 的 CDMI（云数据管理接口规范）均已通过 PAS 通道提交给 ISO/IEC JTC1，正式成为 ISO 国际标准。

(3) 新兴标准化组织和协会有序推动云计算标准研制

新兴标准化组织和协会，包括 CSA、CSCC、Cloud Use Case 等，正有序开展云计算标准化工作。这些新兴的标准化组织和协会，常常从某一方面入手，开展云计算标准研制，例如，CSA 主要关注云安全标准研制，CSCC 主要从客户使用云服务的角度开展标准研制。

2. 国际云计算标准化工作分析

国外标准化组织和协会纷纷开展云计算标准化工作，从早期的标准化需求收集和分析，到云计算词汇和参考架构等通用和基础类标准研制，从计算资源和数据资源的访问和管理等 IaaS 层标准的研制，到应用程序部署和管理等 PaaS 层标准的研制，从云安全管理标准的研制，到云客户如何采购和使用云服务，云计算标准化工作取得了实质性进展。

总的来说，33 个标准化组织和协会的云计算标准化工作分类情况如表 4-3 所示。

表 4-3　33 个标准化组织和协会关注点分析

关　注　点		相关标准组织
应用场景和案例分析		ISO/IEC JTC1、ITU－T、Cloud Use Case 等
通用和基础		ISO/IEC JTC1、ITU－T、ETSI、NIST、ITU－T、TOG 等
互操作 & 可移植	虚拟资源管理	ISO/IEC JTC1、DMTF、SNIA、OGF 等
	数据存储与管理	SNIA、DMTF 等
	应用移植与部署	OASIS、DMTF、CSCC 等
服务		ISO/IEC JTC1、DMTF、GICTF 等
安全		ISO/IEC JTC1、ITU－T、CSA、NIST、OASIS、ENISA 等

目前，云计算国际标准化工作从前期的标准化需求收集分析，到案例和场景的归类分析，逐步深入，在基础标准、互操作和可移植标准方面已经取得一些实质性进展。其主要工作内容包括应用场景和案例分析、通用和基础标准、互操作和可移植标准、服务标准、安全标准。

4.2.2　国内云计算标准化工作

1. 国内云计算标准化工作概述

总体而言，我国的云计算标准化工作从起步阶段进入了切实推进的快速发展阶段。2013 年 8 月，工业和信息化部组织国内产、学、研、用各界专家代表，开展了云计算综合标准化体系建设工作，对我国云计算标准化工作进行战略规划和整体布局，并梳理出我国云计算生态系统。全国信息技术标准化技术委员会云计算标准工作组，作为我国专门从事云计算领域标准化工作的技术组织，负责云计算领域的基础、技术、产品、测评、服务、系统和设备等国家标准的制修订工作，形成了领域全面覆盖、技术深入发展的标准研究格局，为规范我国云计算产业发展奠定了标准基础。同时我国也积极参与云计算国际标准化工作，在国际舞台上发挥了重要的作用。

2. 云计算标准体系

针对目前云计算发展现状，结合用户需求、国内外云计算应用情况和技术发展情况，同时按照工信部对我国云计算标准化工作的综合布局，我国云计算标准体系建设从基础、网络、整机装备、软件、服务、安全和其他 7 个部分展开。

下面介绍 7 个部分的概况以及所包含的在研标准情况。

（1）基础标准

用于统一云计算及相关概念，为其他各部分标准的制定提供支撑。主要包括云计算术语、参考架构、指南和能效管理等方面的标准。

①《云计算术语》和《云计算参考架构》

国际上 ISO/IEC JTC1 SC38 启动《云计算术语》和《云计算参考架构》国际标准的制定，开展云服务交付模式的研究。ITU－T SG 13 在原有云计算焦点组（FGCC）的基础上建立，开展《云计算术语》《云计算参考架构》的研究。目前这两大国际云计算组织通过成立联合工作组的方式，共同推出这两个国际标准的制定，已经进入 DIS 阶段，参与基础标准的国际标准组织还有 ETSI、NIST、TOG 等。在国内，我国在开展国际标准化工作的同时，同步开展《云计算术语》《云计算参考架构》等基础标准的研制，中国和美国的相关成果成为《云计算参考架构》的基础文档，中国成功争取到《云计算参考架构》联合编辑职位。

云计算基本参考架构主要规定了云计算基本参考模型和基本的技术要求以及基础设施即服务、平台即服务、软件即服务等服务模式的要求。云计算基本参考模型涵盖云服务客户、云服务提供者和云服务协作者三类角色。不同角色之间通过统一规范接口进行交互。云计算基本参考模型不仅为云计算提供者和开发者搭建了一个基本的技术参考实现模型，也为云计算服务的评价和审计人员提供相关指南。

② 云计算数据中心参考架构

定义了云计算数据中心基本参考架构，包括必备基本特征、推荐性建议以及云计算数据中心参考架构中各组成部分及功能。并对云计算的基础设施、资源池、能效管理、安全、服务及运维管理提出了要求。

（2）网络标准

用于规范网络连接、网络管理和网络服务。主要包括云内、云间、用户到云等方面的标准。

（3）整机装备标准

用于规范适用于云计算的计算设备、存储设备、终端设备的生产和使用管理。主要包括整机装备的功能、性能、设备互联和管理等方面的标准。包括《基于通用互联的存储区域网络（IP－SAN）应用规范》《备份存储备份技术应用规范》《附网存储设备通用规范》《分布式异构存储管理规范》《模块化存储系统通用规范》和《集装箱式数据中心通用规范》等标准。

① 基于通用互联的存储区域网络（IP－SAN）应用规范

本标准对 IP－SAN 存储设备和系统架构参考模型、IP－SAN 的统一描述方法及通信方式的规范以及 IP SAN 数据安全规范和评估进行标准化。本标准可广泛适用于数据中心、存储局域网等环境下的 IP - SAN 存储设备和系统。

② 备份存储备份技术应用规范

本标准建立云存储数据备份应用的备份系统架构参考模型，对文件系统、数据库及虚拟机的具体应用进行备份流程、备份方式、备份策略方面进行标准化。

③ 附网存储设备通用规范

本标准规定了附网存储的术语、技术要求、测试方法和检验规则。本标准适用于服务网存储设备的生产厂商以及使用附网存储设备的客户。

④ 分布式异构存储管理规范

本标准规范了存储管理信息的统一描述方法及通信方式，提出了符合国家需要的规范化存储管理安全保护机制，构建了分布式异构存储设备和系统的管理信息模型和实例，用于构建大规模、可扩展存储系统，满足当前日益增长的信息存储需求，有力地支撑国内存储产业的发展。

⑤ 模块化存储通用规范

本标准给出了模块化存储系统的界定说明与分类、模块化存储系统技术要求和设计规范以及与技术要求相对应的检测方法，以此保障产品质量和使用安全。

⑥ 集装箱式数据中心通用规范

集装箱式数据中心是一个可作为数据中心构建的标准模块，可以为企业在短时间内完成数据中心容量的扩展；同时，也可作为单独使用的模块，在企业主数据中心之外建立独立的灾备站点，或用于军事项目、政府保密工程、能源勘察、大型活动的户外作业，是应对于企业级数据中心快速、灵活需求的最佳解决方案。本标准给出了集装箱式数据中心的设计规范和评价标准，为集装箱式数据中心的规格、架构、技术参数提供统一规范。

（4）软件标准

用于规范云计算相关软件的研发和应用，指导实现不同云计算系统间的互联、互通和互操作。主要包括虚拟化、计算资源管理、数据存储和管理、平台软件等方面的标准。

软件标准中，“开放虚拟化格式”和“弹性计算应用接口”主要从虚拟资源管理的角度出发，实现虚拟资源的互操作。“云数据存储和管理接口总则”“基于对象的云存储应用接口”“分布式文件系统应用接口”和“基于 Key - Value 的云数据管理应用接口”主要从海量分布式数据存储和数据管理的角度出发，实现数据级的互操作。从国际标准组织和协会对云计算标准的关注程度来看，对虚拟资源管理、数据存储和管理的关注度比较高。其中，“开放虚拟化格式规范”和“云数据管理接口”已经成为 ISO/IEC 国际标准。

（5）服务标准

用于规范云服务设计、部署、交付、运营和采购以及云平台间的数据迁移。主要包括服务采购、服务质量、服务计量和计费、服务能力评价等方面的标准。云服务标准以软件标准、整机装备等标准为基础，主要从各类服务的设计与部署、交付和运营整个生命周期过程来制定，主要包括云服务分类、云服务设计与部署、云服务交付、云服务运营和云服务质量管理等方面的标准。云计算中各种资源和应用最终都是以服务的形式体现出来。如何对形态各异的云服务进行系统分类是梳理云服务体系，帮助消费者理解和使用云服务的先决条件。服务设计与部署关注构建云服务平台所需要的关键组件和主要操作流程。服务运营和交付是云服务生命周期的重要组成部分，对服务运营和交付的标准化有助于对云服务提供商的服务质量和服务能力进行评估，同时注重服务的安全和服务质量的管理与测评。

（6）安全标准

用于指导实现云计算环境下的网络安全、系统安全、服务安全和信息安全，主要包括云计算环境下的网络和信息安全标准。

① 云服务安全指南

该标准描述了云计算服务可能面临的主要安全风险，提出了政府部门采用云计算服务的安全管理基本要求及云计算服务的生命周期各阶段的安全管理和技术要求。该标准为政府部门采用云计算服务，特别是采用社会化的云计算服务提供全生命周期的安全指导，适用于政府部门采购和使用云计算服务，也可供重点行业或企事业单位参考。

② 云服务安全能力要求

该标准对政府部门和重要行业使用的云计算服务提出了基本的安全能力要求，反映了云服务商在保障云计算平台上的信息和业务安全时应具有的基本能力。标准对云服务商提出了一般要求和增强要求。根据拟迁移到社会化云计算平台上的政府和行业信息、业务的敏感度及安全需求的不同，云服务商应具备的安全能力也各不相同。

（7）其他标准

主要包括与电子政务、智慧城市、大数据、物联网和移动互联网等衔接的标准。

4.3 如何实施云计算

云计算从最初的理念发展至今，不论是产品还是标准，都进入落地应用阶段，探索和建立适宜云计算发展的市场准入、服务采购和安全保障机制，推广应用安全可靠的云产品和云解决方案，以及如何实施云计算、构建云计算、如何从用户的视角选择适合的云相关产品，是目前产业界关注的重点。

云计算的本质是一种新型服务模式，而基于标准的云服务可通过开放的标准接口实现互操作性和可移植性，从应用角度出发，SLA（Service-Level Agreement，服务水平协议）（本章4.3.2节将作详细介绍）、云安全也是云计算在实施过程中，云用户应关注的重点。下面分步介绍实施云计算的一系列步骤。

4.3.1 云计算实施总路线

云计算发展至今，不论是产品还是标准，都进入落地应用阶段，如何实施云计算是产业界关注的重点之一。下面分步介绍实施云计算的一系列步骤。

1. 组建团队

云用户可能是各类不同规模的企业，在决定采用云计算为自己服务时，需要建立相应的工作团队，并明确在云实施不同阶段时各角色的工作职责和工作目标。如图4-7所示。

在云服务的部署阶段，CEO和高级管理层领导公司确定目标、职责范围和指导方针。

在策略阶段，通常在CIO或CTO的领导下，公司执行业务分析和技术分析。

在运营阶段，不同运营组的主管针对云部署，共同完成持续运营业务的采购、实施和运营。

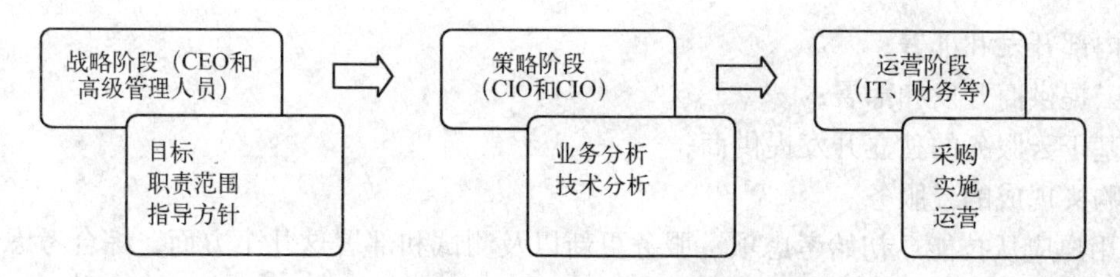

图 4-7　各角色的工作职责和目标

2. 制定业务案例和云战略

云用户应明确自身需求，结合自身业务特点，制定适合自身发展的综合云战略。

在规划云战略时，应将以下工作考虑在内：培训团队、考虑现有 IT 环境、了解所需要的服务和功能、确定所需要的技能、制定长期和短期规划图、确定明确的目标和衡量进度的指标、了解法律法规要求、延长追踪结果的时间。

3. 选择云部署模式

根据既定云战略，综合考量企业规模、云服务关键程度、业务迁移成本、弹性、安全和多租户等因素，选择合适的云部署模式。

4. 选择云服务模式

根据云用户的 IT 成熟度和企业规模，结合各类云服务模式的特点，选择适合用户需求的云服务模式。

用户需求的云服务模式如下。

（1）基础设施即服务（IaaS）的优势

- 通过提高资源利用率和管理员对服务器的比例，减少 IT 运营支出和资本支出；
- 通过提高效率和标准化解决方案的自动化，提高产品推向市场的速度；
- 简化集成管理流程，包括实时监测和高扩展低干预的调配；
- 提高对业务流程和系统性能的可见性，以确定冗余和瓶颈；
- 对市场动态和业务战略需求实现可扩展的运营模式。

（2）平台即服务（PaaS）的优势

- 快速经济地开发部署新应用程序；
- 面向预定义工作负载的高度标准化和自动化调配；
- 面向特定工作负载的集成式开发和运行平台；
- 面向大多数常见工作负载的基于模式的部署；
- 面向 SLA 执行、动态资源管理、高度可用性和业务优先级的集成式工作负载管理；
- 基于业务优先级和 SLA 的工作负载意识与最佳化；
- 简化的管理系统之下的工作负载整合。

（3）软件即服务（SaaS）的优势

- 将计算变成用户可轻松采用的实用程序；
- 高度的可扩展性；
- 实施时间周期短；
- 升级更新以及解决方案的可用性由提供商负责。

5. 明确由谁开发、测试和部署云服务

根据云用户的需要和能力，开发、测试和部署云环境，按部署方法可分成 4 种方式：

- 内部开发和部署；
- 云提供商开发和部署；
- 基于云服务的独立开发提供商；
- 购买现成的云服务。

云用户应从技能、初始考虑项、服务更新以及测试和部署这几个方面，综合考虑选择哪类部署方式，也可以根据具体的云服务需求，同时利用多个方式。

6. 在生产之前制定概念验证（POC）

一旦明确要实施云，可（推荐但不必须）建立概念验证（POC）团队，假设POC成功，符合或超出预期，则云服务可以交付进行生产实施。POC既可以在公司内部实施，也可以直接在公有云中实施。POC和目标云环境之间可能存在的差异，向生产环境迁移时，需要处理目标云环境。

一旦完成全部测试，并且运行正常，即可进一步完善商务合同、SLA等，将新的云服务投入生产。

7. 与现有企业服务集成

有多种方法可以在云服务和现有服务之间建立无缝连接。

企业已确定采用开放基础设施标准，则云服务应建立在已实施的内容的基础上，可通过标准化的应用程序编程接口（API）来对此进行管理，这些API将成为云服务所支持的开放标准和企业现有服务之间的连接导管，实现云服务和企业服务之间的互操作性。

企业没有确定要采用开放基础设施标准，则可使用新的云服务来设置基线。一个清晰的采用开放标准的计划能确保云服务的互操作性和可移植性，并简化新服务的基础流程，使之不受新的云服务的获取位置和方式的限制。

8. 制定和管理SLA

SLA是用于解决服务交付争议的书面协议。花费时间制定一份全面的SLA将有助于消除用户与提供商之间的预期异议，也有助于确保交付满意的服务水平。

在制定云用户（买方）和云提供商（卖方）之间的SLA时，不仅要考虑到不同类型的服务模式有不同的需求，还应关注的因素还有组建内部SLA团队、为合约服务制定SLA、与提供商共同定义关键流程、定期与企业内的关键利益相关者举行评审会、定期与云提供商召开检查点会议等。

如何实施和评估SLA，将在第4.3.2节云服务水平协议（SLA）实施步骤中详细讲述。

9. 管理云环境

企业管理和运营云环境需要企业信息化主管和用户支持经理共同负责，前者整体负责，后者负责管理日常运营，并建立通畅的沟通渠道，如问题不能解决，须参考SLA中相关规定。

技术支持和用户支持因服务模式、部署模式和托管选择而异。

若选择私有云（现场），则对其管理应与企业现有服务的管理一致。

若选择私有云（外包）和公有云，则应在SLA中规定对其管理责任。

SLA要确定相关流程用以发现问题，确定负责人和问题影响范围，寻找可以用于解决问题的资源（来自用户和提供商）。

除此之外，还需要对灾难恢复流程做定义和实施、对问题报告流程和问题报告回应达成书面协议（SLA），如果拥有多个云供应商，需要对供应商管理流程进行明确定义。

4.3.2 云服务水平协议（SLA）实施步骤

SLA 是用于解决服务交付争议的书面协议。花费时间制定一份全面的 SLA 将有助于消除用户与提供商之间的预期异议，也有助于确保交付满意的服务水平。其实施步骤如下：

1. 理解角色和责任

为使用户理解云 SLA 明示或暗示的具体角色和责任，必须了解云计算环境可能会涉及的不同角色。一般包含 5 种云角色。

- 云用户：与云供应商维持业务关系或使用云供应商服务的个人或机构；
- 云供应商：有责任向云用户提供服务的个人、机构或实体；
- 云运营商：提供云供应商与云用户间云服务连接和传输的中介机构；
- 云代理商：管理云服务使用、表现和交付，并协调云供应商和云用户关系的机构；
- 云审计者：独立评估云服务、信息系统运营、云实施的性能和安全性的一方。

用户需要了解每种云角色在云环境交付中的活动与责任，为每种角色准确设定要求与服务水平。SLA 对不同的角色有不同要求，不限于定量方面，也包含遵照标准和数据保护等定性要求。通过 SLA 实施步骤，每个步骤都将详细介绍用户与供应商在业务水平目标和服务水平目标方面应负的责任。

2. 评估业务水平策略

由于 SLA 所述策略与业务策略相关，用户在评审云 SLA 时必须考虑关键的策略问题。SLA 内描述的云供应商的数据策略可能是最关键的业务水平策略，需要对其进行仔细评估。

SLA 中涉及的数据策略包括数据保存、数据冗余、数据位置、新数据位置的研究、数据获取和数据隐私。

除了数据策略外，云 SLA 内所述的其他业务水平策略也需要仔细评估，这些业务水平策略包括承诺、可接受的使用策略、未涵盖服务列表、超额使用、激活、支付与惩罚模式、治理/版本控制、续约、转让、支持、计划内维护、分包服务、许可软件和行业特定标准等。

3. 了解各种服务模型和部署模型的区别

云供应商提供的服务一般都可归纳为 3 种主要的服务模型：基础设施即服务（IaaS）、平台即服务（PaaS）、软件即服务（SaaS）。对每一种类来说，云 SLA 内可能包含的云资源抽象水平、服务水平目标和关键性能指标各有不同。

除了服务模型外，云 SLA 还应包含服务部署条款，这些条款应确认部署模型、所采用的部署技术。

4. 确定关键性能目标

云计算环境中的性能目标与服务交付的效率和准确性直接相关。性能一般通过可用性、响应时间、事务处理率和处理速度来衡量，但很多其他因素也可以衡量性能和系统的质量。因此，用户必须确定哪些因素对其云环境最为重要，并确保 SLA 中包含这些因素。

对云用户非常重要的性能声明需要具备可测量性，可以由用户对其审计，并且书面记录在 SLA 中，从而满足协议双方对服务水平的要求。性能的考虑因素因支持的服务模型（IaaS、PaaS 和 SaaS）和各模型提供的服务类型的不同而异，如 IaaS 模型提供网络、存储和计算服务。

为了确保性能目标有意义，当透明性和一致性对加强云服务的可信赖性非常重要时，度量是一个关键考虑事项。度量时，一定要清楚指标是怎样使用的，从这些指标中能得到什么结论，不断对性能进行评估，使其达到具体的目标。

5. 评估安全和隐私保护要求

确保云足够安全的首要措施是根据企业数据的重要性和敏感性创建分类方案，在整个企业内部施行。该方案应包括数据所有权、对安全水平的合适定义和保护控制等方面的详细信息以及对数据保留和删除需求的简单描述。分类方案应作为控制实施的依据，如访问控制、归档或加密。为了确定具体资产所需要的安全水平，就要对资产的敏感性和重要性进行粗略的评估。

在隐私方面，很多国家的法律、法规和其他规定都要求公共和私立机构保护个人数据的隐私性以及信息系统和计算机系统的安全性。

数据传输到云中后，保护数据安全的义务通常都由数据的收集人或管理人承担，尽管有些情况下，收集人或管理人可能与其他人共同承担该义务。如需要第三方托管或处理数据，数据管理人仍应对数据的丢失、损坏或滥用负责。

因此，数据管理人和云供应商签订书面（法律）协议是比较稳妥甚至是法律规定的做法，这样可以明确协议双方的职责和要求，并分割双方的相关责任。

6. 明确服务管理需求

用户在与云计算供应商签订服务水平协议时需要考虑的有关服务管理的重要问题，主要包括审计、监控和汇报、计量、快速调配、资源变更、对现有服务的升级等几个方面。

7. 为服务故障管理做准备

云 SLA 应明确书面记录预期的服务能力和服务性能，否则用户和供应商发生误会的可能性会显著增加。例如，除非 SLA 中有明确规定，否则供应商不会认为 Web service 的响应时间过长属于服务故障。

服务故障管理的水平因供应商的不同而有很大差异，而能否争取到更高水平的管理服务则取决于用户公司的规模。因此，用户应在协议中包括其自身的服务故障管理能力，以确保能够及时获知出现的问题。

8. 了解灾难恢复计划

灾难恢复属于业务连续性的范畴，主要指在发生灾难时，用于恢复应用程序、数据、硬盘、通信（如网络）和其他 IT 基础设施的流程和技术。这里的灾难既包括自然灾害，也包括影响 IT 基础设施或软件系统可用性的人为事件。

企业将基础设施即服务（IaaS）、应用程序即服务（SaaS）或平台即服务（PaaS）外包到云环境并不意味着企业就不需要制定严格的灾难计划。每个企业外包的基础设施或应用程序的重要性不同，因此云灾难恢复计划也各不相同，而在制定灾难恢复计划时，业务目标是非常重要的参考。

9. 建立有效的管理流程

不断发展的云计算需要有一套有效的管理流程，以解决可能遇到的各种问题。实行有效的管理流程是确保内部和外部用户对云服务的满意度的重要步骤。

一个成功的管理流程的重要环节主要包括确定每月例会、确保恰当的出勤、议题、追踪关键指标和生成报告。

10. 了解退出流程

每个云 SLA 中都应包含退出条款，对退出流程进行详细规定，包括云供应商与用户的关系提前终止或到期终止时的责任分配。

SLA 都要明确规定退出流程，确保安全快速地转移用户的数据和应用程序。用户退出计划始终应在一开始签订 SLA 时就进行准备，并附在合同中。该计划应保证用户业务损失最小，并能顺利过渡。该退出流程应包括详细的程序，确保业务持续性，并明确提出可度量的指标，确保云供应商有效实施这些流程。

4.3.3 云安全实施步骤

当用户把其应用及数据转移到使用云计算时，在云环境中提供一个与传统 IT 环境一样或更好的安全水平至关重要。如果不能提供合适的安全保护，最终将造成更高的运营成本并有可能导致潜在的业务损失，从而影响云计算的收益。

本节提供了云用户评估和管理其云环境安全应采取的系列规范性步骤，目标是帮助其降低风险并提供适当级别的支持。

1. 确保拥有有效的治理、风险及合规性流程

大多数机构已经为保护其知识产权和公司资产（尤其是在 IT 领域的资产）制定了安全及合规的策略和规程。对云计算环境的安全控制与传统 IT 环境下的安全控制是相似的，然而由于职责部门采用的云服务和运维模型以及云服务所使用的技术等因素，云计算与传统 IT 解决方案相比会为机构带来不同风险。

依据安全和合规性政策，云服务用户保证其托管应用和数据安全的主要方式是参考相关的服务水平协议，核实用户和供应商之间的合同是否包含他们的所有要求。用户了解与安全性相关的所有条款，并确保这些条款能满足其需要是至关重要的。如果没有合适的合同和 SLA，不建议继续使用该机构的云服务。

2. 审计运维和业务流程报告

用户至少应保证看到独立审计师编写的关于云服务供应商的运维报告。能够自由获取重要的审计信息是用户与任何云服务供应商签订合同和 SLA 条款时的关键因素。作为条款的一部分，云服务供应商应将与用户相关的特定数据或应用程序审计事项以及日志记录和报告信息及时提供，保证访问能力和自我管理能力。

主要从以下 3 个领域对云安全进行考虑。

了解云服务供应商的内部控制环境，包括其调配的云服务时环境的风险、控制及其他治理问题。

对企业审计跟踪的访问，包括当审计跟踪涉及云服务时的工作流程和授权。

云服务供应商应向用户保证云服务管理和控制的设施是可用的以及说明该设施是如何保障安全的。

对云服务提供商的安全审计是云用户在安全方面的重要考量，应由用户方或独立审计机构具备适当技能的人员进行操作。安全审计应以一个已发布的安全控制标准为基础，用户应检查安全控制是否符合其安全需求。

3. 管理人员、角色及身份

云用户必须确保其云服务供应商具备相关流程和功能来管理具有访问其数据和应用程序

权限的人员，保证对其云环境的访问可控、可管理。云服务供应商必须允许用户根据其安全策略为每一个用户分配、管理角色和相关等级的授权。

这些角色和授权以单个资源、服务和应用程序为基础。云服务供应商应包含一个安全系统来管理其用户和服务的唯一身份标识。

这项身份管理功能必须支持简单的资源访问以及可靠的用户应用程序和服务工作流。无论是何种角色或权限，供应商管理平台所有的用户访问或互操作行为都应该被监控并予以记录，以便为用户提供其数据和应用程序的所有访问情况的审计报告。

云服务供应商应设立正式流程，管理其员工对任何储存、传输或执行用户数据和应用程序的软硬件的访问情况，并应将管理结果提供给用户。

4. 确保对数据和信息的合理保护

云计算中的数据问题涉及不同形式的风险，包括数据遭窃取或未经授权的披露，数据遭篡改或未经授权的修改，数据损失或不可用。“数据资产”可能包括应用程序或机器镜像等，与数据库中的数据和数据文件一样，这些资产也有可能遇到相同的风险。

我国国家标准《云服务安全指南》（报批稿）和《云计算服务安全能力要求》（报批稿）对保障数据安全性、使用云服务时需要解决的数据安全注意事项等，从不同方面做了详细规定。

用户为确保云计算活动中的数据得到适当保护应注意以下几个方面：

- 创建数据资产目录；
- 将所有数据包含其中；
- 注重隐私；
- 保密性、完整性和可用性；
- 身份和访问管理。

5. 实行隐私策略

在云计算服务合约和云服务水平协议中有必要充分解决隐私权保护问题。如果不明确列明隐私问题，用户应考虑通过其他方式实现其目标，包括寻找其他供应商或不将敏感数据导入云计算环境。例如，如果用户希望在云计算环境中导入 HIPAA[㊀] 信息，用户必须寻找将与其签订 HIPAA 业务相关协议的供应商，否则用户不应将数据导入云计算环境中。

用户有责任制定策略以处理隐私权保护问题，并在其机构内部提高数据保护意识，同时还应确保其云服务供应商遵守上述隐私权保护策略。用户有义务持续核对其供应商是否遵守了上述策略，包括涵盖隐私权保护策略等所有方面的审计项目（涉及确保供应商是否采取改进措施的方法）。

6. 评估云应用程序的安全规定

制定明确的安全策略和流程，对确保应用程序能够帮助业务正常进行而避免额外风险至关重要。应用程序的安全性为云服务供应商和用户至关重要，与保障物理和基础设施安全性一样，双方机构应尽力保障应用程序的安全性。不同云部署模型下的应用程序安全策略均不

㊀ HIPAA 是美国前总统克林顿签署的《健康保险携带和责任法案》（Health Insurance Portability and Accountability Act）的缩写，该法案的重要内容之一是制定了促进国家在医疗健康信息安全方面电子传输的统一标准。

一样，主要区别如下。

（1）IaaS

- 用户有责任部署完整的软件栈（包括操作系统、中间件及应用程序等）以及与堆栈相关的所有安全因素。
- 应用程序安全策略应精确模拟用户内部采用的应用程序安全策略；
- 在通常情况下，用户有责任给操作系统、中间件及应用程序打补丁；
- 应采用恰当的数据加密标准。

（2）PaaS

- 用户有责任进行应用程序部署，并有责任保证应用程序访问的安全性；
- 供应商有责任合理地保障基础设施、操作系统及中间件的安全性；
- 应采用恰当的数据加密标准；
- 在 PaaS 模式下，用户可能了解也可能不了解其数据的格式和位置。但有一点很重要，用户应被告知获得管理访问权限的个人将如何访问其数据。

（3）SaaS

- 应用程序领域安全策略的限制通常是供应商的责任并取决于合约及 SLA 中的条款。用户必须确保这些条款满足其在保密性、完整性及可用性方面的要求；
- 了解供应商的修补时间表、恶意软件的控制以及发布周期十分重要；
- 阈值策略有助于确定应用程序用户负载的意外增加和减少，阈值以资源、用户和数据请求为基础；
- 在通常情况下，用户只能够修改供应商已公开的应用程序的参数，这些参数可能跟应用程序的安全配置无关，但用户应确保其配置更改不会妨碍供应商的安全模式；
- 用户应了解其数据如何受到供应商管理访问权限的保护。在 SaaS 模式下，用户可能并不了解其数据存储的位置和格式；
- 用户必须了解适用于其静态和动态数据的加密标准。

7. 确保云网络和连接的安全性

云网络和连接的安全性分为外部网络和内部网络安全两部分。

建议从流量屏蔽、入侵检测防御、日志和通知等方面来评估云服务提供商的外部网络管理。

内部网络安全与外部网络安全不同，在用户得以访问云服务供应商的部分网络后，维护内部网络安全由云服务提供商负责。用户应关注的主要内部网络攻击类别包括保密性漏洞（敏感数据泄露）、完整性漏洞（未经授权的数据修改）以及可用性漏洞（有意或无意地阻断服务）。用户必须根据其需求和任何现存的安全策略评估云服务供应商的内部网络管理。建议从保护用户不受其他用户攻击、保护供应商网络和检测入侵企图等方面，对云服务供应商的内部网络管理进行评估和选择。

8. 评估物理基础设施和设备的安全管理

云服务供应商应采用的适用于物理基础设施和设备的安全管理包括如下内容。

- 物理基础设施和设备应托管在安全区域内。应设置物理安全界限以防止未授权访问，并配合物理准入控制设施以确保只有经授权的人员才能访问包含敏感基础设施的区域。所有安装与调配云服务相关的物理基础设施的办公室、房间或设备都应设置物理安保措施；

- 应针对外部环境威胁提供安保措施，火灾、洪灾、地震、国内动乱及其他潜在威胁都有可能破坏云服务，因此应对上述威胁提供安保措施；
- 应对在安全区域工作的员工进行管理。这类管理目的在于防止恶意行为；
- 应进行设备安全管理，以防止资产丢失、盗窃、损失或破坏；
- 应对配套公共设施进行管理，包括水、电、气的供应等。应防止因服务失败或设备故障（例如，漏水）导致的服务中断。应通过多路线和多个设备供应商保证公共设施正常运作；
- 保障线缆安全，尤其要保障动力电缆和通信线缆的安全，以防止意外或恶意破坏；
- 应进行适当设备维护，以确保服务不会因可预见的设备故障而中断；
- 管理资产搬迁，以防止重要或敏感资产遭盗窃；
- 保障废弃设备或者重用设备中的安全，这一点对可能包含存储媒体等数据的设备尤为重要；
- 保障人力资源安全，应对在云服务供应商的设施内的工作人员进行管理，包括任何临时或合约员工；
- 备份、冗余和持续服务计划。供应商应提供适当的数据备份、设备冗余和持续服务计划以应对可能发生的设备故障。

9. 管理云服务水平协议（SLA）的安全条款

云活动中的安全责任，必须由云服务提供商和用户双方，通过云服务水平协议（SLA）的条款来共同明确和承担，SLA 保障安全的一大特征是，任何 SLA 中对云服务供应商提出的要求，该供应商为提供服务而可能会使用到的其他云服务提供商也必须遵守此 SLA。

10. 了解退出过程的安全需要

用户退出或终止使用云服务的过程需要认真考虑安全事项。

从安全性角度出发，当用户完成退出过程，用户具有“可撤销权”，云服务供应商不可继续保留用户的数据。供应商必须保证数据副本已经从服务商环境下可能存储的位置（包括备份位置及在线数据库）彻底清除。同时，除法律层面需保留的用户数据可暂时保留一段时间外，其他与用户相关的数据信息（日志或审计跟踪等），供应商应全部清除。

小结

国家标准《信息技术云计算参考架构》模型展示了云计算模式和其他计算模式之间的区别和联系，同时展示了不同角色之间的分工、合作和交互，为云计算提供者和开发者搭建了一个基本的技术实现参考模型，该国家标准等同采用国际标准 ISO/IEC 17789《信息技术云计算参考架构》（Cloud Computing Reference Architecture），简称 CCRA。

功能架构通过分层框架来描述组件。在分层框架中，特定类型的功能被分组到各层中，相邻层次的组件之间通过接口交互。功能视图涵盖了功能组件、功能层和跨层功能等云计算概念。

CCRA 的分层框架包括 4 层以及一个跨越各层的跨层功能集合。4 层分别是用户层、访问层、服务层和资源层，跨越各层的功能称为跨层功能。

从云计算技术角度来分，云计算大约有4部分构成：物理资源、虚拟化资源、服务管理中间件部分和服务接口。

自2008年以来，云计算在国际上已成为标准化工作热点之一。国际上共有33个标准化组织和协会从各个角度在开展云计算标准化工作。这33个国外标准化组织和协会既有知名的标准化组织，如ISO/IEC JTC1 SC27、DMTF，也有新兴的标准化组织，如ISO/IEC JTC1 SC38、CSA；既有国际标准化组织，如ISO/IEC JTC1SC38、ITU－T SG13，也有区域性标准化组织，如ENISA；既有基于现有工作开展云标准研制的，如DMTF、SNIA；也有专门开展云计算标准研制的，如CSA、CSCC。

通过对33个标准化组织和协会的输出物进行分析，发现这些输出物集中在以下5个方面：应用场景和案例分析、通用和基础标准、互操作和可移植标准、服务标准、安全标准。

思考与练习

1. 何为云计算体系架构？其目标和任务是什么？
2. 简述CCRA中功能架构主要内容。
3. 从技术角度看，云计算由哪些内容组成？请举例说明。
4. 云计算实施的总路线是怎样的？
5. 简述云计算安全实施步骤。

第 5 章　云计算主要支撑技术

本章要点

- 高性能计算技术
- 分布式处理技术
- 虚拟化技术
- 用户交互技术
- 安全管理技术
- 运营支撑管理技术

通过对云计算参考架构中不同角色、不同功能的分析，可见云计算主要支撑技术包括高性能计算技术、分布式存储技术、虚拟化技术、用户交互技术、安全管理技术和运营支撑管理技术。

本章分别阐述这七类技术。

5.1　高性能计算技术

随着科技的发展，人们要求处理事情的速度也在不断地提高，正所谓“高效率办事，快节奏生活”，因此高性能计算也就应运而生，高性能计算机在高性能运算中扮演了重要的角色，伴随着高性能计算机的出现，云计算的概念随之出现，因此高性能计算技术是云计算的关键技术之一。

5.1.1　高性能计算的概念

简单地说，高性能计算（High Performance Computing）是计算机科学的一个分支，研究并行算法和开发相关软件，致力于开发高性能计算机（High Performance Computer）。

高性能计算机是人类探索未知世界的最有力的武器之一，高性能计算的本质是支持全面分析、快速决策，即通过收集、分析和处理全面的材料、大量原始资料以及模拟自然现象或产品，以最快的速度得到最终分析结果，揭示客观规律、支持科学决策。对科研工作者来说，这意味着减少科学突破的时间、增加突破的深度；对工程师来说，这意味着缩短新产品上市的时间、增加复杂设计的可信度；对国家来说，这意味着提高综合国力和参与全球竞争的实力。

对称多处理、大规模并行处理机、集群系统、消息传递接口、集群系统管理与任务都是高性能计算技术的内容。

5.1.2 对称多处理

对称多处理（Symmetrical Multi - Processing，SMP），是指在一个计算机上汇集了一组处理器（多 CPU），各 CPU 之间共享内存子系统以及总线结构。它是相对非对称多处理技术而言的、应用十分广泛的并行技术。

在这种架构中，一台计算机不再由单个 CPU 组成，而同时由多个处理器运行操作系统的单一复本，并共享内存和一台计算机的其他资源。虽然同时使用多个 CPU，但是从管理的角度来看，它们的表现就像一台单机一样。系统将任务队列对称地分布于多个 CPU 之上，从而极大地提高了整个系统的数据处理能力。所有的处理器都可以平等地访问内存、I/O 和外部中断。在对称多处理系统中，系统资源被系统中所有 CPU 共享，工作负载能够均匀地分配到所有可用的处理器之上。

人们平时所说的双 CPU 系统，实际上是对称多处理系统中最常见的一种，通常称为“2 路对称多处理”，它在普通的商业、家庭应用之中并没有太多实际用途，但在专业制作，如 3ds Max、Photoshop 等软件应用中获得了非常良好的性能表现，是组建廉价工作站的良好伙伴。随着用户应用水平的提高，只使用单个的处理器确实已经很难满足实际应用的需求，因而各服务器厂商纷纷通过采用对称多处理系统来解决这一矛盾。在国内市场上这类机型的处理器一般以 4 个或 8 个为主，有少数是 16 个处理器。但是一般来讲，SMP 结构的机器可扩展性较差，很难做到 100 个以上多处理器，常规的一般是 8 个到 16 个，不过这对于多数的用户来说已经够用了。这种机器的好处在于它的使用方式和微机或工作站的区别不大，编程的变化相对来说比较小，原来用微机工作站编写的程序如果要移植到 SMP 机器上使用，改动起来也相对比较容易。SMP 结构的机型可用性比较差。因为 4 个或 8 个处理器共享一个操作系统和一个存储器，一旦操作系统出现了问题，整个机器就完全瘫痪掉了。而且由于这个机器的可扩展性较差，不容易保护用户的投资。但是这类机型技术比较成熟，相应的软件也比较多，因此现在国内市场上推出的并行机大量都是这一种。PC 服务器中最常见的对称多处理系统通常采用 2 路、4 路、6 路或 8 路处理器。目前 UNIX 服务器可支持最多 64 个 CPU 的系统，如 Sun 公司的产品 Enterprise 10000。SMP 系统中最关键的技术是如何更好地解决多个处理器的相互通信和协调问题。

5.1.3 大规模并行处理

大规模并行处理（Massively parallel processing，MPP）系统，是巨型计算机的一种，它以大量处理器并行工作获得高速度。MPP 系统的研究工作于 60 年代就已经开始，但近 10 年才成为工业产品。MPP 系统主要应用领域是气象、流体动力学、人类学和生物学、核物理、环境科学、半导体和超导体研究、视觉科学、认识学、物理探测等极大运算量的领域。RISC 处理器和处理器间高效互连技术的发展使得 MPP 系统在很多领域都取得了比较传统的向量巨型机好得多的性能价格比，并比向量机有高得多的发展潜力，开始成为巨型机主要品种。1995 年 MPP 系统已经出现峰值达 355GFLOPS 的品种。到 1996 年底已经出现每秒运算 1 万亿次（TFLOPS）的机型，2000 年则达到了 10 ~ 30TFLOPS 的高水平。

从技术角度看 MPP 系统分为单指令流多数据流（SIMD）系统和多指令流多数据流

（MIMD）系统两类。SIMD 系统结构简单，应用面窄，MIMD 系统则是主流，有的 MIMD 系统亦同时支持 SIMD 方式。MPP 系统的主存储器体系分为集中共享方式和分布共享方式两类，分布共享方式则是一种趋向。

MPP 系统的成熟和普及还需要做大量的工作，以研究更好的、更通用的体系结构，更有效的通信机制，更有效的并行算法，更好的软件优化技术，同时要着重解决 MPP 系统程序设计十分困难的问题，提供良好的操作系统和高级程序语言，以及提供方便用户使用的，可视化的，交互式软件开发工具。

5.1.4 集群系统

集群（Cluster）技术是一种较新的技术，通过集群技术，可以在付出较低成本的情况下获得在性能、可靠性、灵活性方面的相对较高的收益，其任务调度则是集群系统中的核心技术。

集群是一组相互独立的、通过高速网络互联的计算机，它们构成了一个组，并以单一系统的模式加以管理。一个客户与集群相互作用时，集群像是一个独立的服务器。

通过集群系统，可以达到如下目的。

1. 提高性能

一些计算密集型应用，如天气预报、核试验模拟等，需要计算机有很强的运算处理能力，现有的技术，即使普通的大型机其计算能力也很难胜任。这时，一般都使用计算机集群技术，集中几十台甚至上百台计算机的运算能力来满足要求。提高处理性能一直是集群技术研究的一个重要目标之一。

2. 降低成本

通常一套配置较好的集群系统，其软硬件开销要超过 100000 美元。但与价值上百万美元的专用超级计算机相比已属相当便宜。在达到同样性能的条件下，采用计算机集群比采用同等运算能力的大型计算机具有更高的性价比。

3. 提高可扩展性

用户若想扩展系统能力，不得不购买更高性能的服务器，才能获得额外所需的 CPU 和存储器。如果采用集群技术，则只需要将新的服务器加入集群中即可，对于客户来看，服务无论从连续性还是性能上都几乎没有变化，好像系统在不知不觉中完成了升级。

4. 增强可靠性

集群技术使系统在故障发生时仍可以继续工作，将系统停运时间减到最小。集群系统在提高系统的可靠性的同时，也大大减小了故障损失。

按照应用目的不同可以将集群分为如下几种。

（1）科学计算集群

科学集群是并行计算的基础。通常，科学集群涉及为集群开发的并行应用程序，以解决复杂的科学问题。科学计算集群对外就好像一个超级计算机，这种超级计算机内部由十至上万个独立处理器组成，并且在公共消息传递层上进行通信以运行并行应用程序。

（2）负载均衡集群

负载均衡集群为企业需求提供了更实用的系统。负载均衡集群使负载可以在计算机集群中尽可能平均地分摊处理。负载通常包括应用程序处理负载和网络流量负载。这样的系统非常适合向使用同一组应用程序的大量用户提供服务。每个节点都可以承担一定的处理负载，并且可以实现处理负载在节点之间的动态分配，以实现负载均衡。对于网络流量负载，当网络服务程序接收了高入网流量，以致无法迅速处理，这时，网络流量就会发送给在其他节点上运行的网络服务程序。同时，还可以根据每个节点上不同的可用资源或网络的特殊环境来进行优化。与科学计算集群一样，负载均衡集群也在多节点之间分发计算处理负载。它们之间的最大区别在于缺少跨节点运行的单并行程序。在大多数情况下，负载均衡集群中的每个节点都是运行单独软件的独立系统。

但是，不管是在节点之间进行直接通信，还是通过中央负载均衡服务器来控制每个节点的负载，在节点之间都有一种公共关系。通常，使用特定的算法来分发该负载。

（3）高可用性集群

当集群中的一个系统发生故障时，集群软件迅速做出反应，将该系统的任务分配到集群中其他正在工作的系统上执行。考虑到计算机硬件和软件的易错性，高可用性集群的主要目的是为了使集群的整体服务尽可能可用。如果高可用性集群中的主节点发生了故障，那么这段时间内将由次节点代替它。次节点通常是主节点的镜像。当它代替主节点时，它可以完全接管其身份，因此使系统环境对于用户是一致的。

高可用性集群使服务器系统的运行速度和响应速度要求尽可能快。它们经常利用在多台机器上运行的冗余节点和服务，用来相互跟踪。如果某个节点失败，它的替补者将在几秒钟或更短时间内接管它的职责。因此，对于用户而言，集群永远不会停机。

在实际的使用中，集群的这三种类型相互交融，如高可用性集群也可以在其节点之间均衡用户负载。同样，也可以从要编写应用程序的集群中找到一个并行集群，它可以在节点之间执行负载均衡。从这个意义上讲，这种集群类别的划分是一个相对的概念，不是绝对的。

根据典型的集群体系结构，集群中涉及的关键技术可以归属于4个层次。

- 网络层：网络互联结构、通信协议、信号技术等。
- 节点机及操作系统层高性能客户机、分层或基于微内核的操作系统等。
- 集群系统管理层：资源管理、资源调度、负载平衡、并行IPO、安全等。
- 应用层：并行程序开发环境、串行应用、并行应用等。

集群技术是以上4个层次的有机结合，所有的相关技术虽然解决的问题不同，但都有其不可或缺的重要性。

集群系统管理层是集群系统所特有的功能与技术的体现。在未来按需（On Demand）计算的时代，每个集群都应成为业务网格中的一个节点，所以自治性（自我保护、自我配置、自我优化、自我治疗）也将成为集群的一个重要特征。自治性的实现，各种应用的开发与运行，大部分直接依赖于集群的系统管理层。此外，系统管理层的完善程度，决定着集群系统的易用性、稳定性、可扩展性等诸多关键参数。正是集群管理系统将多台机器组织起来，使之可以被称为“集群”。

5.1.5　消息传递接口

20世纪90年代早期人们创建了消息传递接口（Message Passing Interface，MPI），它提供一种能够运行在集群、MPP，甚至是共享存储器机器中的通用消息传递环境。MPI 以一种库的形式发布，官方的规范定义了对 C 和 Fortran 的绑定（对其他语言的绑定也已经被定义）。当今 MPI 程序员主要使用 MPI 版本 1.1（1995 年发行）。在 1997 年发行了一个增强版本的规范 MPI 2.0，它具有并行 I/O、动态进程管理、单路通信和其他高级功能。

对 MPI 的定义是多种多样的，主要从 3 个方面进行。

- MPI 是一个库，而不是一门语言。许多人认为 MPI 就是一种并行语言，这是不准确的。但是按照并行语言的分类，可以把 C + MPI，看作是一种在原来串行语言基础之上扩展后得到的并行语言。MPI 库可以被 C/C ++ 调用，从语法上说，它遵守所有对库函数/过程的调用规则，和一般的函数/过程没有什么区别。
- MPI 是一种标准或规范的代表，而不特指某一个对它的具体实现。迄今为止，所有的并行计算机制造商都提供对 MPI 的支持，可以在网上免费得到 MPI 在不同并行计算机上的实现，一个正确的 MPI 程序，可以不加修改地在所有的并行机上运行。
- MPI 是一种消息传递编程模型，并成为这种编程模型的代表和事实上的标准。MPI 虽然很庞大，但是它的最终目的是服务于进程间通信的。

关于什么是 MPI 的问题涉及多个不同的方面。当提到 MPI 时，不同的上下文中会有不同的含义，它可以是一种编程模型，也可以是一种标准，当然也可以指一类库。只要全面把握了 MPI 的概念，这些区别是不难理解的。

在 MPI - 1 中，明确提出了 MPI 和 FORTRAN 77 与 C 语言的绑定，并且给出了通用接口和针对 FORTRAN 77 与 C 的专用接口说明，MPI - 1 的成功说明 MPI 选择的语言绑定策略是正确和可行的。

Fortran 90 是 FORTRAN 的扩充，它在表达数组运算方面有独特的优势，还增加了模块等现代语言的方便开发与使用的各种特征，它目前面临的一个问题是 Fortran 90 编译器远不如 FORTRAN 77 编译器那样随处可见，但提供 Fortran 90 编译器的厂商正在逐步增多。C ++ 作为面向对象的高级语言，随着编译器效率和处理器速度的提高，它可以取得接近于 C 的代码效率，面向对象的编程思想已经被广为接受，因此在 MPI - 2 中，除了和原来的 FORTRAN 77 和 C 语言实现绑定之外，进一步与 Fortran 90 和 C ++ 结合起来，提供了 4 种不同的接口，为编程者提供了更多选择的余地。但是 MPI - 2 目前还没有完整的实现版本。表 5-1 所示列出了一些主要的 MPI 免费实现。

表 5-1　MPI 的一些实现

实现名称	研制单位	网　址
MPICH	Argonne and MSU	http://www - unix. mcs. anl. gov/mpi/mpich
CHIMP	Edinburgh	ftp://ftp. epcc. ed. ac. uk/pub/packages/chimp/
LAM	Ohio State University	http://www. mpi. nd. edu/lam/

MPICH 是一种最重要的 MPI 实现，它可以免费从 http://www - unix. mcs. anl. gov/mpi/mpich 取得。更为重要的是，MPICH 是一个与 MPI - 1 规范同步发展的版本，每当 MPI 推出新的版本，就会有相应的 MPICH 的实现版本，目前 MPICH 的最新版本是 MPICH - 1. 2. 1，它支持部分的 MPI - 2 的特征。Argonne and MSU（阿尔贡）国家试验室和 MSU（密西根州立大学）对 MPICH 作出了重要的贡献。在本书中，未特别说明，均指在基于 Linux 集群的

MPICH 实现。

CHIMP 是 Edinburgh（爱丁堡、英国苏格兰首府）开发的另一个免费 MPI 实现，是在 EPCC（Edinburgh Parallel Computing Centre）的支持下进行的，从 ftp://ftp. epcc. ed. ac. uk/pub/packages/chimp/release/可以免费下载该软件，CHIMP 的开发从 1991 年到 1994 年，主要开发人员有 Alasdair Bruce、James（Hamish）Mills 和 Gordon Smith。

LAM（Local AreaMulticomputer）也是免费的 MPI 实现，由 Ohio State University 美国俄亥俄州国立大学开发，它目前的最新版本是 LAM/MPI 6.3.2，可以从 http://www. mpi. nd. edu/lam/download/ 下载。它主要用于异构的计算机网络计算系统。

云计算涉及的高性能计算技术非常丰富，本节不再赘述。

5.2 分布式数据存储技术

简言之，分布式数据存储就是将数据分散存储到多个数据存储服务器上。分布式存储目前多借鉴 Google 的经验，在众多的服务器搭建一个分布式文件系统，再在这个分布式文件系统上实现相关的数据存储业务，甚至是再实现二级存储业务。

分布式数据存储技术包含非结构化数据存储和结构化数据存储。其中，非结构化数据存储主要采用文件存储和对象存储技术，而结构化数据存储主要采用分布式数据库技术，特别是 NoSQL 数据库。下面分别阐述这三方面的技术。

5.2.1 分布式文件系统

为了存储和管理云计算中的海量数据，Google 提出分布式文件系统 GFS（Google File System）。GFS 成为分布式文件系统的典型案例。ApacheHadoop 项目的 HDFS 实现了 GFS 的开源版本。

Google GFS 是一个大规模分布式文件存储系统，但是和传统分布式文件存储系统不同的是，GFS 在设计之初就考虑到云计算环境的典型特点：节点由廉价不可靠的 PC 构建，因而硬件失败是一种常态而非特例；数据规模很大，因而相应的文件 I/O 单位要重新设计；大部分数据更新操作为数据追加，如何提高数据追加的性能成为性能优化的关键。相应的 GFS 在设计上有以下特点。

- 利用多副本自动复制技术，用软件的可靠性来弥补硬件可靠性的不足。
- 将元数据和用户数据分开，用单点或少量的元数据服务器进行元数据管理，大量的用户数据节点存储分块的用户数据，规模可以达到 PB 级。
- 面向一次写多次读的数据处理应用，将存储与计算结合在一起，利用分布式文件系统中数据的位置相关性进行高效的并行计算。

GFS/HDFS 非常适于进行以大文件形式存储的海量数据的并行处理，但是，当文件系统的文件数量持续上升时，元数据服务器的可扩展性面临极限。以 HDFS 为例，只能支持千万级的文件数量，如果用于存储互联网应用的小文件则有困难。在这种应用场景下，分布式对象存储系统更为有效。

5.2.2 分布式对象存储系统

与分布式文件系统不同，分布式对象存储系统不包含树状名称空间（Namespace），因此在数量增长时可以更有效地将元数据平衡地分布到多个节点上，提供理论上无限的可扩展性。

对象存储系统是传统的块设备的延伸，具有更高的“智能”：上层通过对象 ID 来访问对象，而不需要了解对象的具体空间分布情况。相对于分布式文件系统，在支撑互联网服务时，对象存储系统具有如下优势。

- 相对于文件系统的复杂 API，分布式对象存储系统仅提供基于对象的创建、读取、更新、删除的简单接口，在使用时更方便而且语义没有歧义。
- 对象存储系统提供了更大的管理灵活性，既可以在所有对象之上构建树状逻辑结构，也可以用对象进行自我管理，还可以只在部分对象之上构建树状逻辑结构，甚至可以在同一组对象之上构建多个名称空间。

Amazon 的 S3 属于对象存储服务。S3 通过基于 Http REST 的接口进行数据访问，按照用量和流量进行计费，其他的云服务商也都提供了类似的接口服务。很多互联网服务商，如 Facebook 等也都构建了对象存储系统，用于存储图片等小型文件。

5.2.3 分布式数据库管理系统

传统的单机数据库采用“向上扩展”的思路来解决计算能力和存储能力的问题，即增加 CPU 处理能力、内存和磁盘数量。这种系统目前最大能够支持几个 TB 数据的存储和处理，远不能满足实际需求。采用集群设计的分布式数据库逐步成为主流。传统的集群数据库的解决方案大体分为以下两类。

- Share - Everything（Share - Something）。数据库节点之间共享资源，例如磁盘、缓存等。当节点数量增大时，节点之间的通信将成为瓶颈；而且处理各个节点对数据的访问控制也为事务处理带来麻烦。
- Share - Nothing。所有的数据库服务器之间并不共享任何信息。当任意一个节点接到查询任务时，都会将任务分解到其他所有的节点上面，每个节点单独处理并返回结果。但由于每个节点容纳的数据和规模并不相同，因此如何保证一个查询能够被均衡地分配到集群中成为一个关键问题。同时，节点在运算时可能从其他节点获取数据，这同样也延长了数据处理时间。在处理数据更新请求时，Share - Nothing 数据库需要保证多节点的数据一致性，需要快速准确定位到数据所在节点。

在云计算环境下，大部分应用不需要支持完整的 SQL 语义，而只需要 Key - Value 形式或略复杂的查询语义。在这样的背景下，进一步简化的各种 NoSQL 数据库成为云计算中的结构化数据存储的重要技术。

Google 的 BigTable 是一个典型的分布式结构化数据存储系统。在表中，数据是以“列族”为单位组织的，列族用一个单一的键值作为索引，通过这个键值，数据和对数据的操作都可以被分布到多个节点上进行。

在开源社区中，ApacheHBase 使用了和 BigTable 类似的结构，基于 Hadoop 平台提供 BigTable 的数据模型，而 Cassandra 则采用了亚马逊 Dynamo 的基于 DHT 的完全分布式结构，实现更好的可扩展性。

5.3 虚拟化技术

虚拟化技术是云计算中的核心技术之一，它可以让 IT 基础设施更加灵活化，更易于调度，且能更强地隔离不同的应用需求。

5.3.1 虚拟化简介

1. 什么是虚拟化

虚拟化（Virtualization）是将信息系统的各种物理资源，如服务器、网络、内存及数据等资源，进行抽象、转换后呈现出来，打破实体结构间的不可切割的障碍，使用户可以更好地应用这些资源。这些新虚拟出来的资源不受现有资源的架设方式、地域或物理配置所限制。

虚拟化本质：将原来运行在真实环境上的计算系统或组件运行在虚拟出来的环境中。如图 5-1 所示。

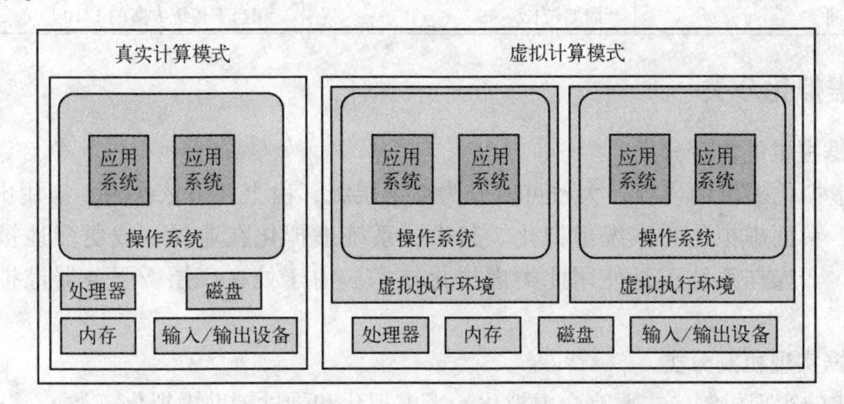

图 5-1 虚拟化原理

虚拟化的主要目的是对 IT 基础设施进行简化，即简化资源以及资源管理的访问。

2. 虚拟化的优势

通过虚拟化可以整合企事业单位服务器，充分利用昂贵的硬件资源，大幅提升系统资源利用率，与传统解决方案相比，虚拟化有如下优势。

1）整合服务器，提高资源利用率。

通过整合服务器将共用的基础架构资源聚合到池中，打破原有的“一台服务器一个应用程序”模式。

2）降低成本，节能减排，构建绿色 IT。

由于服务器及相关 IT 硬件更少，因此减少了占地空间，也减少了电力和散热需求。管理工具更加出色，可帮助提高服务器/管理员比率，因此所需人员数量也将随之减少。

3）资源池化，提升 IT 灵活性。

4）统一管理，提升系统管理效率。

5）完善业务的连续性保障对称多处理、大规模并行处理机、集群系统、消息传递接口、集群系统管理与任务都是高性能计算技术的内容。

传统解决方案同虚拟化解决方案比较，如表 5-2 所示。

表 5-2　虚拟化方案与传统解决方案

常见内容 \ 方案	传统解决方案 100 台 IBM X3850	虚拟化解决方案 25 台 X3850 + 虚拟化技术（暂定整合比 10:1，相当于至少 250 台物理服务器）
1. 机房电力成本、制冷成本及承重压力	极高	相当于传统方案的 1/4
2. 每个应用的硬件成本	10 万元	4 万元
3. 统一管理	额外购买、安装代理、多 OS 支持	统一管理平台，对虚拟机实现统一管理
4. 业务连续性保障	无	计划内停机 计划外停机
5. 平均资源利用率	10%	80%
6. 资源动态调度	无法实现	逻辑资源池
7. 灾备方案的复杂度及可靠性	异常复杂且成功率难以保障	可靠、简单、经济的灾备解决方案
8. 数据中心地理位置变更	异常复杂	存储在线迁移
9. 部署时间	周期较长	相当于传统方案的 1/10

5.3.2　虚拟化分类

1. 根据提供的内容分类

根据虚拟化提供的内容，大致可以分为 4 个层级，由上往下依次为：应用虚拟化、框架虚拟化、桌面虚拟化和系统虚拟化。其中，系统虚拟化在业界一线更多地被称为服务器虚拟化，云操作系统正是使用此类虚拟化技术。由于处在底层，服务器虚拟化是最为基础的。

2. 根据实现机制分类

虚拟化的实现机制，主要有全虚拟化、半虚拟化和硬件辅助虚拟化三类。

全虚拟化（Full Virtualization）：通过称为虚拟机监视器（VMM）的软件来管理硬件资源，提供虚拟的硬件设备，并截获上层软件发往硬件层的指令，将其重新定向到虚拟硬件。其特点是操作系统不需要作任何修改，能提供较好的用户体验，而且支持多种不同的操作系统。vSphere 所使用的技术属于全虚拟化。

半虚拟化（Part Virtualization）：同样由 VMM 管理硬件资源，并对虚拟机提供服务。不同的是半虚拟化需要修改操作系统内核，使操作系统在处理特权指令的时候能直接交付给 VMM，免去了截获重定向的过程，因此在性能上有很大的优势，但需要修改操作系统是一大软肋，代表产品是早期的 Xen 虚拟机。

硬件辅助虚拟化（Hardware Assisted Virtualization）：是由硬件厂商提供的功能，主要用来和全虚拟化或半虚拟化配合使用。如 Intel 提供的 VT - x 技术，通过在 CPU 中引入被称为"Root Operation"的 ring 层来处理虚拟化的过程。现在许多全虚拟化产品都离不开硬件辅助虚拟化的支持，如著名的 KVM（Kernel Virtual Mechine）、微软的 Hyper - V 等。

目前，结合了硬件辅助虚拟化的全虚拟化技术属于业界主流。在这种组合下，虚拟机的性能可以非常接近物理机，并且用户体验也非常好，因此可以预见今后仍然会是主流。

3. 根据 VMM 的类型分类

托管型（Hosted）：也称寄居架构或 Type 2，这种虚拟机监视器是一个应用程序，需要依赖于传统的操作系统。在此 VMM 之上再运行虚拟机的硬件层、操作系统和应用程序。托管型 VMM 的缺点很明显：太多的层级使得整个架构过于复杂，而且传统的操作系统往往也很臃肿，会争用非常多的资源。这一类的产品有 Oracle 的 VirtualBox、Microsoft Virtual PC 和 VMware Workstation 等。

Hypervisor：也称原生架构或 Type 1，VMM 直接运行在硬件层上，不需要依赖传统的操作系统，或者说其本身就是一个精简的、专门针对虚拟化进行定制和优化的操作系统。这种架构下，层级更少，而且避免了庞大的通用操作系统占用硬件资源，能使虚拟机获得更好的性能。这类产品也有其缺点：为了保证稳定性和安全性，其代码体积非常小，无法嵌入过多的产品驱动，也不提供安装驱动的接口，因此对硬件的支持非常有限。vSphere 的核心组件 ESXi 就是一个典型的 Hypervisor，在 ESXi 环境下，很多桌面级硬件都无法工作。

显然，托管型 VMM 比较适合个人应用，如开发人员临时搭建特定的环境用于针对目标平台的编译、普通用户体验不同类型的操作系统等。在企业生产环境中，还是需要强大的 Hypervisor 来最大限度地保障虚拟机的稳定性和性能。传统的物理机、托管型虚拟机监视器和 Hypervisor 的区别如图 5-2 所示。

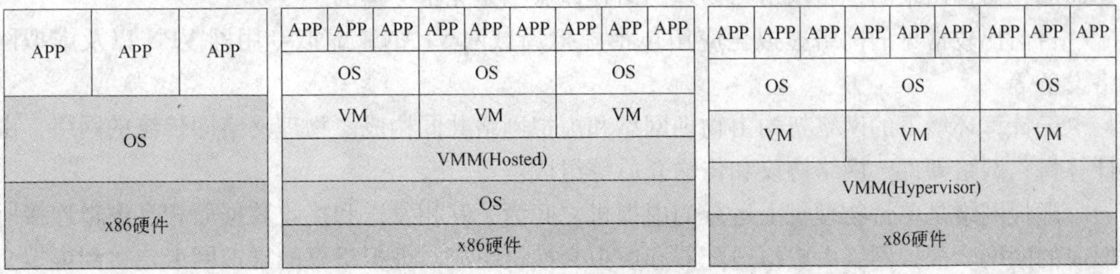

图 5-2　物理机、托管型 VMM 和 Hypervisor 的区别

5.3.3　服务器虚拟化

所谓服务器的虚拟化将服务器物理资源抽象成逻辑资源，让一台服务器变成几台甚至上百台相互隔离的虚拟服务器，不再受限于物理上的界限，而是让 CPU、内存、磁盘和 I/O 等硬件变成可以动态管理的“资源池”，从而提高资源的利用率，简化系统管理，实现服务器整合，让 IT 对业务的变化更具适应力，如图 5-3 所示。

服务器虚拟化主要分为三种：“一虚多”“多虚一”和“多虚多”。“一虚多”是一台服务器虚拟成多台服务器，即将一台物理服务器分割成多个相互独立、互不干扰的虚拟环境。“多虚一”就是多个独立的物理服务器虚拟为一个逻辑服务器，使多台服务器相互协作，处理同一个业务。另外还有“多虚多”的概念，就是将多台物理服务器虚拟成一台逻辑服务器，然后再将其划分为多个虚拟环境，即多个业务在多台虚拟服务器上运行。

通过服务器虚拟化把一个实体服务器分割成多个小的虚拟服务器，多个服务器依靠一台实体机生存。最普通的服务器虚拟化方法是使用虚拟机，它可以使一个虚拟服务器如同一台独立的计算机，IT 部门通常使用服务器虚拟化来支持各种工作，例如支持数据库、文件共享、图形虚拟化以及媒体交付。由于将服务器合并成更少的硬件且增加了效

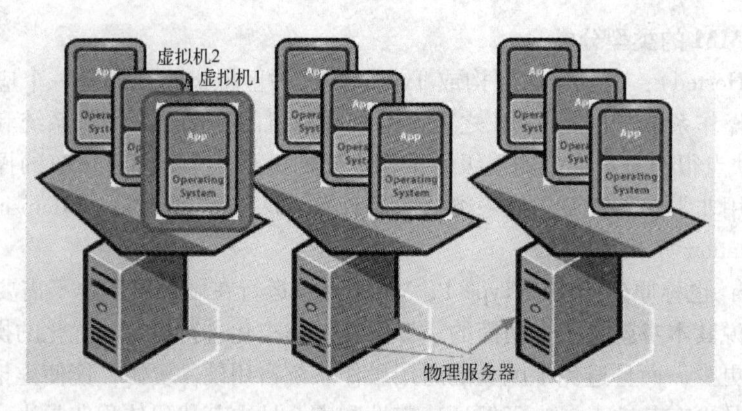

图 5-3　服务器虚拟化

率，服务器虚拟化减少了企业成本。但是这种合并在桌面虚拟化中却不常使用，桌面虚拟化范围更广。

5.3.4　网络虚拟化

网络虚拟化就是在一个物理网络上模拟出多个逻辑网络来。局域网的计算机之间是互联互通的，模拟出来的逻辑网络与物理网络在体验上是完全一样的。

目前比较常见的网络虚拟化应用包括虚拟局域网 VLAN、虚拟专用网 VPN 以及虚拟网络设备等。

云计算环境下的网络架构由物理网络和虚拟网络共同构成。物理网络即传统的网络，由计算机、网络硬件、网络协议和传输介质等组成。

虚拟网络是单台物理机上运行的虚拟机之间为了互相发送和接收数据而相互逻辑连接所形成的网络。虚拟网络由虚拟适配器和虚拟交换机组成。虚拟机里的虚拟网卡连接到虚拟交换机里特定的端口组中，由虚拟交换机的上行链路连接到物理适配器，物理适配器再连接到物理交换机。每个虚拟交换机可以有多个上行链路，连接到多个物理网卡；但同一个物理网卡不能连接到不同的虚拟交换机。可将虚拟交换机上行链路看作是物理网络和虚拟网络的边界。

5.3.5　存储虚拟化

1. 什么是存储虚拟化

存储虚拟化就是对存储硬件资源进行抽象化表现，是在物理存储系统和服务器之间的一个虚拟层，管理和控制所有存储资源并对服务器提供存储服务，也就是说服务器不直接与存储硬件打交道，由这一虚拟层来负责存储硬件的增减、调换、分拆和合并等，即在软件层截取主机端对逻辑空间的 I/O 请求，并把它们映射到相应的真实物理位置，这样将展现给用户一个灵活的、逻辑的数据存储空间，如图 5-4 所示。

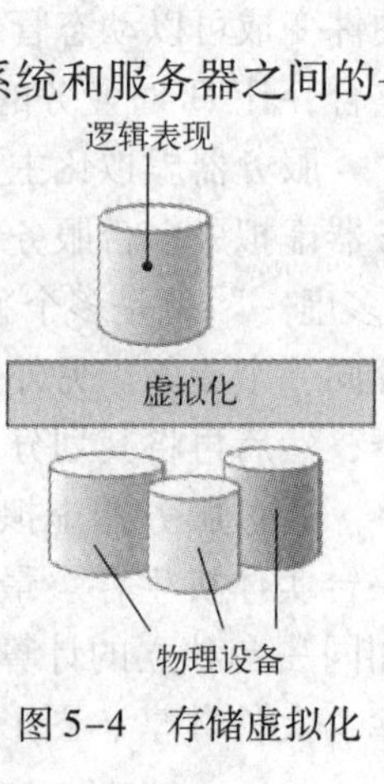

图 5-4　存储虚拟化

2. 存储虚拟化的好处

（1）提高整体利用率，同时降低系统管理成本

将存储硬件虚拟成一个“存储池”，把许多零散的存储资源整合起来，从而提高整体利用率，同时降低系统管理成本。

存储虚拟化配套的资源分配功能具有资源分割和分配能力，可以依据“服务水平协议（Service Level Agreement）”的要求对整合起来的存储池进行划分，以最高的效率、最低的成本来满足各类不同应用在性能和容量等方面的需求。特别是虚拟磁带库，对于提升备份、恢复和归档等应用服务水平起到了非常显著的作用，极大地节省了企业的时间和金钱。

（2）提升存储环境的整体性能和可用性水平

除了时间和成本方面的好处，存储虚拟化还可以提升存储环境的整体性能和可用性水平，这主要是得益于“在单一的控制界面动态地管理和分配存储资源”。

（3）缩短数据增长速度与企业数据管理能力之间的差距

在当今的企业运行环境中，数据的增长速度非常之快，而企业管理数据能力的提高速度总是远远落在后面。通过虚拟化，许多既消耗时间又多次重复的工作，例如备份/恢复、数据归档和存储资源分配等，可以通过自动化的方式来进行，大大减少了人工作业。因此，通过将数据管理工作纳入单一的自动化管理体系，存储虚拟化可以显著地缩短数据增长速度与企业数据管理能力之间的差距。

（4）整合存储资源，充分利用

只有网络级的虚拟化，才是真正意义上的存储虚拟化。它能将存储网络上的各种品牌的存储子系统整合成一个或多个可以集中管理的存储池（存储池可跨多个存储子系统），并在存储池中按需要建立一个或多个不同大小的虚卷，并将这些虚卷按一定的读写授权分配给存储网络上的各种应用服务器。这样就达到了充分利用存储容量、集中管理存储和降低存储成本的目的。

3. 存储虚拟化的方法

（1）方法1：基于主机的虚拟存储

基于主机的虚拟存储依赖于代理或管理软件，它们安装在一个或多个主机上，实现存储虚拟化的控制和管理，如图5-5所示。由于控制软件是运行在主机上，这就会占用主机的处理时间。因此，这种方法的可扩充性较差，实际运行的性能不是很好。基于主机的方法也有可能影响到系统的稳定性和安全性，因为有可能导致不经意间越权访问到受保护的数据。这种方法要求在主机上安装适当的控制软件，因此一个主机的故障可能影响整个SAN（Stor-

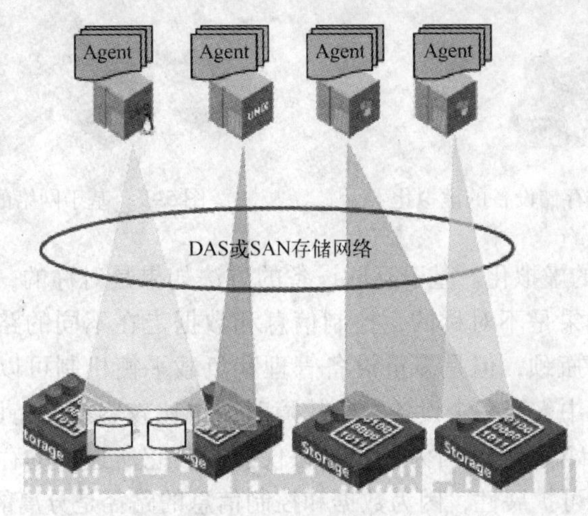

图5-5 基于主机的虚拟存储

age Area Network，存储区域网络）系统中数据的完整性。软件控制的存储虚拟化还可能由于不同存储厂商软硬件的差异而带来不必要的互操作性开销，所以这种方法的灵活性也比较差。

但是，因为不需要任何附加硬件，基于主机的虚拟化方法最容易实现，其设备成本最低。使用这种方法的供应商趋向于成为存储管理领域的软件厂商，而且目前已经有成熟的软件产品。这些软件可以提供便于使用的图形接口，方便 SAN 的管理和虚拟化，在主机和小型 SAN 结构中有着良好的负载平衡机制。从这个意义上看，基于主机的存储虚拟化是一种性价比不错的方法。

（2）方法 2：基于存储设备的虚拟化

基于存储设备的存储虚拟化方法依赖于提供相关功能的存储模块，如图 5-6 所示。如果没有第三方的虚拟软件，基于存储的虚拟化经常只能提供一种不完全的存储虚拟化解决方案。对于包含多厂商存储设备的 SAN 存储系统，这种方法的运行效果并不是很好。依赖于存储供应商的功能模块将会在系统中排斥 JBODS（Just a Bunch of Disks，简单的硬盘组）和简单存储设备的使用，因为这些设备并没有提供存储虚拟化的功能。当然，利用这种方法意味着最终将锁定某一家单独的存储供应商。

基于存储的虚拟化方法也有一些优势：在存储系统中这种方法较容易实现，容易和某个特定存储供应商的设备相协调，所以更容易管理，同时它对用户或管理人员都是透明的。但是，我们必须注意到，因为缺乏足够的软件进行支持，这就使得解决方案更难以客户化和监控。

（3）方法 3：基于网络的虚拟存储

基于网络的虚拟化方法是在网络设备之间实现存储虚拟化功能，如图 5-7 所示。具体有下面几种方式：

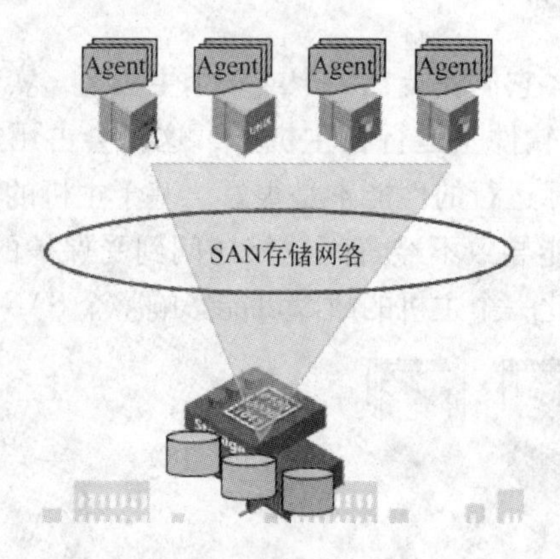

图 5-6　基于存储设备的虚拟化

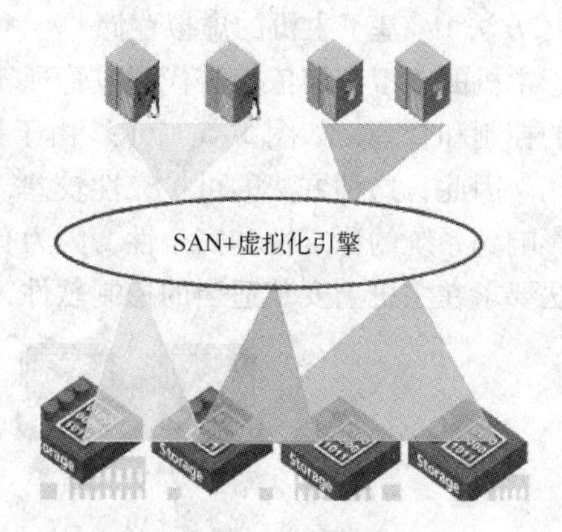

图 5-7　基于网络的虚拟存储

1）基于互联设备的虚拟化。基于互联设备的方法如果是对称的，那么控制信息和数据走在同一条路径上；如果是不对称的，控制信息和数据走在不同的路径上。在对称的方式下，互联设备可能成为瓶颈，但是多重设备管理和负载平衡机制可以减缓瓶颈的矛盾。同时，多重设备管理环境中，当一个设备发生故障时，也比较容易支持服务器实现故障接替。但是，这将产生多个 SAN 孤岛，因为一个设备仅控制与它所连接的存储系统。非对称式虚拟存储比对称式更具有可扩展性，因为数据和控制信息的路径是分离的。

基于互联设备的虚拟化方法能够在专用服务器上运行，使用标准操作系统，例如 Windows、Sun Solaris、Linux 或供应商提供的操作系统。这种方法运行在标准操作系统中，具有基于主机方法的诸多优势——易使用、设备便宜。许多基于设备的虚拟化提供商也提供附加的功能模块来改善系统的整体性能，能够获得比标准操作系统更好的性能和更完善的功能，但需要更高的硬件成本。

但是，基于设备的方法也继承了基于主机虚拟化方法的一些缺陷，因为它仍然需要一个运行在主机上的代理软件或基于主机的适配器，任何主机的故障或不适当的主机配置都可能导致访问到不被保护的数据。同时，在异构操作系统间的互操作性仍然是一个问题。

2）基于路由器的虚拟化。基于路由器的方法是在路由器固件上实现存储虚拟化功能。供应商通常也提供运行在主机上的附加软件来进一步增强存储管理能力。在此方法中，路由器被放置于每个主机到存储网络的数据通道中，用来截取网络中任何一个从主机到存储系统的命令。由于路由器潜在地为每一台主机服务，大多数控制模块存在于路由器的固件中，相对于基于主机和大多数基于互联设备的方法，这种方法的性能更好、效果更佳。由于不依赖于在每个主机上运行的代理服务器，这种方法比基于主机或基于设备的方法具有更好的安全性。当连接主机到存储网络的路由器出现故障时，仍然可能导致主机上的数据不能被访问。但是只有联结于故障路由器的主机才会受到影响，其他主机仍然可以通过其他路由器访问存储系统。路由器的冗余可以支持动态多路径，这也为上述故障问题提供了一个解决方法。由于路由器经常作为协议转换的桥梁，基于路由器的方法也可以在异构操作系统和多供应商存储环境之间提供互操作性。

5.3.6　应用虚拟化

将应用程序与操作系统解耦合，为应用程序提供了一个虚拟的运行环境，其中包括应用程序的可执行文件和它所需要的运行时环境。应用虚拟化服务器可以实时地将用户所需要的程序组件推送到客户端的应用虚拟化运行环境。如图 5-8 所示。

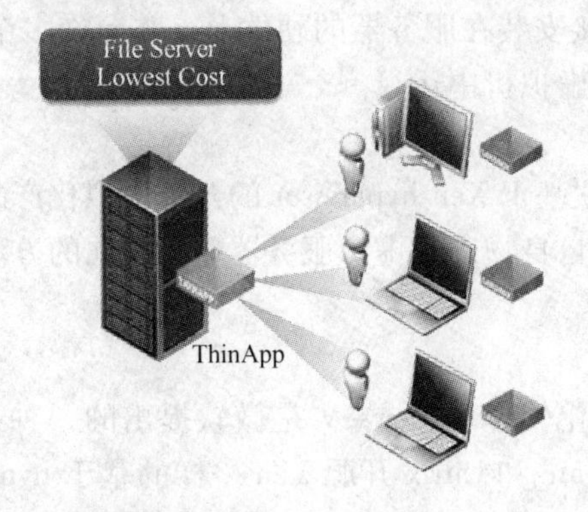

图 5-8　应用程序虚拟化

5.3.7　桌面虚拟化及高级语言虚拟化

1. 桌面虚拟化

解决个人计算机的桌面环境（包括应用程序和文件等）与物理机之间的耦合关系。经过虚拟化的桌面环境被保存在远程的服务器上，当用户使用具有足够显示能力的兼容设备（例如 PC、智能手机等）在桌面环境上工作时，所有的程序与数据都运行和最终保存在这个远程的服务器上。如图 5-9 所示。

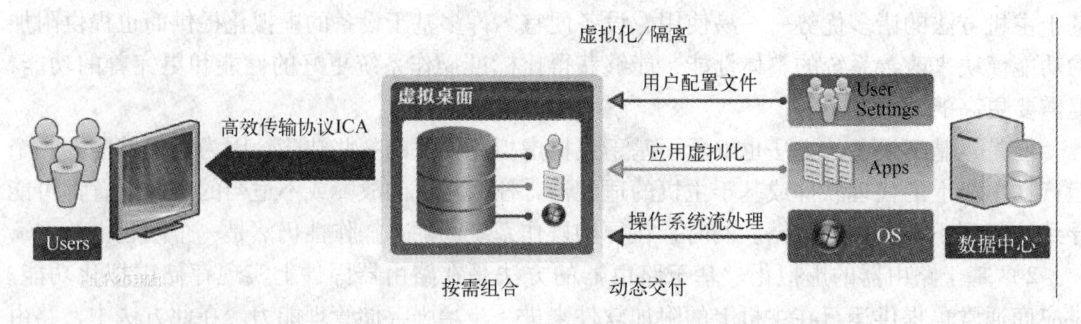

图 5-9　桌面虚拟化

2. 高级语言虚拟化

解决的是可执行程序在不同体系结构计算机间迁移的问题。由高级语言编写的程序将编译为标准的中间指令，这些指令在解释执行或编译环境中被执行，如 Java 虚拟机 JVM。

5.3.8　主流的虚拟化软件

随着云计算及其产业的迅速发展，虚拟化市场竞争非常激烈，各企业纷纷推出了虚拟化产品，本节就服务器虚拟化和桌面虚拟化两方面简要介绍主流的虚拟化软件。

1. 服务器虚拟化

（1）VMware vSphere

VMware 的服务器虚拟化软件 ESX Server 是在通用环境下分区和整合系统的虚拟主机软件，同时也是一个具有高级资源管理功能高效，灵活的虚拟主机平台。VMware 的虚拟化架构分为寄居架构和裸金属架构两种。寄居架构（如 VMware workstation）是安装在操作系统上的应用程序，依赖于主机的操作系统对设备的支持和对物理资源的管理。裸金属架构（如 VMware vSphere）是直接安装在服务器的硬件上，并允许多个未经修改的操作系统及其应用程序在共享物力资源的虚拟机中运行。

（2）Citrix XenServer

思杰的 XenServer 是一款基于 Xen hypervisor 的开源虚拟化产品，它为客户提供了一个开放性架构，允许客户按照与自身物理和虚拟服务器环境相同的方法来进行存储管理，其管理工具 CUI 是其最大的亮点。

（3）Microsoft Hyper - V

微软公司的服务器虚拟化软件 Hyper - V 是微软提出的一种系统管理程序虚拟化技术，是微软第一个采用类似 Vmware 和 Citrix 开源 Xen 一样的基于 hypervisor 的技术，微软 Hyper - V 的优势则在于免费的 Hyper - V。因为 Hyper - V 是与 Windows Server 集成的。

（4）华为 FusionSphere

FusionSphere 是华为自主知识产权的云操作系统，集虚拟化平台和云管理特性于一身，让云计算平台建设和使用更加简捷，专门满足企业和运营商客户云计算的需求。FusionShpere 包括 FusionCompute 虚拟化引擎和 FusionManager 云管理等组件，能够为客户大大提高 IT 基础设施的利用效率，提高运营维护效率，降低 IT 成本。

FusionCompute 是云操作系统基础软件，主要由虚拟化基础平台和云基础服务平台组成，主要负责硬件资源的虚拟化，以及对虚拟资源、业务资源、用户资源的集中管理。它采用虚拟计算、虚拟存储、虚拟网络等技术，完成计算资源、存储资源、网络资源的虚拟化；同时通过统一的接口，对这些虚拟资源进行集中调度和管理，从而降低业务的运行成本，保证系统的安全性和可靠性，协助运营商和企业客户构建安全、绿色、节能的云数据中心。

华为 FusionManager 是云管理系统，通过统一的接口，对计算、网络和存储等虚拟资源进行集中调度和管理，提升运维效率，保证系统的安全性和可靠性，帮助运营商和企业构筑安全、绿色、节能的云数据中心。

2. 桌面虚拟化主流厂商

(1) Citrix XenDesktop

思杰 Citrix XenDesktop 作为在桌面虚拟化领域公认的领头羊，最新版本的 XenDesktop 已经和 FlexCast 管理架构中的 XenApp 进行了集成。不同于只能安装在一种 hypervisor 上的 View，XenDesktop 可以运行在 Citrix 自家的 XenServer、VMware ESXi 或者微软 Hyper－V 上。Citrix 的 HDX 技术可以优化网络中对于桌面和应用程序的交付，这是消费者认为 XenDesktop 不同于其他 VDI 软件的重要特性之一。这种技术基于传输控制协议（TCP），但是在某些特性情况下只能使用用户数据报（UDP）协议。HDX 在 WAN 链路中可以发挥更大的作用，并且支持 3D 图形、多媒体及其他多种周边设备。HDX 3D Pro 甚至可以为具有相关需求的应用程序提供图形加速。此外，Citrix XenDesktop 7 中的 HDX for Mobile 还提供了手势和滑动功能，更加适合于触控设备。

(2) VMware Horizon View

VMware Horizon View 之前被简称为“View”，而现在已经成为 VMware Horizon 产品线中针对桌面、应用和移动设备的一款产品。这款 VDI 软件运行在其自家的 ESXi hypervisor 上，不支持其他 hypervisor。其原生支持基于 UDP 而不是 TCP 协议的 PC over IP（PCoIP）协议。管理员可以使用 vCenter 和 View 管理员组件来管理 Horizon View。

(3) 华为 FusionAccess

华为 FusionAccess 桌面管理软件，主要由接入和访问控制层、虚拟应用层、虚拟桌面云管理层和业务运营平台组成。FusionAccess 提供图形化的界面，运营商或企业的管理员通过界面可快速为用户发放、维护、回收虚拟桌面，实现虚拟资源的弹性管理，提高资源利用率，降低运营成本。

(4) 中兴 ZXCLOUD iRAI

中兴通讯 ZXCLOUD iRAI 是一种桌面虚拟化解决方案，基于云计算技术随时随地按照需求为用户交付完整的 Windows、linux 桌面。通过虚拟化技术实现基础设施、桌面和应用等资源的共享，虚拟桌面解决方案包括桌面服务端和瘦终端，桌面服务端在云端托管并统一管理；用户能够获得完整的 PC 使用体验。基于中兴通讯桌面虚拟化解决方案，用户可以通过任何设备、任何地点、任何时间访问位于云端属于自己的桌面。

5.3.9 虚拟化资源管理

虚拟化资源是云计算中最重要的组成部分之一，对虚拟化资源的管理水平直接影响云计算的可用性、可靠性和安全性。虚拟化资源管理主要包括对虚拟化资源的监控、分配和调度。

云资源池中应用的需求不断改变，在线服务的请求经常不可预测，这种动态的环境要求云计算的数据中心或计算中心能够对各类资源进行灵活、快速、动态的按需调度。云计算中的虚拟化资源与以往的网络资源相比，有以下特征：

1）数量更为巨大；

2）分布更为离散；

3）调度更为频烦；

4）安全性要求更高。

通过对虚拟化资源的特征分析以及目前网络资源管理的现状，确定虚拟化资源的管理应该满足以下准则：

1）所有虚拟化资源都是可监控和可管理的；

2）请求的参数是可监控的，监控结果可以被证实；

3）通过网络标签可以对虚拟化资源进行分配和调度；

4）资源能高效地按需提供服务；

5）资源具有更高的安全性。

在虚拟化资源管理调度接口方面，表述性状态转移（Representational State Transfer, REST）有能力成为虚拟化资源管理强有力的支撑。REST 实际上就是各种规范的集合，包括 HTTP 协议、客户端/服务器模式等。在原有规范的基础上增加新的规范，就会形成新的体系结构。而 REST 正是这样一种体系结构，它结合了一系列的规范形成了一种新的基于 Web 的体系结构，使其更有能力来支撑云计算中虚拟化资源对管理的需求。

5.4 用户交互技术

随着云计算的逐步普及，浏览器已经不仅仅是一个客户端的软件，而逐步演变为承载着互联网的平台。浏览器与云计算的整合技术主要体现在两个方面：浏览器网络化与浏览器云服务。

国内各家浏览器都将网络化作为其功能的标配之一，主要功能体现在用户可以登录浏览器，并通过账号将个性化数据同步到服务端。用户在任何地方，只需要登录自己的账号，就能够同步更新所有的个性内容，包括浏览器选项配置、收藏夹、网址记录、智能填表和密码保存等。

目前的浏览器云服务主要体现在 P2P 下载、视频加速等单独的客户端软件中，主要的应用研究方向包括基于浏览器的 P2P 下载、视频加速、分布式计算和多任务协同工作等。在多任务协同工作方面，AJAX（Asynchronous JavaScript and XML，异步 JavaScript 和 XML）是一种创建交互式网页应用的网页开发技术，改变了传统网页的交互方式，改进了交互体验。

5.5 安全管理技术

安全问题是用户是否选择云计算的主要顾虑之一。传统集中式管理方式下也有安全问题，云计算的多租户、分布性、对网络和服务提供者的依赖性，为安全问题带来新的挑战。

其中，主要的数据安全问题和风险内容如下：

1. 数据存储及访问控制

包括如何有效存储数据以避免数据丢失或损坏，如何避免数据被非法访问和篡改，如何对多租户应用进行数据隔离，如何避免数据服务被阻塞，如何确保云端退役（at rest）数据的妥善保管或销毁，等等。

2. 数据传输保护

包括如何避免数据被窃取或攻击，如何保证数据在分布式应用中有效传递等。

3. 数据隐私及敏感信息保护

包括如何保护数据所有权，并可根据需要提供给受信方使用，如何将个人身份信息及敏感数据移动到云端使用等。

4. 数据可用性

包括如何提供稳定可靠的数据服务以保证业务的持续性，如何进行有效的数据容灾及恢复等。

5. 依从性管理

包括如何保证数据服务及管理符合法律及政策的要求等。

相应的数据安全管理技术内容如下：

1）数据保护及隐私（Data Protection and Privacy）包括虚拟镜像安全、数据加密及解密、数据验证、密钥管理、数据恢复、云迁移的数据安全等。

2）身份及访问管理（Identity and Access Management，IAM）包括身份验证、目录服务、联邦身份鉴别/单点登录（Single Sign on，SSO）、个人身份信息保护、安全断言置标语言、虚拟资源访问、多租用数据授权、基于角色的数据访问和云防火墙技术等。

3）数据传输（Data Transportation）包括传输加密及解密、密钥管理、信任管理等。

4）可用性管理（Availability Management）包括单点失败（Single Point of Failure，SPoF）、主机防攻击和容灾保护等。

5）日志管理（Log Management）包括日志系统、可用性监控、流量监控、数据完整性监控和网络入侵监控等。

6）审计管理（Audit Management）包括审计信任管理、审计数据加密等。

7）依从性管理（Compliance Management）包括确保数据存储和使用等符合相关的风险管理和安全管理的规定要求。

5.6 运营支撑管理技术

为了支持规模巨大的云计算环境，需要成千上万台服务器来支撑。如何对数以万计的服务器进行稳定高效的运营管理，成为云服务被用户认可的关键因素之一。下面从云的部署、负载管理和监控、计量计费、服务水平协议（Service Level Agreement，SLA）、能效评测这5个方面分别阐述云的运营管理。

1. 云的部署

云的部署包括两个方面：云本身的部署和应用的部署。如前所述，云一方面规模巨大，另一方面要求很好的服务健壮性、可扩展性和安全性。因此，云的部署是一个系统性的工程，涉及机房建设、网络优化、硬件选型、软件系统开发和测试、运维等各个方面。为了保证服务的健壮性，需要将云以一定冗余部署在不同地域的若干机房。为了应对规模的不断增长，云要具备便利的、近乎无限的扩展能力，因而从数据存储层、应用业务层到接入层都需要采用相应的措施。为了保护云及其应用的安全，需要建立起各个层次的信息安全机制。

除此之外，还需要部署一些辅助的子系统，如管理信息系统（MIS）、数据统计系统、安全系统和监控和计费系统等，它们帮助云的部署和运营管理达到高度自动化和智能化的程度。

云本身的部署对云的用户来说是透明的。一个设计良好的云，应使得应用的部署对用户也是透明和便利的。这依赖云提供部署工具（或 API）帮助用户自动完成应用的部署。一个完整的部署流程通常包括注册、上传、部署和发布 4 个过程。

2. 负载管理和监控

云的负载管理和监控是一种大规模集群的负载管理和监控技术。在单个节点粒度，它需要能够实时地监控集群中每个节点的负载状态，报告负载的异常和节点故障，对出现过载或故障的节点采取既定的预案。在集群整体粒度，通过对单个节点、单个子系统的信息进行汇总和计算，近乎实时地得到集群的整体负载和监控信息，为运维、调度和成本提供决策。与传统的集群负载管理和监控相比，云对负载管理和监控有新的要求：首先，新增了应用粒度，即以应用为粒度来汇总和计算该应用的负载和监控信息，并以应用为粒度进行负载管理。应用粒度是可以再细分的，在下面的“计量计费”一节中会提到，粒度甚至精细到 API 调用的粒度。其次，监控信息的展示和查询现在要作为一项服务提供给用户，而不仅仅是少量的专业集群运维人员，这需要高性能的数据流分析处理平台的支持。

3. 计量计费

云的主要商业运营模式是采取按量计费的收费方式，即便对于私有云，其运营企业或组织也可能有按不同成本中心进行成本核算的需求。为了精确的度量“用了多少”，就需要准确的、及时的计算云上的每一个应用服务使用了多少资源，这称为服务计量。

服务计量是一个云的支撑子系统，它独立于具体的应用服务，像监控一样能够在后台自动地统计和计算每一个应用在一定时间点的资源使用情况。对于资源的衡量维度主要是：应用的上行（in）/下行（out）流量、外部请求响应次数、执行请求所花费的 CPU 时间、临时和永久数据存储所占据的存储空间、内部服务 API 调用次数等。也可认为，任何应用使用或消耗的云的资源，只要可以被准确地量化，就可以作为一种维度来计量。实践中，计量通常既可以用单位时间内资源使用的多少来衡量，如每天多少字节流量；也可以用累积的总使用量来衡量，如数据所占用的存储空间字节大小。

在计量的基础上，选取若干合适的维度组合，制定相应的计费策略，就能够进行计费。计费子系统将计量子系统的输出作为输入，并将计费结果写入账号子系统的财务信息相关模块，完成计费。计费子系统还产生可供审计和查询的计费数据。

4. SLA

SLA 是在一定开销下为保障服务的性能和可靠性，服务提供商与用户间定义的一种双方认可的协定。对于云服务而言，SLA 是必不可缺的，因为用户对云服务的性能和可靠性有不同的要求。从用户的角度而言，也需要从云服务提供商处得到具有法律效力的承诺，来保证支付费用之后得到应有的服务质量。从目前的实践看，国外的大型云服务提供商均提供了 SLA。

一个完整的 SLA 同时也是一个具有法律效力的合同文件，它包括所涉及的当事人、协定条款、违约的处罚、费用和仲裁机构等。当事人通常是云服务提供商与用户。协定条款包含对服务质量的定义和承诺。服务质量一般包括性能、稳定性等指标，如月均稳定性指标、响应时间和故障解决时间等。实际上，SLA 的保障是以一系列服务水平目标（Service Level Object，SLO）的形式定义的。SLO 是一个或多个有限定的服务组件的测量组合。一个 SLO 被实现是指那些有限定的组件的测量值在限定范围里。通过前述的对云及应用的监控和计量，可以计算哪些 SLO 被实现或未被实现，如果一个 SLO 未被实现，即 SLA 的承诺未能履行，就可以按照“违约的处罚”对当事人（一般是云服务提供商）进行处罚。通常采取的方法是减免用户已缴纳或将缴纳的费用。

5. 能效评测

云计算提出的初衷是将资源和数据尽可能放在云中，通过资源共享、虚拟化技术和按需使用的方式提高资源利用率，降低能源消耗。但是在实际应用中，大型数据中心的散热问题造成了大量的能源消耗。如何有效降低能源消耗构建绿色数据中心成为云服务提供商迫切需要解决的问题之一。

云计算数据中心的能耗测试评价按照不同的维度有不同测试手段和方法。针对传统的数据中心它有显性评价体系和隐性评价体系两个方面。

显性的能耗测试评价可以参照传统数据中心的评价体系，具体包括能源效率指标、IT 设备的能效比、IT 设备的工作温度和湿度范围、机房基础设施的利用率指标。能源效率指标用于评估一个数据中心使用的能源中有多少用于生产，还有多少被浪费。在这方面，绿色网格组织的电能利用率（Power Usage Effectiveness，PUE）指标影响力较大。PUE 值越小，意味着机房的节能性越好。目前，国内绝大多数的数据中心 PUE 值为 3 左右，而欧美一些国家数据中心的 PUE 平均值为 2 左右。

隐性能耗测试评价包括云计算服务模式节省了多少社会资源，由于客户需求的不同，云吞吐量的变化节省了多少 IT 设备的投资和资源的重复建设。这些的测试评价很多时候是不能量化或者不能够进行精准的评价。

为了实现对数据中心能源的自动调节，满足相关的节能要求，一些 IT 厂商和标准化组织纷纷推出节能技术及能耗检测工具，如惠普公司的动态功率调整技术（Dynamic Power Saver，DPS）、IBM 的 Provisioning 软件。

小结

通过对云计算参考架构中不同角色、不同功能的分析，可见云计算主要支撑技术包括高性能计算技术、分布式存储技术、虚拟化技术、用户交互技术、安全管理技术和运营支撑管理技术。

高性能计算（High Performance Computing）是计算机科学的一个分支，研究并行算法和开发相关软件，致力于开发高性能计算机（High Performance Computer）。对称多处理、大规模并行处理机、集群系统、消息传递接口、集群系统管理与任务都是高性能计算技术的内容。

简单地说，分布式数据存储就是将数据分散存储到多个数据存储服务器上。分布式数据存储技术包含非结构化数据存储和结构化数据存储。其中，非结构化数据存储主要采用文件存储和对象存储技术，而结构化数据存储主要采用分布式数据库技术，特别是 NoSQL 数据库。

虚拟化（Virtualization）是一种资源管理技术，是将计算机的各种实体资源，如服务器、网络、内存及存储等，予以抽象、转换后呈现出来，打破实体结构间的不可切割的障碍，使用户可以比原本的配置更好的方式来应用这些资源。这些资源的新虚拟部分是不受现有资源的架设方式、地域或物理配置所限制。虚拟化的主要目的是对 IT 基础设施进行简化。它可以简化对资源以及对资源管理的访问。通过虚拟化可以整合企事业单位服务器，充分利用昂贵的硬件资源，大幅提升系统资源利用率。

根据虚拟化提供的内容，大致可以分为 4 个层级，由上往下依次为应用虚拟化、框架虚拟化、桌面虚拟化和系统虚拟化。其中，系统虚拟化在业界一线更多地被称为服务器虚拟化，云操作系统正是使用此类虚拟化技术。由于处在底层，服务器虚拟化也是其他几种虚拟化的基础。虚拟化的实现机制，主要有全虚拟化、半虚拟化和硬件辅助虚拟化三类，虽然还有其他虚拟化的实现方法，但应用范围较窄，或存在诸多限制和不足，不属于主流。

为了支持规模巨大的云计算环境，需要成千上万台服务器来支撑。如何对数以万计的服务器进行稳定高效的运营管理，成为云服务被用户认可的关键因素之一。

思考与练习

1. 通过云计算参考模型分析，云计算有哪些主要支撑技术？
2. 高性能计算技术在云计算中的功能是什么？
3. 分布存储技术主要解决云计算中什么问题？
4. 何为虚拟化？简述服务器虚拟化、桌面虚拟化、存储虚拟化、网络虚拟和应用虚拟化。
5. 什么是用户交互技术？如何支撑云计算？
6. 简述运营支撑管理技术在云计算中的支撑作用。

第 6 章　公有云平台的应用

本章要点

- 云存储的应用
- 云安全的应用
- 云办公的应用
- 云娱乐的应用

随着公有云的迅速发展，其应用不断深入到企事业单位及广大普通用户，为企事业单位信息化成本降低和效率提高提供了诸如计算、存储、数据库、资源整合和网络等内容丰富的服务，众多公有云服务商已进入“百家争鸣、群雄逐鹿”的时代。竞争的受益者无疑是广大用户。用户如何使用这些丰富的资源使其业务提升，增强竞争力是一项重要的课题。

本章站在普通用户角度介绍云存储、云安全、云办公和云娱乐的应用。系统管理员为主要用户的 IaaS 和以开发人员为主要用户的 PaaS 不在本章涉及。

6.1　云存储的应用

大家知道，在 PC 时代用户的文件存储在本地存储设备中（如硬件、软盘或者 U 盘中），云存储则不将文件存储在本地存储设备上，存储在“云”中，这里的云即“云存储”，它通常是由专业的 IT 厂商提供的存储设备和为存储服务的相关技术集合，即它是指通过集群应用、网格技术或分布式文件系统等功能，将网络中大量各种不同类型的存储设备通过应用软件集合起来协同工作，共同对外提供数据存储和业务访问功能的一个系统。云存储的核心是应用软件与存储设备相结合，通过应用软件来实现存储设备向存储服务的转变，是一个以数据存储和管理为核心的云计算系统。

云存储又基本可以分为两类，一类为单纯的网络硬盘，一般通过手动上传实验数据的云端存储；另一类是更实用、真正意义上的云端存储，它是通过 PC 客户端实时将客户端特定文件夹的内容进行同步，如果设置了几台计算机，则这几台计算机之间都可以实时同步。可以想象，如果几个人共同完成某项创作，更需要这样的云存储服务。

提供云存储服务的 IT 厂商主要有百度、115 网盘、微软、IBM、Google、网易、新浪、中国移动 139 邮箱和中国电信等。选择云存储服务主要参考以下几个方面：免费、安全、稳定、速度快和交互界面友好，无广告或者广告看起来不那么烦人，此外还兼顾国外和国内服务。

本节介绍 360 云盘和百度云盘。

6.1.1　360 云盘

360 云盘是奇虎 360 科技的分享式云存储服务产品。为广大普通网民提供了存储容量大、免费、安全、便携、稳定的跨平台文件存储、备份、传递和共享服务。360 云盘为每个用户提供 36 GB 的免费初始容量空间，360 云盘最高上限是没有限制的。无须 U 盘，360 云盘可以让照片和文档、音乐、视频、软件和应用等各种内容，随时随地触手可及，永不丢失。

360 云盘除了拥有网页版、PC 版以外，还增加了 iPhone 版跟安卓版的 360 云盘手机端，360 云盘 iPhone 版已经正式登录 App Store。iPhone 用户可以去 App Store 下载。安卓的用户也可以去 360 手机助手里面下载安装 360 云盘安卓版。以下介绍 360 云盘 PC 版的使用。

1. 360 云服务账号的申请

1）首先准备一个电子邮箱地址，如笔者用的阿里邮箱“langdenghe@ aliyun. com”。

2）其次，在浏览器地址栏输入 http://yun. 360. cn，进入 360 云服务窗口，如图 6-1 所示。

图 6-1　360 云服务界面

3）单击“登录”，进入登录窗口，如图 6-2 所示。

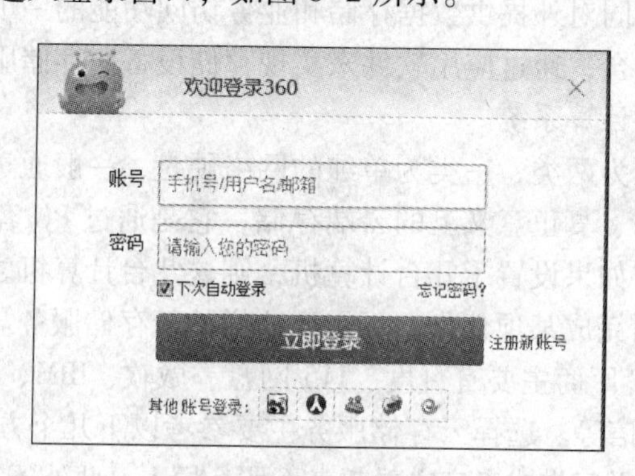

图 6-2　360 登录窗口

4）在此可以通过手机号、用户名或者邮箱登录，如果没有申请账号，选择如图 6-2 所示“注册账号”，出现“欢迎注册窗口”，如图 6-3 所示。

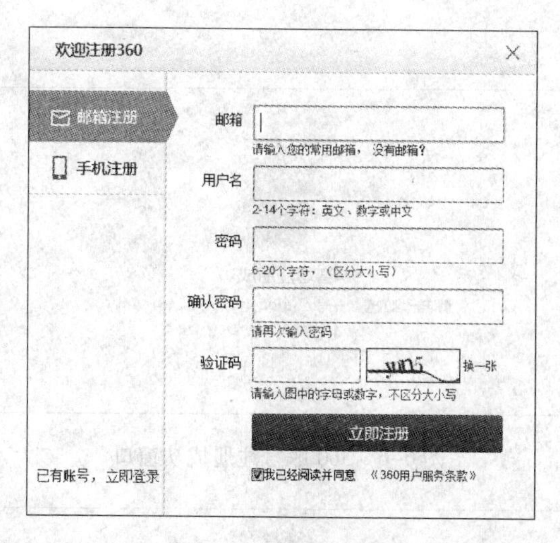

图 6-3　欢迎注册窗口

5）根据图 6-3 所示，输入邮箱、用户名、密码等相关信息，阅读并同意 360 用户服务条款，选择“立即注册”，出现消息提示（如图 6-4 所示），告知申请验证邮件已发，要求验证。

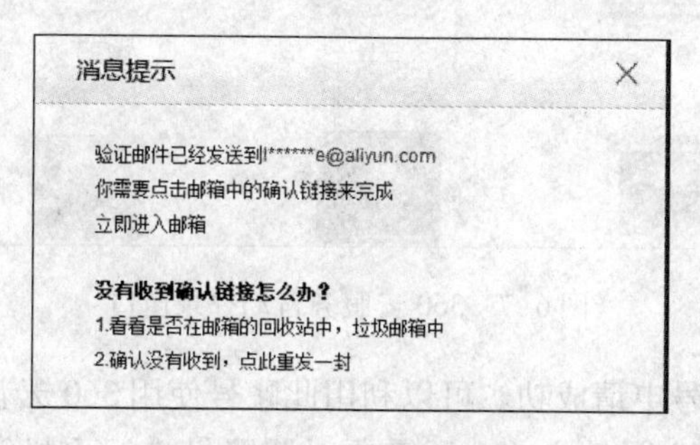

图 6-4　验证消息框

6）单击“立即进入邮箱”，登录邮箱，打开 360 激活账号的邮件，如图 6-5 所示。

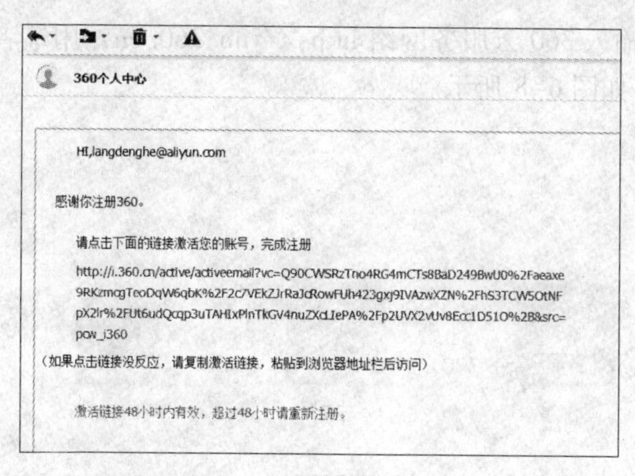

图 6-5　360 账号激活邮件窗口

7）单击如图 6-5 所示链接，按提示操作，直到提示注册成功并自动登录 360 云服务，如图 6-6、图 6-7 所示。

图 6-6　360 账号注册成功窗口

图 6-7　360 云服务自动登录窗口

至此，360 云服务账号申请成功。可以利用此账号使用 360 云盘等多种服务。

特别强调：在使用 360 服务之前，还需要对照账号进行手机绑定操作，读者可以自行操作。

2. 360 云盘的使用

1）打开浏览器，输入 360 云服务网络 http://yun. 360. cn，用笔者多年使用的账号登录进入 360 云服务窗口，如图 6-8 所示。

图 6-8　360 云服务窗口

2）单击“云盘”，进入“360 云盘”窗口，如图 6-9 所示。

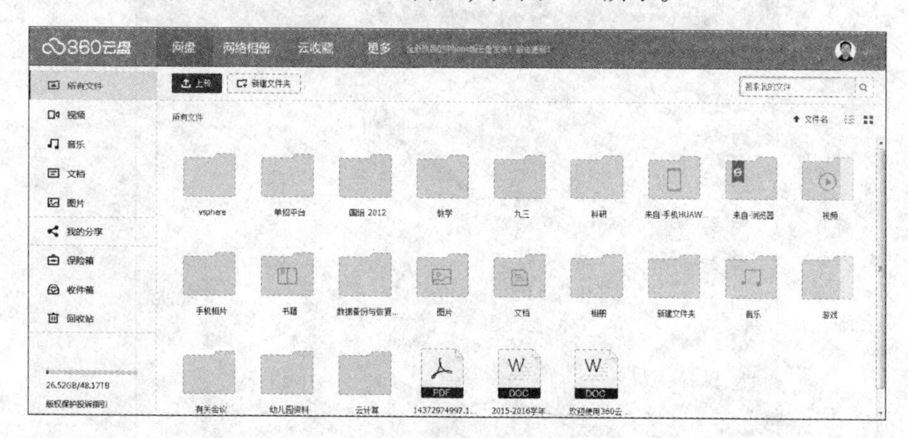

图 6-9　360 云盘窗口

在此窗口，可以使用 360 云盘的各种服务，包括网盘、网络相册和云收藏等功能，本节就网盘的使用做简单演示。

3）文件夹管理。通过文件夹用户可以将日常数据进行分类，文件夹管理包括新建、删除、重命名和移动等。

① 新建文件夹。选择如图 6-9 中所示的“网盘 | 所有文件 | 新建文件夹”，出现新建文件夹窗口，如图 6-10 所示。

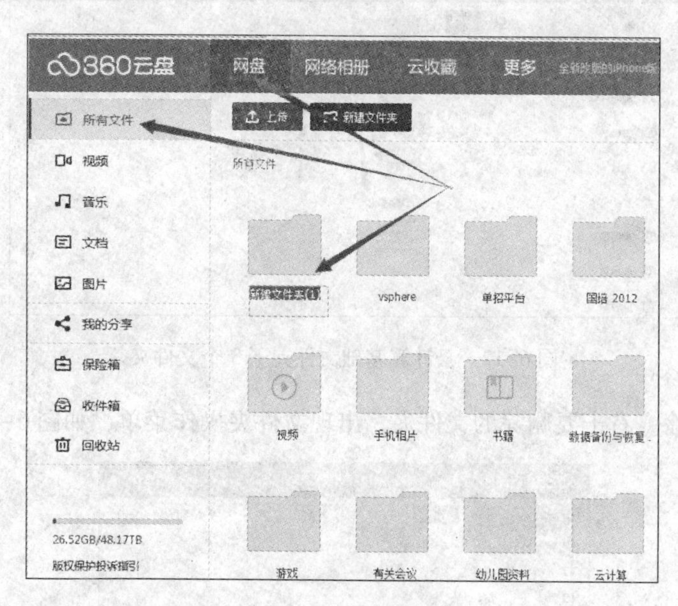

图 6-10　新建文件夹窗口

在“新建文件夹（1）”处输入要建立的文件夹名，如“云计算基础”，如图 6-11 所示。

用户需要在已有文件夹下新建文件夹，只需要选中要建立子文件夹的上一级文件夹，选择图 6-11 中的“新建文件夹”，输入文件夹名称即可，图 6-12 所示在“云计算基础”文件

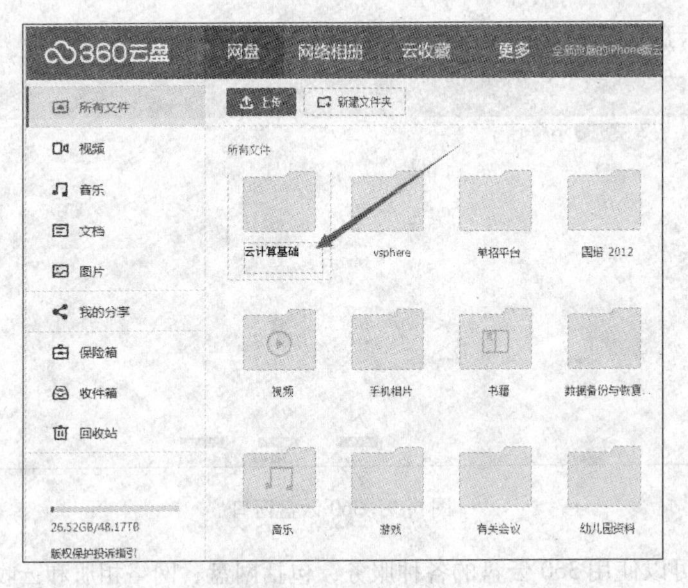

图 6-11　新建立的文件夹“云计算基础”窗口

夹下建立的 3 个子文件夹，分别是“第一章 云技术概述”“第二章 云服务”和“第三章 云客户”。

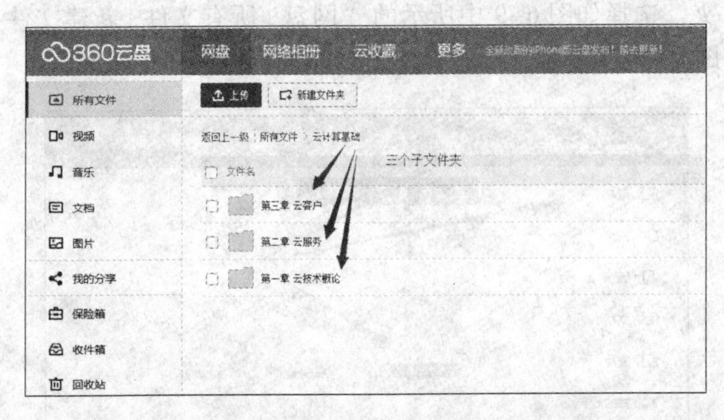

图 6-12　云计算基础文件夹下 3 个文件夹

② 文件夹删除。右击要删除的文件夹，出现文件夹操作菜单，如图 6-13 所示。

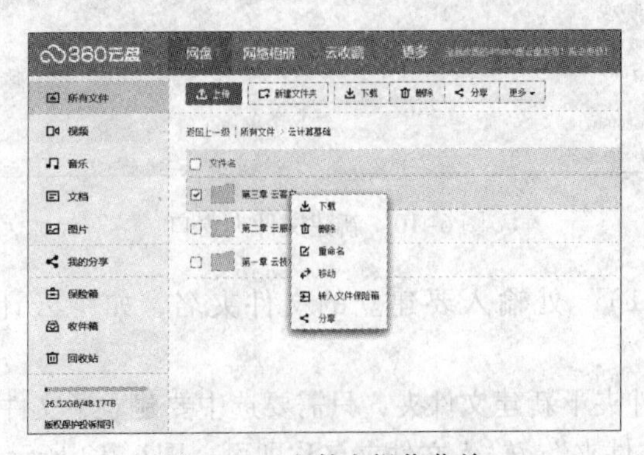

图 6-13　文件夹操作菜单

选择“删除”命令，出现确认删除消息框，如图 6-14 所示，单击“确认”按钮则将文件夹放入回收站（注意：这里的回收站是云盘回收站，而不是本地），被删除的文件夹可以恢复到云盘。

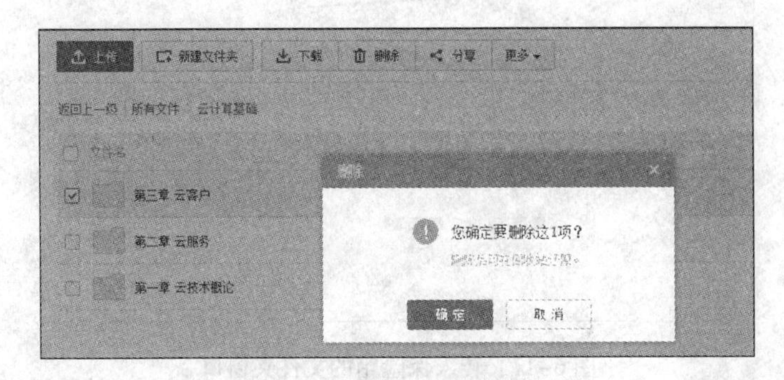

图 6-14　确定删除消息框

③ 将文件夹“转入文件保险箱”。文件夹“重命名”和“移动”操作同本地文件夹操作一样，不再详述。对于用户来说，有些文档有更高的安全性要求，可以将其“转入文件保险箱”，设置密码保护。例如，将“云计算基础”文件夹转入文件保险箱，其操作如下。

第 1 步：选择“网盘 | 所有文件”，右击“云计算基础”，单击“转入文件保险箱”出现“转入保险箱 ”消息框，如图 6-15 所示。

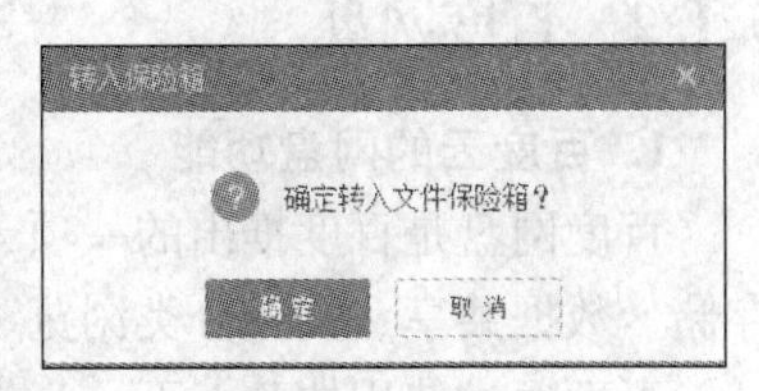

图 6-15　转入保险箱消息框

第 2 步：单击“确定”按钮，文件夹就已经进入了保险箱，这样进入云盘后，通常看到的是没有转入保险箱的文件，如何查看保险箱中的文件呢？用以下方法可以打开保险箱。

单击“360 云盘 | 保险箱”，出现打开保险箱消息框，可以输入保险箱密码（用户可以自行设置和更改）打开保险箱，如图 6-16 所示。

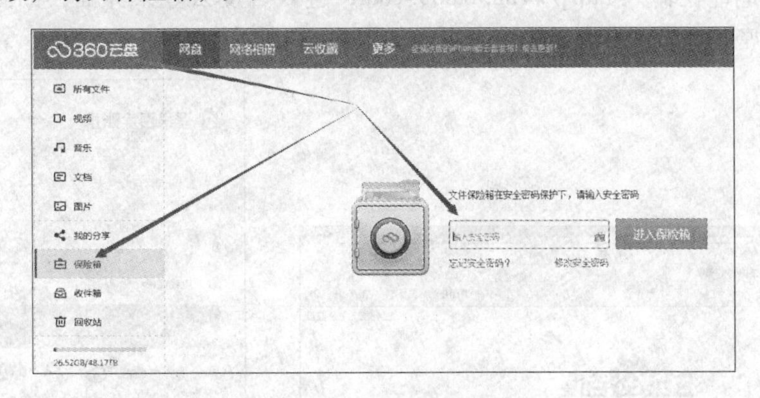

图 6-16　进入保险箱消息框

输入安全密码，进入保险箱可看到转入的文件或者文件夹，如图 6-17 所示，“云计算基础”文件夹就在其中。

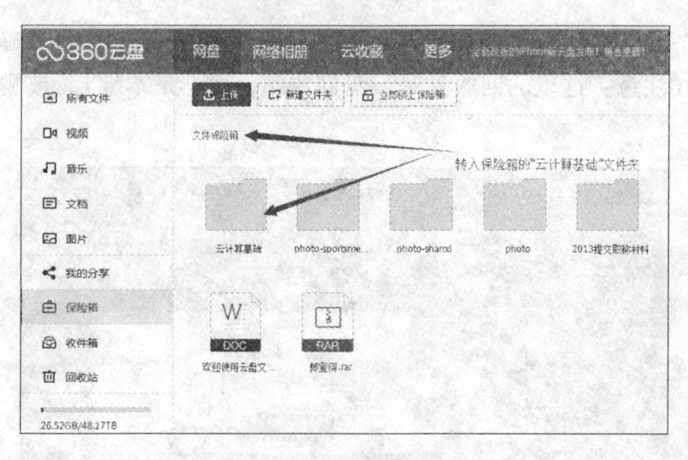

图 6-17　转入保险箱的文件夹窗口

360 云盘中文件管理同文件夹管理基本是一样的，此外 360 云盘除了提供最基本的文件上传下载服务外，还提供文件实时同步备份功能，只需要将文件放到 360 云盘目录，360 云盘程序将自动上传这些文件至 360 云盘云存储服务中心，同时当在其他计算机登录云盘时自动同步下载到新计算机，实现多台计算机的文件同步。笔者不再赘述。

6.1.2　百度网盘

1. 百度云的网盘功能

百度网盘是百度推出的一项云存储服务，是百度云的服务之一，其主要功能包括大容量存储、数据共享、文件分类浏览、快速上传、离线下载、好友分享及闪电互传等。

下面通过使用体验一下。

2. 如何获取百度账号

按图 6-18 注册一个百度账号。本例以网易邮件 langdenghe@ 163. com 为例注册账号。

3. 百度云盘登录

在浏览器地址栏输入 http://yun. baidu. com，进入百度云登录界面，如图 6-19 所示。输入用户名和密码登录到百度云个人主页，如图 6-20 所示。

图 6-18　百度账号注册窗口

图 6-19　百度云登录窗口

图 6-20　百度云个人主页

百度云主要展示了众多云服务功能，包括网盘、分享、应用和移动开放平台等，如图 6-21 所示。

图 6-21　百度云主界面

单击图 6-21 中的网盘，进入百度网盘主页，如图 6-22 所示。可以上传文件、新建文件夹、离线下载和显示已上传的文件（夹）等。

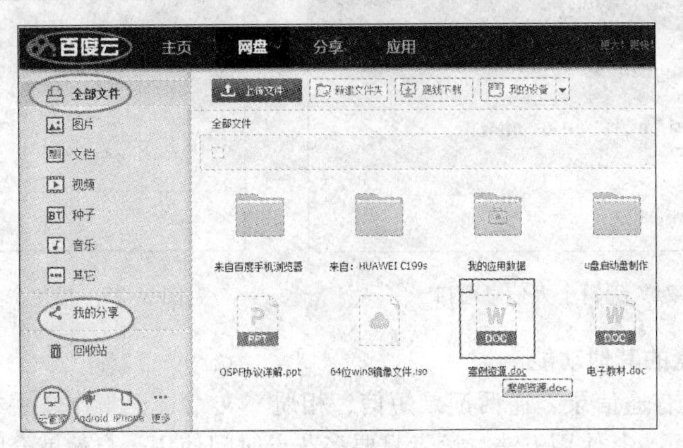

图 6-22　百度云网盘主页

图 6-22 中几个画圈的地方，接下来可能会用到，分别说明。

1）“百度云”，单击后，可以编辑“云”上的个人信息资料。

2）“我的分享”，可以查看你已分享的信息。

3）“云管家”，计算机终端软件，可以方便上传下载文档到百度网盘。建议下载安装，因为，有时候直接在网页上进行上传下载不太方便，甚至偶尔出现“无反应”现象。

4）“Android”“iPhone”，是手机客户端软件。通常，在手机浏览器上登录百度首页，搜索“百度云”，进入百度云，会自动提示下载安装客户端。有的手机上干脆直接提供“百度云”应用程序安装，直接安装即可。访问百度云之后，百度网盘自动扩容为 2 TB。

5）“全部文件”浏览你已上传的文件，你可以在上面创建文件夹，以便更有效地组织文件。

4. 更改个人信息

单击图中圈注的“百度云”得到图 6-23 所示页面，单击图中的圈注位置就可以修改个人信息了，如图 6-24，图 6-25 所示。

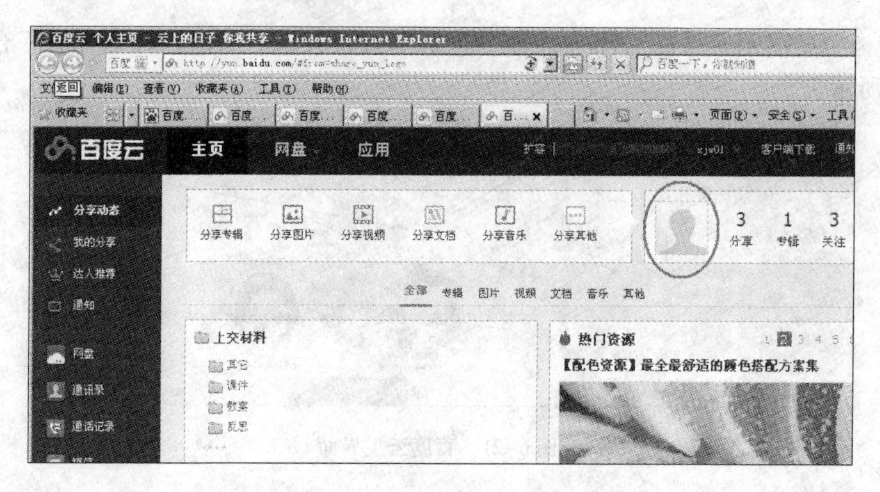

图 6-23　修改个人信息按钮

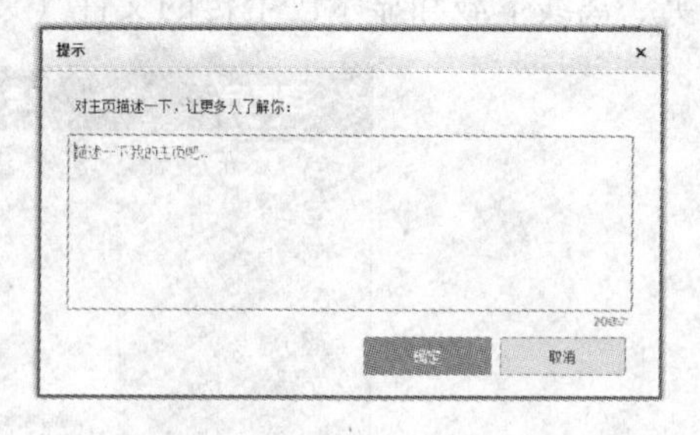

图 6-24　编辑个人信息窗口

图 6-25　描述个人信息窗口

5. 百度云网盘的其他功能

百度云网盘还有通信录、通话记录短信、相册、文章、记事本、手机找回和云直播功能，如图 6-26 所示。其使用方法，读者只要多花点时间使用，自然就会明白。

6. 百度云开发平台

百度云还为开发人员提供了开发平台，如果是开发者，可以选择图 6-27 上“更多｜移动开放平台”，进入百度云开放平台，如图 6-28 所示。

图 6-26　百度云网络功能界面

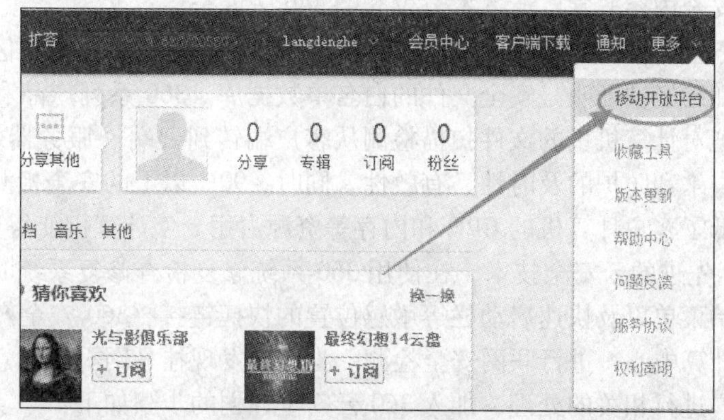

图 6-27　选择更多服务窗口

图 6-28　百度云移动开放平台入口

此外，百度云服务非常丰富，有应用引擎（BAE）、云数据库、云推送、媒体云和 LBS 云等，如图 6-29 所示，用户可根据实际情况进行选择。

图 6-29　百度云服务

6.2　云安全的应用

云计算中用户程序的运行、各种文件存储主要在云服务中心完成，本地计算设备主要从事资源请求和接收功能，也就是事务处理和资源的保管由第三方厂商提供服务，用户会考虑这样可靠吗？重要信息是否泄密？等等，这就是云安全问题。

“云安全”是在“云计算”“云存储”之后出现的“云”技术的重要应用，已经在反病毒软件中取得了广泛的应用，发挥了良好的效果。云安全是我国企业创造的概念，在国际云计算领域独树一帜。最早提出“云安全”这一概念的是趋势科技，2008 年 5 月，趋势科技在美国正式推出了“云安全”技术。“云安全”的概念在早期曾经引起过不小争议，现在已经被普遍接受。值得一提的是，中国网络安全企业在“云安全”的技术应用上走到了世界前列。当然，云安全内容非常广泛，本节仅介绍 360 云安全。

360 使用云安全技术，在 360 云安全计算中心（云端）建立了存储数亿个木马病毒样本的黑名单数据库和已经被证明是安全文件的白名单数据库。360 系列产品利用互联网，通过联网查询技术，把对计算机里的文件扫描检测从客户端转到云端（服务器端），能够极大地提高对木马病毒查杀和防护的及时性、有效性。同时，90% 以上的安全检测计算由云端服务器承担，从而降低了客户计算机的 CPU 和内存等资源占用，使计算机变得更快。

360 使用国际先进的云安全技术，在使用 360 系统修复检查修复系统时，会检测用户桌面、收藏夹和开始菜单以及快速启动栏等敏感位置的快捷链接，360 安全产品会把这些网址送到 360 云安全计算中心，进行联网安全检测。当检测发现挂马网页、恶意网址、钓鱼网站时，则会提示用户进行相关的处理。加入 360 云安全计划的步骤如下：

1）打开了 360 安全卫士，单击“主菜单”，选择“设置”，如图 6-30 所示。

2）在“设置”对话框中选择“云安全计划”选项卡，选中加入 360“文件云安全计划”和加入“360 网址云安全计划”，如图 6-31 所示。

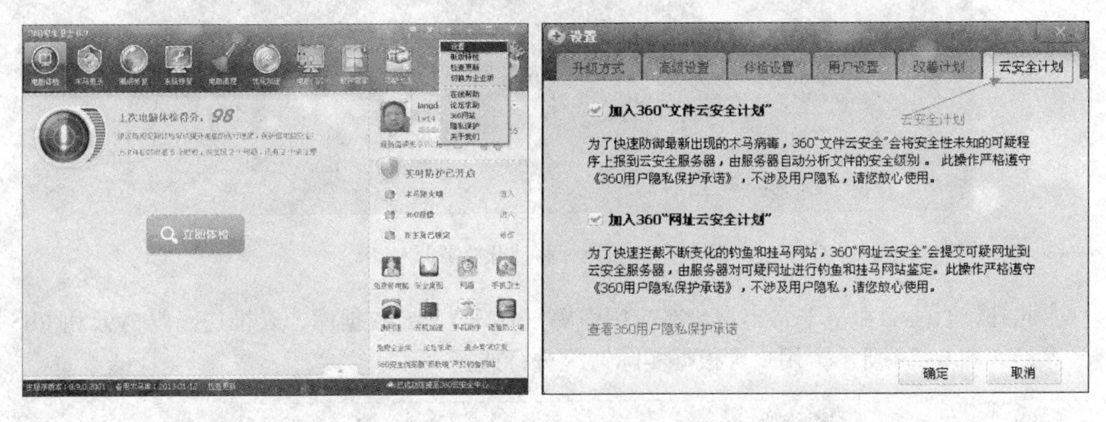

图 6-30　360 安全卫士主菜单　　　　图 6-31　云安全计划对话框

加入 360 云安全计划后，用户将能获得 360 文件云安全和网址云安全。

6.3　云办公的应用

云办公作为 IT 业界的发展方向，正在逐渐形成其独特的产业链与生态圈，并有别于传统办公软件市场，通过云办公更有利于企事业单位降低办公成本和提高办公效率。

随着互联网的深入发展和云计算时代的来临，基于云计算的在线办公软件 Web Office 已经走进了人们的生活。比较有代表性的就是微软的 Office 365，本节以 Office 365 为例进行学习。在浏览器地址栏输入 https://www.microsoft.com/zh-cn 进入微软中国网站，单击“产品 | 软件和服务 | Office”，进入 Office 产品首页，如图 6-32 所示。

全新 Office。
为您带来轻松无忧的团队协作。
从家庭到企业，从桌面到 Web 及相关设备，Office 提供理想工具，助你完成工作。
Office 是完成工作的不二之选
家庭版
企业版
Office 365 现提供全新的企业功能。

图 6-32　Office 产品首页

1. Office 365 用户注册

Office 365 与微软以往的版本比较，最大的区别就是使用的平台不一样。Office 365 是微软云计算方向的 Office 产品，该产品使用的是基于联网平台。因此，用户需要在浏览器上进行这一操作。

1）单击图 6-32 中“家庭版”图标，进入 Office 365 页面，如图 6-33 所示。

图 6-33　Office 365 页面

2）先根据不同的需求选择不同的版本，可选择“Office 365 家庭版”“Office 365 个人版”和“Office 家庭和学生版 2016”。

3）单击“免费试用”按钮，选择“免费试用一月”，创建一个微软账户，输入邮箱和密码。单击“下一步”按钮，出现“添加安全信息”页面，如图 6-34 所示。用户需要填写“国家或地区”“电话号码”并发送获取代码。

4）按照页面提示进行操作，为了安全需要，需要进行邮件验证，验证成功后，添加详细信息，如图 6-35 所示，完成相关操作，进入用户登录页面和登录成功首页，如图 6-36 和图 6-37 所示。

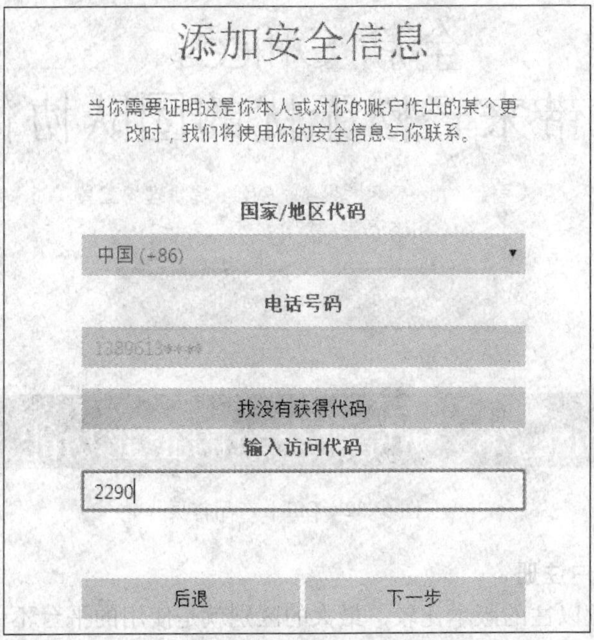

添加安全信息

当你需要证明这是你本人或对你的账户作出的某个更改时，我们将使用你的安全信息与你联系。

国家/地区代码

中国 (+86)

电话号码

1389613****

我没有获得代码

输入访问代码

2290

后退　下一步

图 6-34　添加安全信息页面

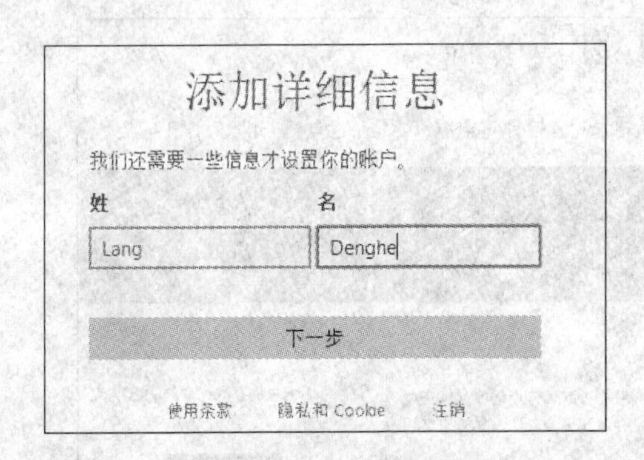

图 6-35　添加详细信息页面

图 6-36　用户登录页面

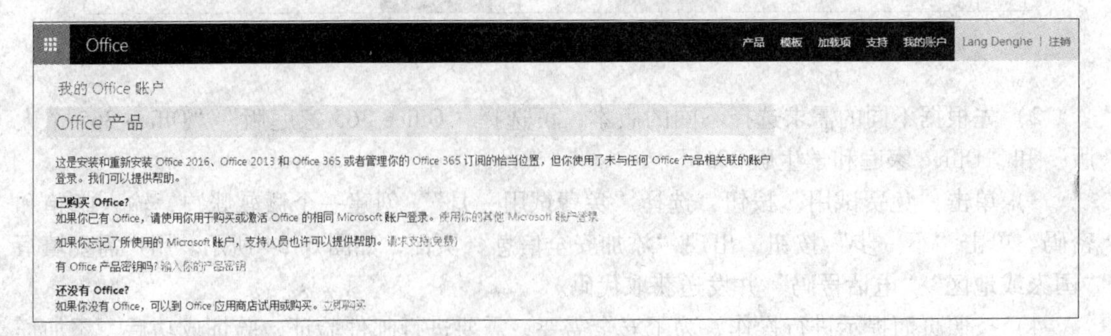

图 6-37　登录成功首页

由于 Office 365 是通过云端来提供服务的，所以用户使用必须要拥有自己的账户。根据笔者的体验来看，整个注册的过程还是比较复杂的，在用户账号、密码等的创建上，有比较严格的要求。

Office Outlook、Office Word 和 Office Excel 是在平时工作中经常使用的软件，下面体验一下云上的 Outlook、Word、Excel 和传统版本 Office 有什么不同。

2. 体验 Office 365 Outlook

Outlook 的功能很多，包括收发电子邮件、管理联系人信息、安排日程、分配任务等。

1）单击登录成功首页左上角的图标，就可以来到 Office 365 主页面，如图 6-38 所示。

图 6-38　Office 365 主页面

2）单击“Outlook. com”，进入到 Office 365 Outlook 界面，如图 6-39 所示。

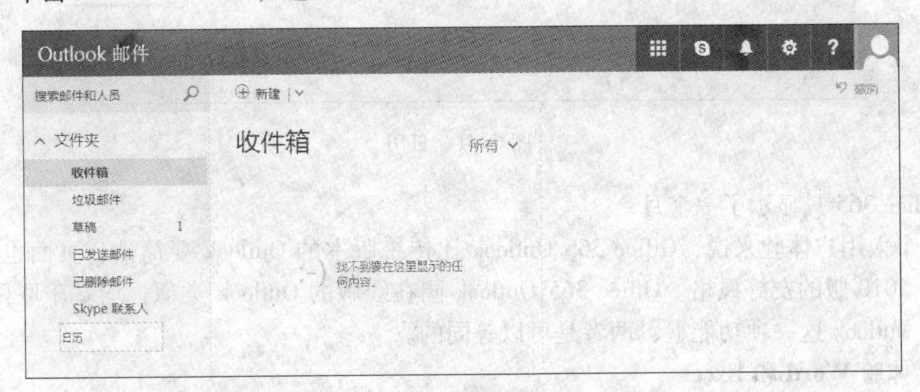

图 6-39　Office 365 Outlook 界面

3）单击“新建”按钮可以新建电子邮件，如图 6-40 所示。

从上图可以看出，Office 365 Outlook 的界面非常友好，功能和传统版的没有差别。但是从界面排版来说，更接近于 Outlook 2003 版。所以，习惯了 Office 2003 版的使用者更能适应这样简洁的页面。

4）单击图 6-38 中的“日历”，如图 6-41 所示。

图 6-40 所示页面同 Office 2010 是一样的，不同之处在于传统版本显示了两个月的日

图 6-40　新建邮件页面

图 6-41　日历

期，Office 365 只显示了一个月。

从个人用户体验来说，Office 365 Outlook 比传统版本的 Outlook 要简洁，页面也延续了 Outlook 2010 版的友好风格。Office 365 Outlook 同在线版的 Outlook 类似，均基于联网状态，所以在 Outlook 这一项功能上，两者是可以等同的。

3. 体验 Word 和 Excel

（1）体验 Word

当使用完一种工具之后，单击“主页”按钮即可回主页。在主页上单击“Word”，进入 Office 365 Word 页面，如图 6-42 所示。

从上图可见，Office 365 Word 的功能是非常完善的，跟 Word 2010 比起来，少了页面布局、引用、邮件、审阅几个模块。对于一般的使用者来说，界面更美观、更友好。

（2）体验 Excel

单击“Excel”，进入 Office 365 Excel 页面，其界面如图 6-43 所示。

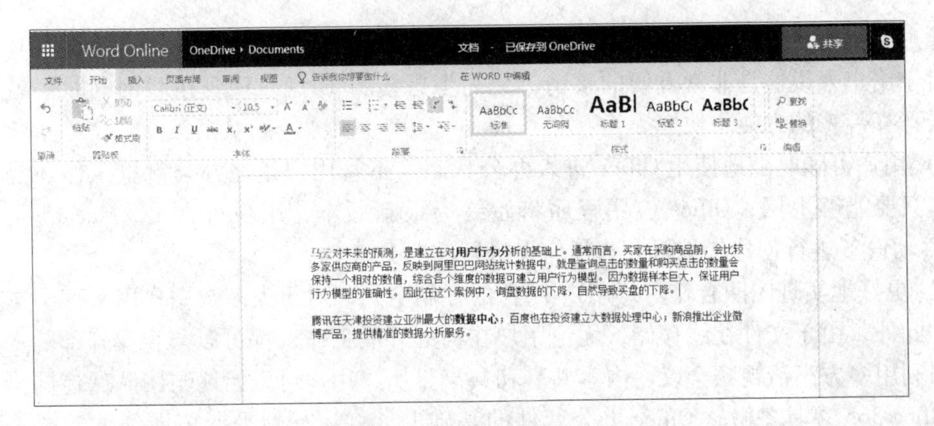

图 6-42　Office 365 Word

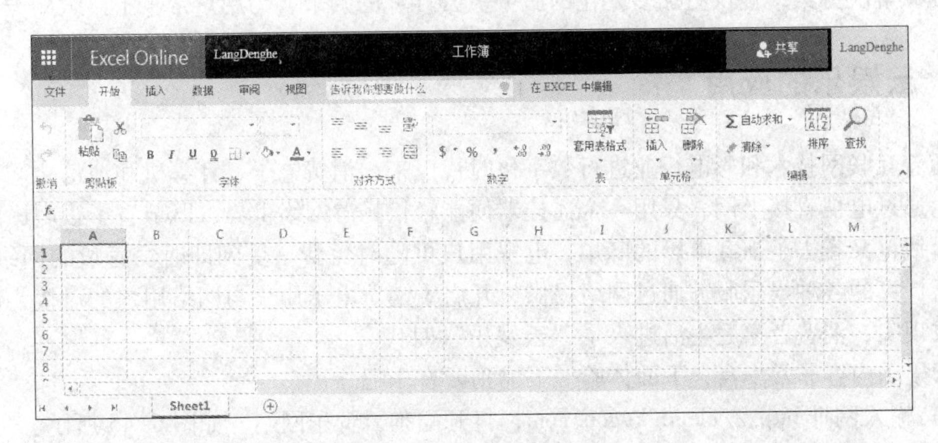

图 6-43　Office 365 Excel

从上图中可见，Office 365 Excel 的功能和界面与传统版本 Excel 2010 相同，Office 365 Excel 比较明显的一个特点就是新增了自动保存功能，这是 Office Excel 2010 版本所没有的。这对于经常因为错点或者忘记保存而造成工作损失的用户来说是非常有用的。

4. Office 365 的优势

Office 365 相比于传统版本的 Office，有如下优点。

1）Office 365 实现了云端存储和同步，如图 6-44 所示。

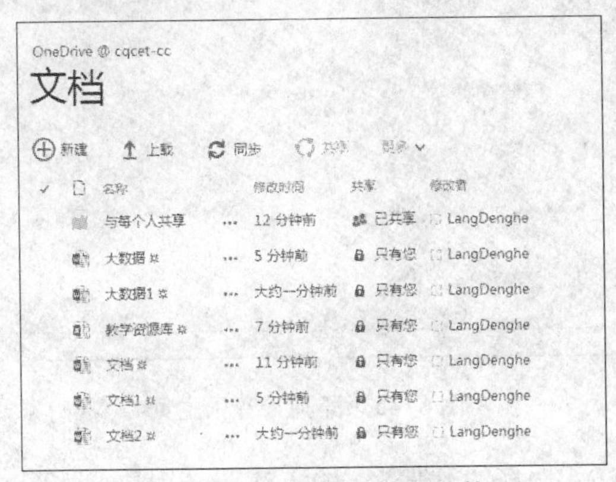

图 6-44　保存在云端的文件

通过上图可以看到，编辑完一个文档之后，只要单击“保存”按钮，就会被存储在云端。对于用户来说这是非常方便的事情，无需考虑携带 U 盘，只要在联网的时候就能轻松享受云计算带来的方便、快捷。

2）用户可随时随地使用 Office 进入办公状态。不管用户是在办公室里工作还是在外出差中，只要能够上网，Office 应用程序将始终为最新版本，用户可在 PC/Mac 或 iOS、Android 移动设备进行创建、编辑并与任何人进行实时分享。

3）更好地实现团队合作。每用户 1 TB 的存储空间，对于大多数用户用来存储文件已经足够。此外，由于文件在线存储，无论用户在何处开展工作，都可以与企业外部的人员共享文件。利用多方高清视频会议、内容共享和共享日历，用户可以始终与团队保持同步。

Office 365 在具备微软 Office 办公套件的基础上，将运行的平台拓展到了云端，旨在为用户提供解决方案，提供更加多元化的服务。云计算的到来，为用户带来了巨大的方便。

6.4 云娱乐的应用

随着互联网技术和彩电行业进行数字化时代以来，消费电子、计算机和通信之间界限被打破，通过电视直接上网，只用一个遥控器便能轻松畅游网络世界，既节省了去电影院的时间和金钱，又省去了下载电影的麻烦，电视用户可随时免费享受到即时、海量的网络大片，基于云计算的各种娱乐服务通过网络提供，开启了消费电子用户与网络用户的对接，使云娱乐变成现实，消费者家庭生活进入了“云娱乐”时代。

云娱乐内容非常丰富，下面体验一下酷狗云音乐吧。

1）输入网址 http://cloud. kugou. com，打开酷狗云音乐网站，如图 6-45 所示。

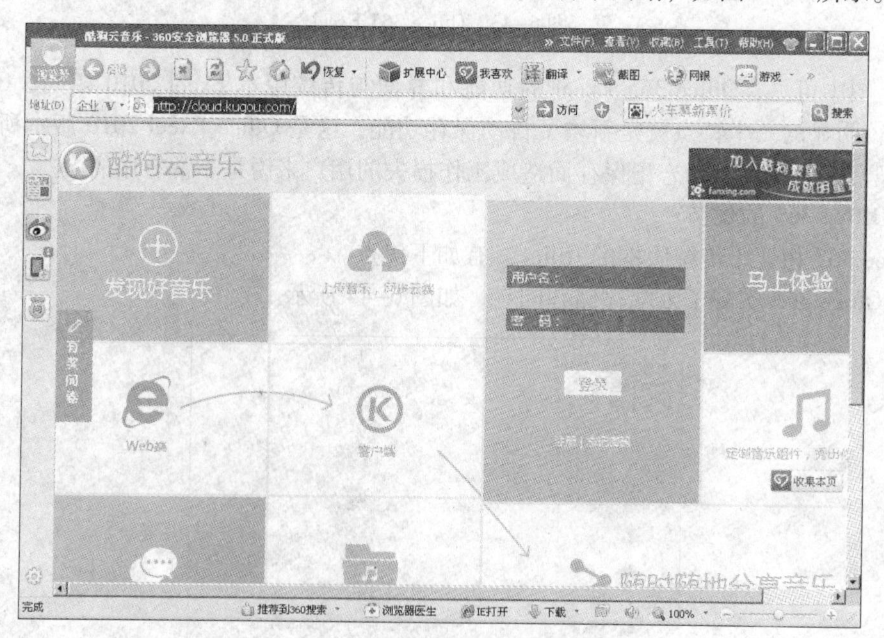

图 6-45　酷狗云音乐主页

2）单击“马上体验”，选择“注册”，输入注册新用户，如图 6-46、6-47 所示。

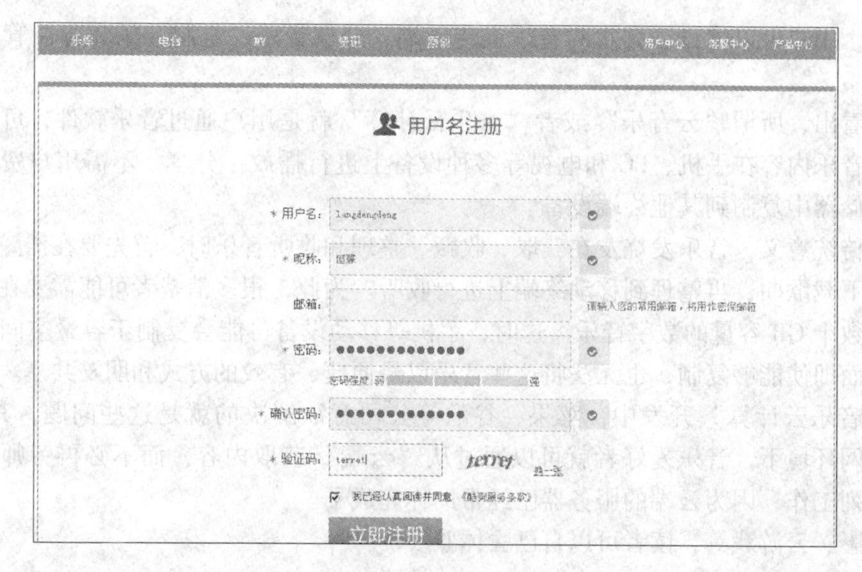

图 6-46　用户注册窗口

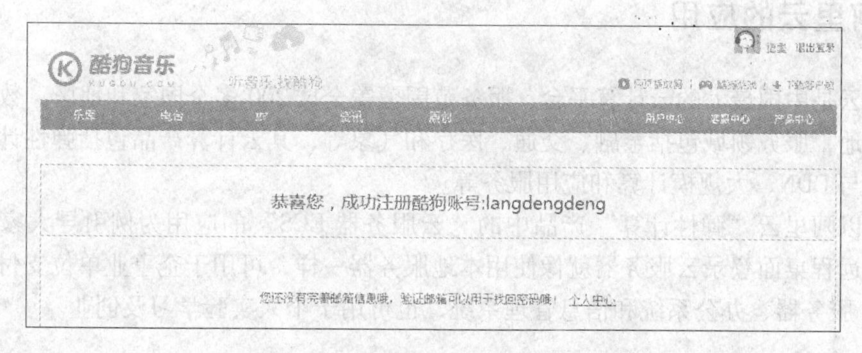

图 6-47　注册成功

3）使用用户申请的用户信息登录，进入酷狗云音乐空间，如图 6-48 所示。

图 6-48　酷狗云音乐空间

此时，用户可以将自己喜欢的音乐上传云端、分享音乐、定制音乐和方便管理个人音乐库。

不难看出，所谓“云音乐”或者“音乐云计算”就是用户通过音乐软件，可以将存储在云端的音乐内容在手机、PC 和电视等多种设备上进行播放、分享，不需用户费时费力从计算机存储器中复制到其他终端设备。

按照传统意义，音乐发烧友在获取、收藏、整理和收听音乐时，首先要在浩瀚网络空间中寻找、下载歌曲，再整理到移动终端上进行收听。为此，很多消费者可能需要在计算机硬盘中存储数十 GB 容量的数字音乐。这时，手机等移动设备可能会受制于容量空间而无法全盘复制。而即使能够复制，也无法将这些音乐以最便捷、有效的方式和朋友共享。

在“音乐云计算”开发中，苹果、谷歌等公司意欲解决的就是这些问题，其目标是，只要在上网环境下，音乐爱好者就可以通过从“云端”获取内容，而不必再劳师动众去做上述一系列工作，因为云端的服务器已经帮助你完成了。

云电影、云游戏等，读者可以自己去体验。

6.5 阿里云的应用

阿里云是中国最大的云计算平台，服务范围覆盖全球 200 多个国家和地区，数据中心遍布世界各地，服务领域包括金融、交通、医疗和气象等，其云计算产品包括弹性计算、数据库、存储与 CDN、大规模计算和应用服务等。

本节以阿里云“弹性计算”产品中的“云服务器 ECS”的应用为例引导大家使用阿里云。通过远程桌面登录云服务器就像使用本地服务器一样，可用于企事业单位支付少量费用架构 Web 服务器、办公系统和信息管理系统，也可用于个人实验学习及创业。

6.5.1 阿里云用户注册

阿里云用户注册步骤如下。

1）在浏览器地址栏输入 http://www. aliyun. com，打开阿里云网站，如图 6-49 所示。

图 6-49　阿里云首页

2）单击图 6-49 中“注册有礼”，出现图 6-50 所示阿里云注册页面。

按照提示填写会员名、密码和手机等信息并进行验证，笔者注册的登录名为“langdeng-he@ aliyun. com”。

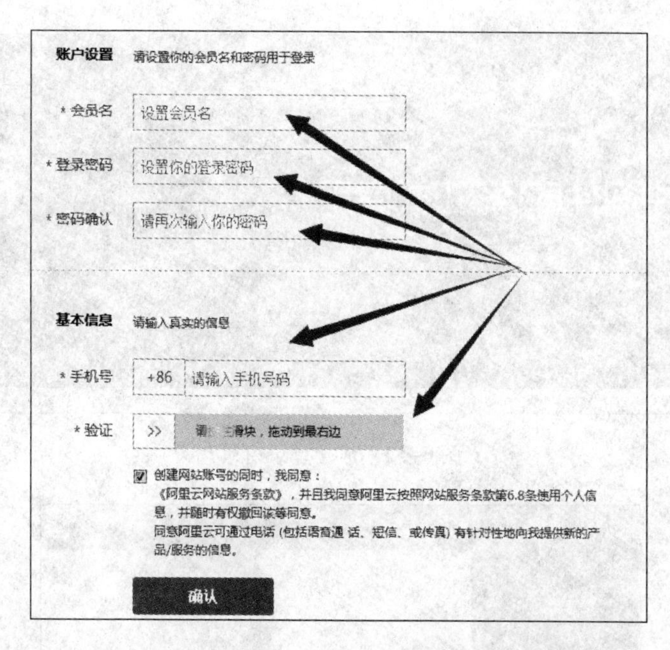

图 6-50　阿里云注册页面

6.5.2　云服务器 ECS 的购买

云服务器 ECS 的使用步骤如下。

1）单击图 6-49 中登录，输入“登录名”和“密码”登录阿里云，出现登录窗口，如图 6-51 所示。

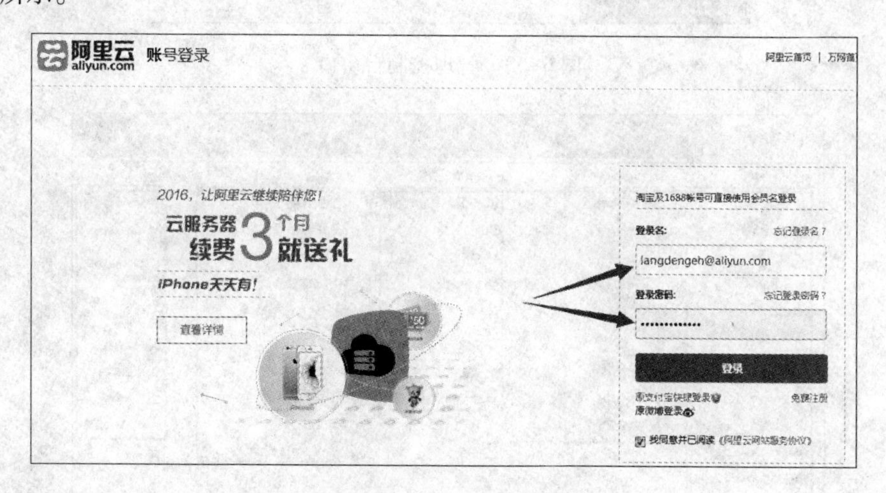

图 6-51　阿里云登录窗口

2）单击“登录”按钮，用户进入阿里云平台，如图 6-52 所示，窗口左上角显示当前用户信息。

3）单击“管理控制台”，进入用户服务管理平台，如图 6-53 所示，显示了阿里云提供的产品与服务，单击“产品与服务”显示更加详细的产品与服务信息，如图 6-54 所示。

图 6-52　成功登录窗口

图 6-53　管理控制台窗口

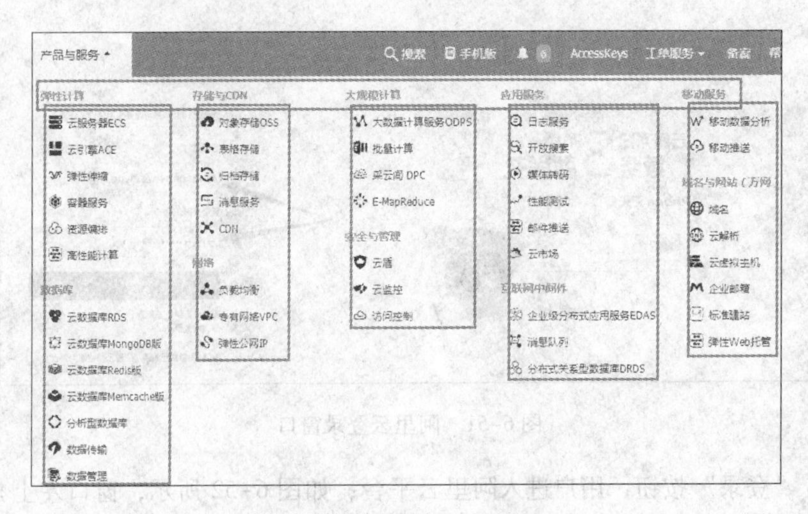

图 6-54　阿里云产品与服务窗口

4）单击图 6-53 中的“云服务器 ECS”，进入云服务器管理窗口，如图 6-55 所示。

5）单击“实例”，出现服务器实例所在地点和“创建实例”按钮，如图 6-56 所示。

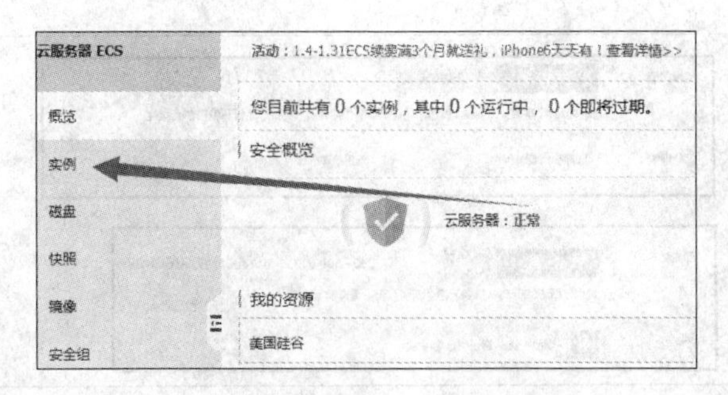

图 6-55　云服务器 ECS 管理窗口

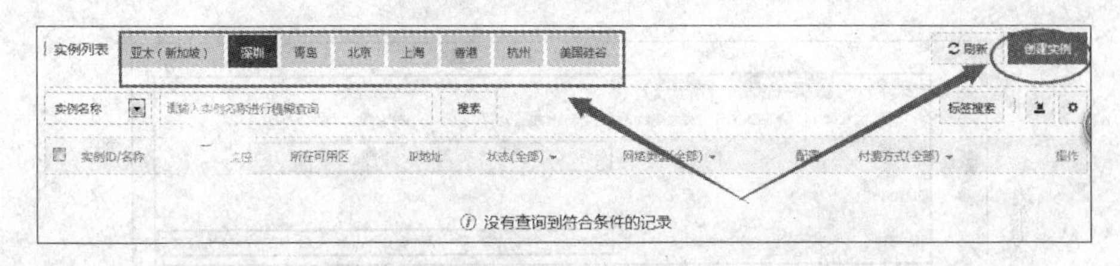

图 6-56　实例管理窗口

6）单击“创建实例”按钮，显示对创建的实例的各种要求，包括实例所在地域、付费方式、规格、带宽、镜像、存储、密码和购买量等。如图 6-57、6-58、6-59、6-60 所示。

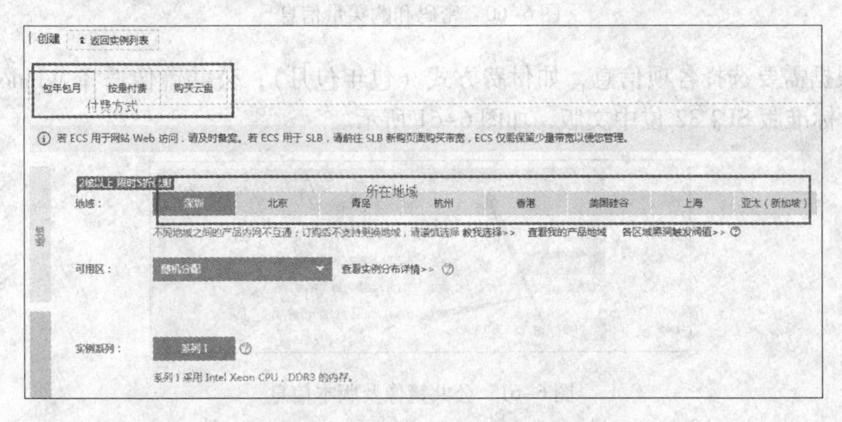

图 6-57　实例付费方式和地域信息

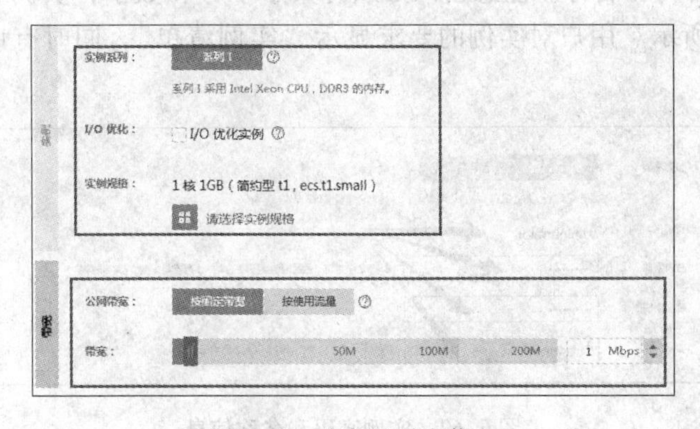

图 6-58　实例及带宽信息

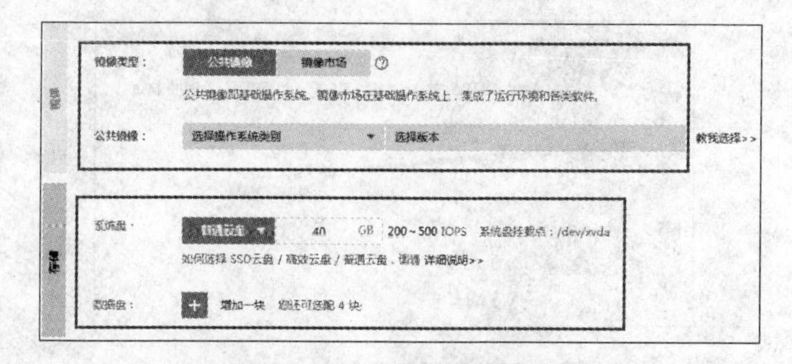

图 6-59 镜像和存储信息

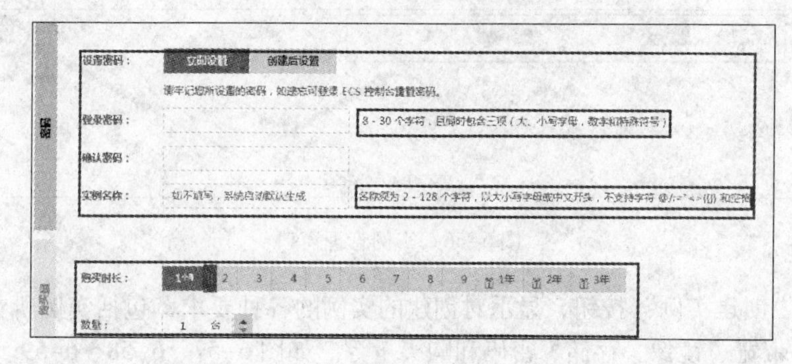

图 6-60 密码和购买量信息

7）根据需要选择各项信息，如付费方式（包年包月），公共镜像选择 Windows Server，版本 2008 标准版 SP2 32 位中文版，如图 6-61 所示。

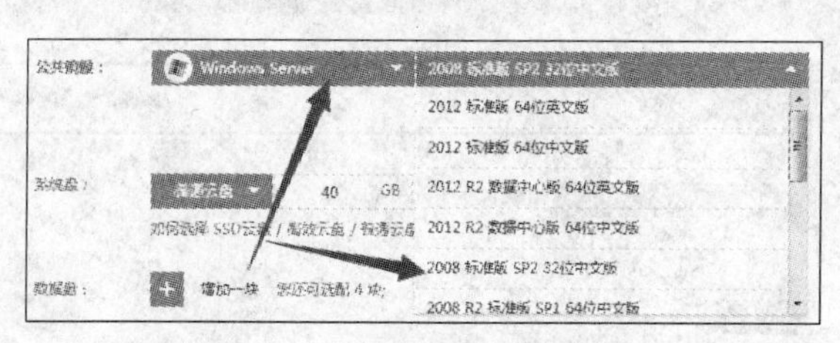

图 6-61 公共镜像及版本信息

8）填写实例密码和名称。注意密码必须有大小字母和数字，实例名不能有规定特殊符号。如图 6-62 所示。用户对实例的要求显示“实例清单”，同时有该实例的价格，如图 6-63 所示。

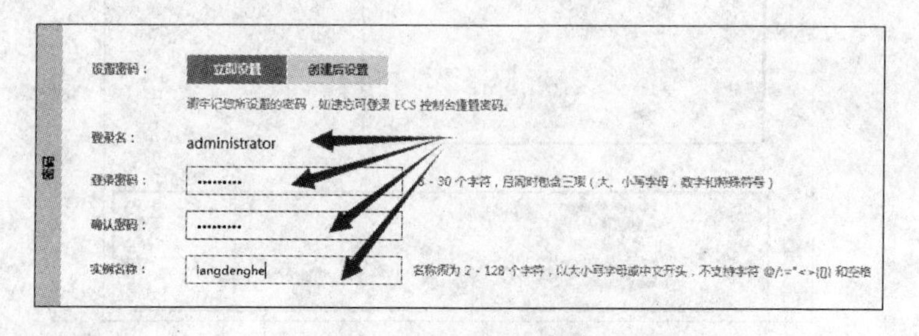

图 6-62 实例密码和名称信息

9）单击“立即购买”按钮，出现订单详情并完成支付，出现支付成功页面，如图 6-64 所示。

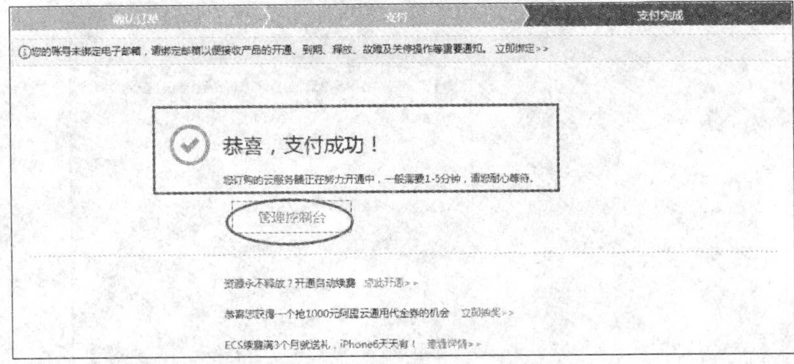

图 6-63　实例清单　　　　　　　　　　　　图 6-64　支付成功提示

至此，云服务器 ECS 购买成功。

6.5.3　云服务器 ECS 的使用

对于购买成功的服务器的使用是非常简单的事情，用户可通过“远程桌面连接”连接到服务使用。操作步骤如下。

1）单击图 6-64 中“管理控制台”，返回管理控制窗口，单击“实例”查看信息，记下 IP 地址，如图 6-65 所示，本例中公网 IP 地址为 115. 28. 30. 250，内网 IP 地址为 10. 144. 22. 144。

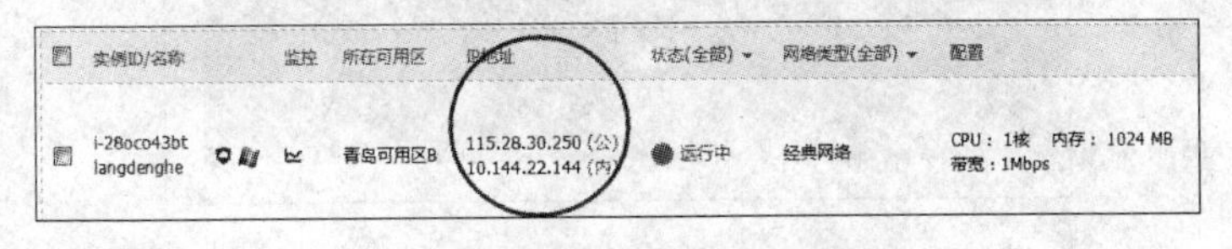

图 6-65　管理控制台中实例信息

2）在客户端机器中打开远程桌面，笔者使用 Windows 7 远程桌面，在计算机后输入 IP 地址：115. 28. 30. 250，用户名：administrator，如图 6-66 所示。

3）单击“连接”按钮，输入购买时设置的密码，如图 6-67 所示。

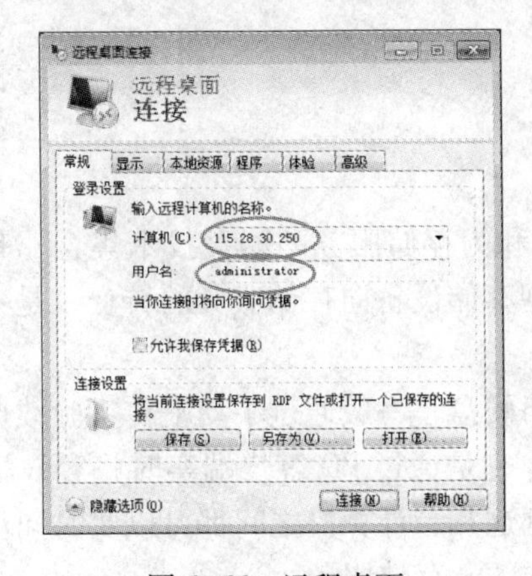

图 6-66　远程桌面　　　　　　　　　　　图 6-67　密码输入窗口

4）单击“确定”按钮，并忽略证书错误，进入 Windows Server 2008 系统，如图 6-68、6-69 所示。

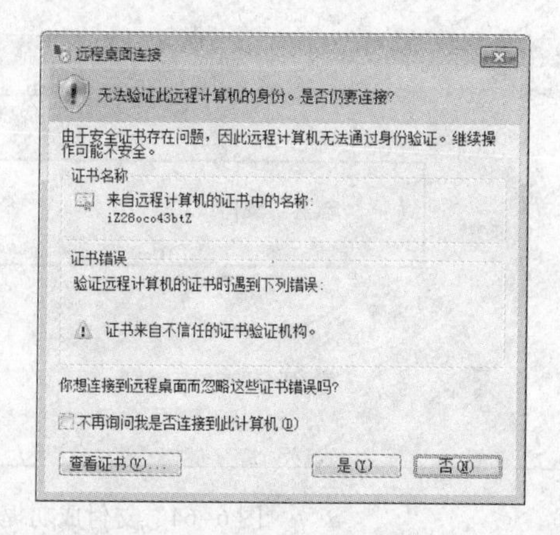

图 6-68　证书安全验证窗口

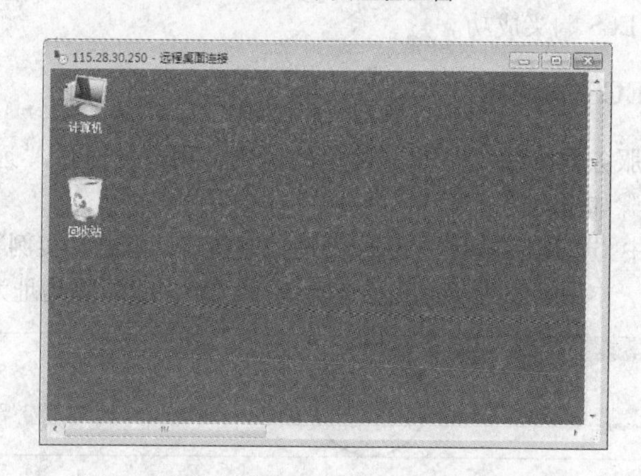

图 6-69　服务器 ECS 在本地启动成功的窗口

至此，一台部署在阿里云中的服务器可以通过远程桌面使用了，该服务器可以用来架构 Web 服务器、FTP 服务和邮件服务器等，为企事业单位管理需要提供服务，用户只需支付少量租用金，不必购置和安装设施设备，省去了管理网络机房的麻烦，达到了高效、低成本的应用目标。

小结

云存储通常是由专业的 IT 厂商提供的存储设备和为存储服务的相关技术集合，其核心是应用软件与存储设备相结合，通过应用软件来实现存储设备向存储服务的转变，是一个以数据存储和管理为核心的云计算系统。

云存储又基本可以分为两类，一类的单纯的网络硬盘，一般通过手动上传实验数据的云端存储；另一类是更实用、真正意义上的云端存储，它是通过 PC 客户端实时将客户端特定文件夹的内容进行同步，如果设置了几台计算机，则这几台计算机之间都可以实时同步。可以想象，如果几个人共同完成某项创作，更需要这样的云存储服务。

提供云存储服务的 IT 厂商主要有百度、115 网盘、微软、IBM、Google、网易、新浪、中国移动 139 邮箱和中国电信等。选择云存储服务主要参考以下几个方面：免费、安全、稳定、速度快、交互界面友好，无广告或者广告看起来不那么烦人，此外还兼顾国外和国内服务。

“云安全”是在“云计算”“云存储”之后出现的“云”技术的重要应用，已经在反病毒软件中取得了广泛的应用，发挥了良好的效果。云安全是我国企业创造的概念，在国际云计算领域独树一帜。

广义上的云办公是指将企事业单位及政府办公完全建立在云计算技术基础上，从而实现 3 个目标：第一，降低办公成本；第二，提高办公效率；第三，低碳减排。狭义上的云办公指以“办公文档”为中心，为企事业单位及政府提供文档编辑、存储、协作、沟通、移动办公和工作流程等云端软件服务。云办公作为 IT 业界的发展方向，正在逐渐形成其独特的产业链与生态圈，并有别于传统办公软件市场。

广义的云娱乐是基于云计算的各种娱乐服务，如云音乐、云电影和云游戏等。狭义的云娱乐是通过电视直接上网，不需要计算机、鼠标和键盘，只用一个遥控器便能轻松畅游网络世界，既节省了去电影院的时间和金钱，又省去了下载电影的麻烦，电视用户可随时免费享受到即时、海量的网络大片，打造了一个更为广阔的 3C 融合新生活方式。

思考与练习

1. 自己动手申请阿里云账号，学习和体验阿里云服务。
2. 什么是云安全？结合自身实际情况谈谈云安全对于信息化建设的意义。
3. 您用过云办公软件吗？试比较云办公和普通办公。
4. 理解云娱乐，请申请云电影和云游戏账号并体验。

第7章　私有云平台搭建

本章要点

- VMware 公司简介
- vSphere 虚拟化架构简介
- ESXi 6 的安装与配置
- vSphere Client 的安装与配置
- 虚拟机基本操作
- 安装 vCenter Server 6
- 网络管理与外部存储的搭建

私有云是部署在企事业单位或相关组织内部的云，限于安全和自身业务需求，它所提供的服务不供他人使用，而是供内部人员或分支机构使用。换种方式理解，私有云是为了满足自身组织的使用而将企业的 IT 资源通过整合以及虚拟化等方式，构建成 IT 资源池，以云计算基础架构来满足组织内部服务要求。

通过前面内容的学习，已经了解了私有云的各方面价值所在，IT 厂商纷纷提出了自己的私有云构架方案，目前做得较好的有开源产品有 Openstack、CloudStack、Eucalyptus、OpenNebula，以及商业产品 VMware vSphere、VMware vCloud、Microsoft Hyper－V、Citrix Xenserver。

本章仅针对 VMware 在云计算基础设施搭建方面进行讲解。希望读者在具体操作过程中进一步理解和掌握私有云。

7.1　VMware 简介

7.1.1　VMware 公司简介

VMware 公司成立于 1998 年，它将虚拟机技术引入到工业标准计算机系统中。VMware 在 1999 年首次交付了它的第一套产品——VMware Workstation。在 2001 年，VMware 公司通过发布 VMware GSX 服务器和 VMware ESX 服务器而进入了企业服务器的市场领域。

2003 年，随着具有开创意义的 VMwareVirtualCenter 和 VMware VMotion 技术的产生，VMware 通过引入一系列数据中心级的新功能，建立了在虚拟化技术领域中的领导地位。在 2004 年，VMware 又通过发布 VMware ACE 产品进一步将这种虚拟架构的能力延伸到企业级的桌面系统中。在 2005 年发布的 VMware Player，以及在 2006 年早期发布的 VMware Server 产品，使得 VMware 第一个将免费的具有商业级可用性的虚拟化产品引入到那些新进入虚拟化世界的用户中。在 2006 年 6 月发布的最新的 VMware vSphere 3，成为行业里第一套完整的虚拟架构套件，在一个集成的软件包中，包含了最全面的虚拟化技术、管理、资源优化、应用可用性以及自动化的操作能力。

当前，全球有超过10万个企业用户，以及4百万个最终用户，涵盖各行各业、大中小企业等正在应用着VMware公司的软件。通过部署VMware软件以应对复杂的商业挑战，如资源的利用率和可用性，用户已经明显体验到它所带来的巨大效益，包括降低了整体拥有成本（TCO），高投资回报和增强了对他们的用户的服务水准等。

VMware vSphere是VMware公司的主打产品，根据RightScale公司在2015年1月进行的云计算年度调查报告显示，在过去的一年中，有高达53%的企业受访者用其作为私有云搭建系统。

7.1.2 VMware产品线介绍

VMware有许多和虚拟化及云计算相关的产品，下面列举其中较为成功的几个。

1）VMware vSphere：这个系列原来叫作VMware Infrastructure，之前推出了三代，从它的第四代产品开始，为了强调它在云计算中所起的作用，VMware将其更名为VMware vSphere，同时官方也称其为Cloud OS或者VDC OS（Virtual Data Centers OS）。VMware vSphere主要用于服务器虚拟化，通过在一台物理服务器上虚拟出多台虚拟机起到整合资源、优化资源的目的。

2）Oprations Management：该产品可和vSphere捆绑销售，作为一种扩展版的vSphere，可提供针对vSphere优化的关键容量管理和性能监控功能。

3）VMware vCloud Suite：也是一款集成式产品，用于构建和管理基于VMware vSphere的私有云，能够大幅提高IT组织的灵活性、敏捷性和控制力。

4）VMware IntegratedOpenstack：能够基于VMware基础架构快速轻松地部署和管理生产级Openstack。

5）VMware vRealize Orchestrator：用于将复杂的IT任务简化为自动化流程，并可与VMware vCloud Suite的组件集成，以便调整和延展服务交付与运维管理功能，从而有效地利用现有的基础架构、工具和流程。

6）VMware Horizon：以前称作VMware View，是一款基于VDI（Virtual Desktop Infrastructure，虚拟桌面基础架构）的高效的桌面虚拟化产品，借助vSphere在底层提供的虚拟化技术，可以快速部署大量的虚拟桌面。与传统PC不同，View桌面并不与物理计算机绑定。它们驻留在云中，终端用户可以在需要时访问他们的View桌面。

7）VMware Workstation：基于工作站的虚拟化产品，属于寄居型VMM（Type 2），通过在同一PC上同时运行多个基于x86架构的操作系统，使专业技术人员能够方便地进行开发、测试、演示和部署软件。

8）VMware Fusion：可以看作是Apple MAC计算机上的Workstation。通过VMware Fusion，用户可以方便地在MAC计算机上运行Windows和Linux。

9）VMware Capacity Planner：用于规划和设计vSphere架构的工具，其提供方式非常特殊，不对外销售，仅对特定用户免费提供，通常是VMware的合作伙伴。这些合作伙伴以技术支持向VMware产品的最终客户提供服务，常常把VMware Capacity Planner当免费工具送给客户，当然前提是客户购买相关产品和服务。

7.2 vSphere虚拟化架构简介

VMware vSphere主要由ESXi、vCenter Server和vSphere Client构成，从传统操作系统的

角度来看，ESXi 扮演的角色就是管理硬件资源的内核，vCenter Server 提供了管理功能，vSphere Client 则充当 Shell，是用户和操作系统之间的界面层。但在 vSphere 中，这几个组成部分是完全分开的，依靠网络进行通信。

7.2.1 VMware ESXi

ESXi 是 vSphere 中的 VMM，直接运行在裸机上，属于 Hypervisor，即 Type 1。在版本 5.0 之前，有 ESXi 和 ESX 两种 Hypervisor，区别在于 ESX 上具有 Services Console，是一个基于 Linux 的本地管理系统；在 ESXi 中则不再集成 Services Console，而是直接在其核心 VMkernel 中实现了必备的管理功能，这样做的好处是精简了超过 95% 的代码量，为虚拟机保留更多硬件资源的同时，也减小了受攻击面，更加安全。

ESXi 可以在单台物理主机上运行多个虚拟机，支持 x86 架构下绝大多数主流的操作系统。ESXi 特有的 vSMP（Virtual Symmetric Multi - Processing，对称多处理）允许单个虚拟机使用多个物理 CPU。在内存方面，ESXi 使用的透明页面共享技术可以显著提高整合率。

7.2.2 VMware vCenter Server

VMware vCenter Server 是 vSphere 的管理层，用于控制和整合 vSphere 环境中所有的 ESXi 主机，为整个 vSphere 架构提供集中式的管理，如图 7-1 所示。

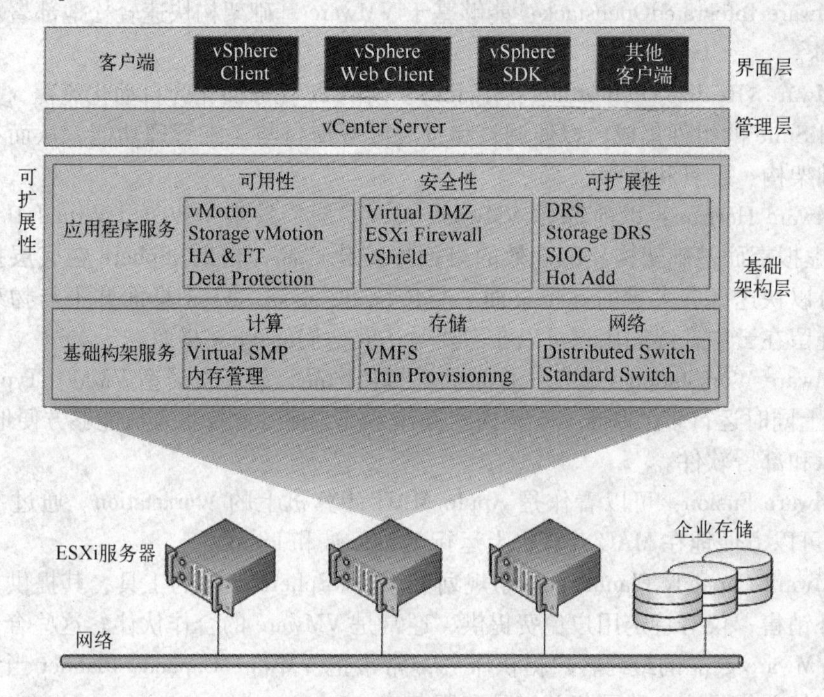

图 7-1 vSphere 架构

vCenter Server 可让管理员轻松应对数百台 ESXi 主机和数千台虚拟机的大型环境。除了集中化的管理之外，vCenter Server 还提供了 vSphere 中绝大部分的高级功能，这些功能无法直接通过 ESXi 来使用，内容如下。

1）快速的虚拟机部署，包括克隆功能和通过虚拟机模板进行部署。

2）基于角色的访问控制，可用于多租户情景下的权限分配。

3）更好的资源委派控制，显著提高资源池的灵活性。

4）虚拟机热迁移和虚拟机存储位置的热迁移，可在虚拟机不停机的情况下改变其驻留的主机和数据存储设备。

5）分布式资源调度，用于在主机之间自动迁移虚拟机以实现负载均衡。

6）高可用性，用于保护虚拟机或虚拟机上的应用程序，减少意外停机时间。

7）基于双机热备的容错，提供比高可用性更高级别的保护，真正实现零停机时间。

8）主机配置文件，将状况良好的 ESXi 主机的配置作为合规性标准，用于配置检查以及错误配置的快速恢复。

9）分布式交换机，一种跨越多个主机的虚拟交换机，用于在复杂的虚拟网络环境下简化网络维护工作，并提供相对于标准虚拟交换机更多的实用功能。

7.2.3 vSphere 硬件兼容性

vSphere 的硬件兼容性主要体现在 ESXi 上，由于 ESXi 的代码量非常精简，因此许多硬件的驱动并没有被集成。目前主流的服务器的硬件几乎都可以安装 ESXi，可以用作试验环境，甚至很多桌面平台也能支持（至少，除了网卡之外的设备受支持，我们将在第 2 章详细讨论网卡的兼容性）。但如果用于生产环境，则一定要确认所配置的硬件由 VMware 官方宣称受支持。企业决策者可以在 VMware 的网站上查看 vSphere 硬件兼容性列表，以确认硬件是否受支持。请参考以下链接：http://www.vmware.com/cn/guides.html。

7.3 ESXi 6 的安装与配置

在 vSphere 体系结构中，ESXi 位于虚拟化层，是整个架构中最基础和最核心的部分。本节主要介绍 ESXi 6.0 的安装、配置和虚拟机的基本操作。

7.3.1 实验环境准备

1. 硬件环境

由于条件的限制，本节使用了 5 台 HP Prodesk 480 G2 工作站来代替服务器，运行 ESXi，每台机器上增加了基于 PCI－E 插槽的 BroadCom 5709 和 BroadCom 5721 系列千兆网卡；使用一台 HP ProLiant ML110 G5 服务器和一台曙光 A620 机架式服务器来提供存储；使用两台 H3C 5120－28－Li 千兆交换机来提供网络连接。具体硬件参数如表 7-1 所示。

表 7-1 现有的硬件设备

机　型	硬 件 配 置
HP Prodesk 480 G2	Intel i3－4150 双核四线程 3.5 GHz、8 GB 内存、5 个千兆网卡
HP ProLiant ML110 G5	Intel Xeon X3220 四核 2.4 GHz、2 GB 内存、3 个千兆网卡
曙光 A620	AMD Opteron 2378 四核 2.4 GHz、8 GB 内存、两个千兆网卡
普通 PC	仅用于在 Windows 环境下远程管理 vSphere
H3C 5120 交换机	24 个千兆电口和 4 个千兆光口，二层

注意：由于 vSphere 的硬件兼容性对于工作站或 PC 的支持尚不全面，因此切勿在生产环境使用工作站或 PC 来代替服务器运行 ESXi。

该实验环境并不是一个合理的硬件搭配。通常只有少数业务属于 CPU 密集型，因此在绝大部分情况下，虚拟机对内存的需求远远超过对 CPU 的需求。对于频率为 3.5 GHz 的逻辑四核处理器，建议搭配 16 GB 内存。此外，建议在较少的服务器上扩展更多的资源——使用多路 CPU 和更多的内存插槽，比直接购买多台主机更合理。

5 台 ESXi 主机的内存和计算资源分配如图 7-2 所示。

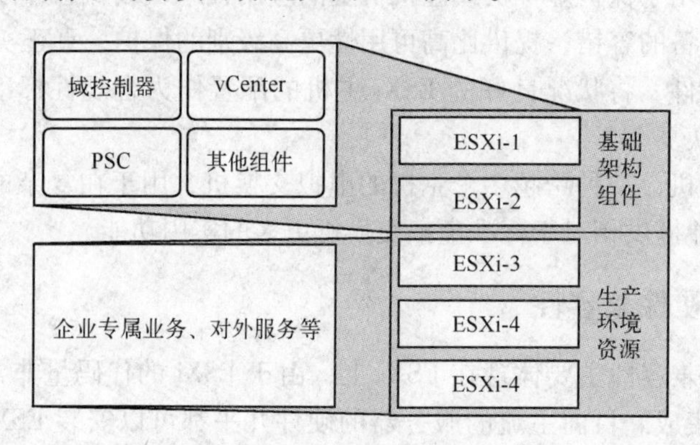

图 7-2　主机资源分配

2. vSphere 架构设计

一个典型的 vSphere 虚拟化架构，通常将通信流量划分为 5 种不同的类型，每种流量使用独立的通道，并两两冗余。如果使用的存储方案是 iSCSI 或 NFS，并且整个架构运行在千兆以太网之上，标准配置应该是每台 ESXi 主机配有 10 个网卡。在理想情况下，流量划分如表 7-2所示。

表 7-2　在理想情况下的网卡流量划分

流量类型	网卡分配
网管	使用网卡 1、2
iSCSI /NFS 存储	使用网卡 3、4
vMotion（虚拟机迁移）	使用网卡 5、6
容错 Lockstep 及日志记录	使用网卡 7、8
虚拟机通信	使用网卡 9、10

另外一种常见的情况是将网管和 vMotion 流量放在一起，两者共享带宽；如果网卡数量短缺，也可以使网管和 vMotion 流量共用两个网卡而不是四个。此外，在某些场景中，由于没有双机热备的需求，也就用不到容错，这种情况下可再省去两个网卡。

在本书的实验环境中，由于插槽有限，每台主机只有 5 个千兆网卡，因此采用了如表 7-3所示的 3 种分配方法，其网络拓扑结构如图 7-3 所示。在生产环境中，当网卡数量有限时可以作为临时的替代方案。

表 7-3　实验环境中的网卡流量划分

流量类型	方案 A（需要双机热备）	方案 B（独立的 vMotion 流量）	方案 C（要求存储多路径）
网管	网卡 1、2	网卡 1、2	网卡 1、2
iSCSI /NFS 存储	网卡 3	网卡 3	网卡 3、4
vMotion（虚拟机迁移）	网卡 1、2	网卡 4	网卡 1、2
容错及日志记录	网卡 4	—	—
虚拟机通信	网卡 5	网卡 5	网卡 5

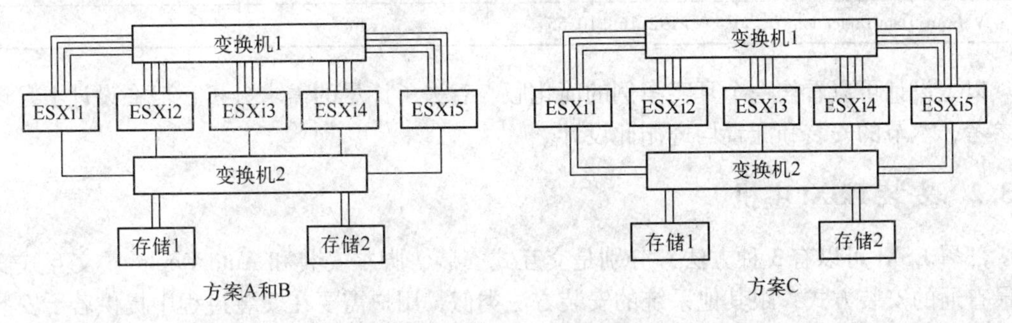

图 7-3　3 种方案的拓扑结构

如果存在着对外业务，虚拟机通信的流量需要路由到 Internet，从这个角度来看，少量的虚拟机在业务通信上不太可能耗尽千兆以太网的带宽——瓶颈通常在汇聚层或核心层，而并非以太网内部。尽管如此，千兆网络是建议的最低配置，如果条件允许，最好使用万兆以太网。

完整的 vSphere 架构需要用到 DNS 服务，最好有域环境。建议事先为每个组件分配 IP 并定义完全限定域名（FQDN），本书所用实验环境的根域名为 vdc. com，IP 和域名分配如表 7-4 和表 7-5 所示，其中表 7-4 列出了 ESXi 主机的主机名以及不同用途的流量所使用的 IP 地址；表 7-5 列举出了作为基础架构组件的虚拟机主机名和 IP 地址（本书仅使用 IPv4）。

表 7-4　ESXi 主机的主机名及流量的 IP 地址分配

主　机　名	网 管 流 量	iSCSI 流量	vMotion 流量	FT 流量
esx1	192. 168. 10. 31	192. 168. 20. 31	192. 168. 30. 31	192. 168. 40. 31
esx2	192. 168. 10. 32	192. 168. 20. 32	192. 168. 30. 32	192. 168. 40. 32
esx3	192. 168. 10. 33	192. 168. 20. 33	192. 168. 30. 33	192. 168. 40. 33
esx4	192. 168. 10. 34	192. 168. 20. 34	192. 168. 30. 34	192. 168. 40. 34
esx5	192. 168. 10. 35	192. 168. 20. 35	192. 168. 30. 35	192. 168. 40. 35

表 7-5　虚拟机的主机名和 IP 地址分配

角　　色	IP 地址	主　机　名	备　　注
默认网关	192. 168. 10. 1		普通家用路由器
域控制器	192. 168. 10. 6	ad1	Window Server 2012 R2
vCenter 数据库	192. 168. 10. 10	database	Window Server 2012 R2

（续）

角　　色	IP 地址	主 机 名	备　　注
Platform Services Controller	192.168.10.15	psc	Window Server 2012 R2
vCenter Server	192.168.10.20	vcenter	Window Server 2012 R2
vCenter Server Application	192.168.10.22	vcsa	
Update Manager 数据库	192.158.10.50	database2	Window Server 2012 R2
vSphere Update Manager	192.168.10.51	update	Window Server 2012 R2
Update Manager Download Service	192.168.10.53	umds	Window Server 2012 R2
VMware Data Protection	192.168.10.55	vdp	

以上设计可以看作一个真实案例的简化版，省去了详尽的需求分析，但在设计上足以作为参考，本节的安装和配置均遵循此设计。

7.3.2　安装 ESXi 主机

部署 ESXi 可以有 3 种方法，分别是交互式安装、脚本安装和 Auto Deploy。交互式安装是最普通的安装方式，跟其他系统的安装方法类似，用户需要在安装过程中提供若干安装信息和系统初始选项。脚本安装通过在脚本文件中预定义这些信息和选项，来实现无人值守的自动安装。Auto Deploy 允许主机无状态运行，系统文件不会保存在主机上，ESXi 内核和相关进程临时运行在内存中。这种方式主要用于后期数据中心的快速扩充，部署速度快、规模大，但要用到较多的组件，包括安装了 Auto Deploy 功能的 vCenter Server、vSphere Client、TFTP 服务器、DHCP 服务器和 vSphere PowerCLI 工具等。本节主要介绍交互式安装。

1. 获取 ESXi 6.0 安装源

企业可以通过两种渠道获得不同的 ESXi：一种是 ESXi Embedded，是 VMware 和服务器生产商深度合作的产物，通常在服务器出厂前就预安装在内置闪存上，或烧录在 ROM 中；一种是 ESXi Installable，通用的 ESXi 程序，适合满足 ESXi 兼容性的所有主机，以光盘映像的形式提供，可在官网的以下链接免费下载：

https://my.vmware.com/cn/web/vmware/evalcenter?p=vsphere6

同样，vSphere 和 VMware 其他产品的试用版都可以在其官网 www.vmware.com 上查找下载信息，但都需要注册并提供使用者信息。下载页面如图 7-4 所示。对于 ESXi 和 vCenter Server，可以在评估模式下免费使用 60 天，评估期能够使用的功能和最高级别的 Enterprise Plus 许可完全相同。

2. 制作安装介质

安装 ESXi 和安装其他操作系统没有太大的差别，既可以通过光盘来安装，也可以将 U 盘制作成安装盘。推荐采用 U 盘方式安装，可以省去刻盘的麻烦，并且更灵活，在没有光驱的环境下也可以部署 ESXi 主机。

制作 USB 安装盘的工具有很多，本书使用 UltraISO，此工具制作的 USB 安装盘使用基于 MBR 的分区格式。请注意：和之前版本的 ESXi 有所区别，如果 ESXi 6.0 没有使用基于 GPT 分区方案的安装源，则安装的目标主机必须禁用 UEFI 模式。

首先插入一个已经格式化好的 U 盘，以管理员身份运行 UltraISO，并打开下载好的 ESXi

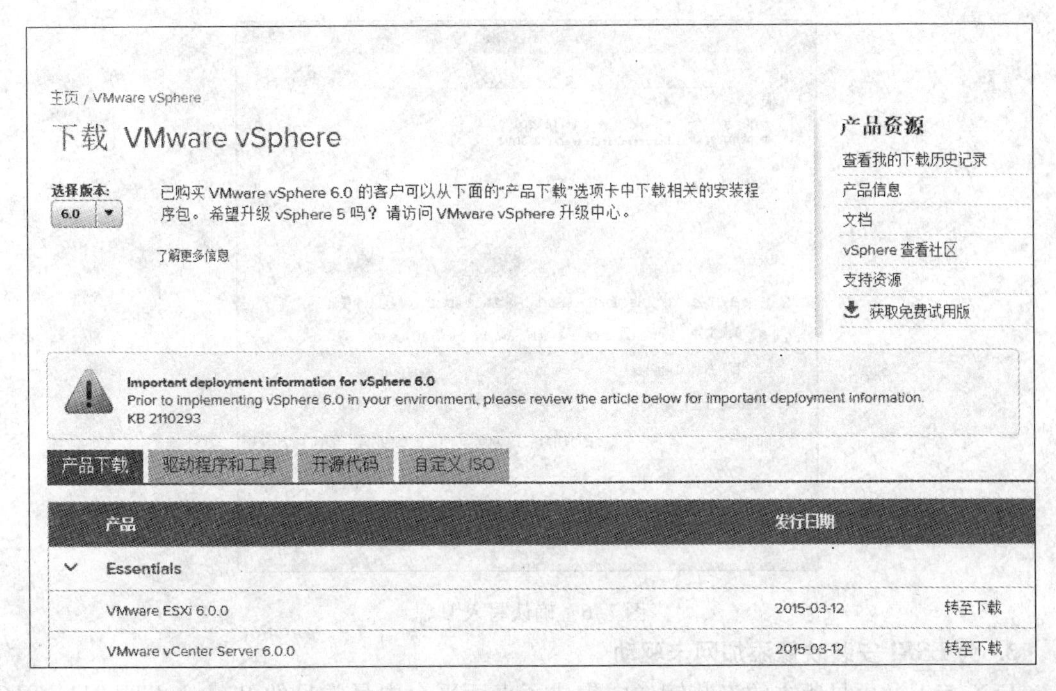

图 7-4　下载 vSphere 产品的页面

安装映像，然后选择“启动”菜单中的“写入硬盘映像”命令，如图 7-5 所示。

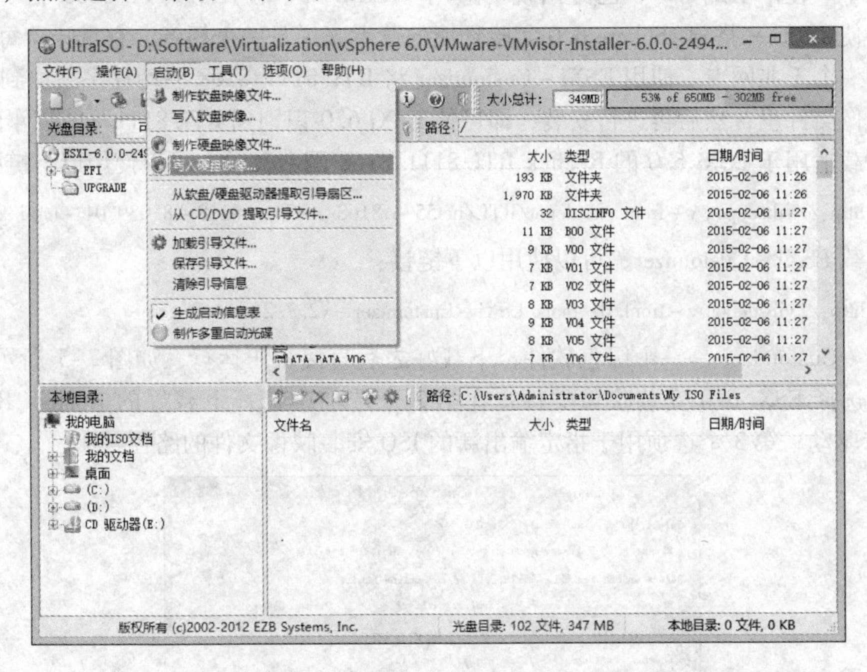

图 7-5　通过 UltraISO 中的“写入硬盘映像”命令来制作 USB 安装盘

在弹出的窗口中，保持默认设置，单击“写入”按钮，如图 7-6 所示。然后等待数据写入 U 盘，结束后关闭窗口，弹出 U 盘即可。

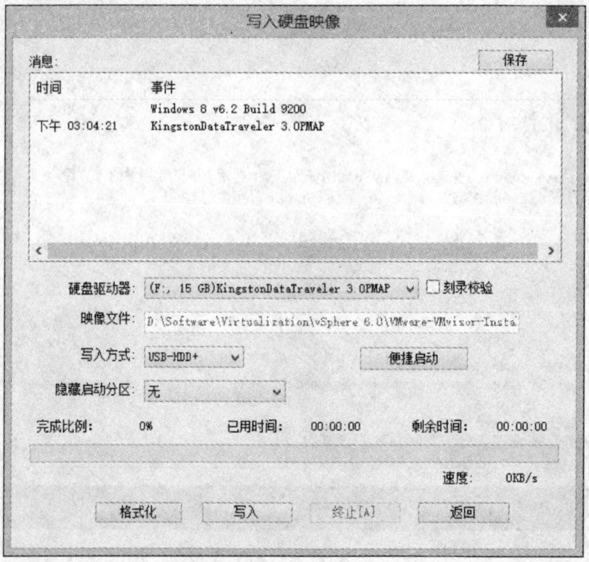

图 7-6　确认写入 U 盘

3. 为 ESXi 安装映像添加网卡驱动

ESXi 5.1 及更早版本的安装镜像中集成了桌面平台中最常见的 Realtek RTL 8111/8168 系列网卡的驱动程序，由于这种网卡在服务器上非常罕见，该驱动在 ESXi 5.5 和后续版本中被移除了。在本书编写时，已经出现了适用于 ESXi 6.0 的 RTL 8111/8168 驱动程序，这对于那些使用 PC 来搭建 vSphere 6.0 实验环境的读者来说是一个福音，它意味着每台主机可以多拥有一个千兆网卡。使用 ESXi - Customizer 将 RTL 8111/8168 驱动程序添加到 ESXi 6.0 的安装映像文件里，然后再进行安装，即可使 ESXi 6.0 识别到 RTL 8111/8168 网卡。

要下载适用于 ESXi 6.0 的 Realtek RTL 8111/8168 网卡驱动，可以使用以下链接：

http://vibsdepot.v-front.de/depot/RTL/net55-r8168/net55-r8168-8.039.01-napi.x86_64.vib

要下载 ESXi - Customizer，可以使用以下链接：

http://vibsdepot.v-front.de/tools/ESXi-Customizer-v2.7.2.exe

ESXi - Customizer 是一个绿色软件，下载好之后直接解压运行，如图 7-7 所示，在第 1 个选项中选择 ESXi 6.0 安装映像文件；在第 2 个选项中选择下载好的 Realtek RTL 8111/8168 网卡驱动；第 3 个选项用于指定输出新的 ISO 安装映像文件的路径。

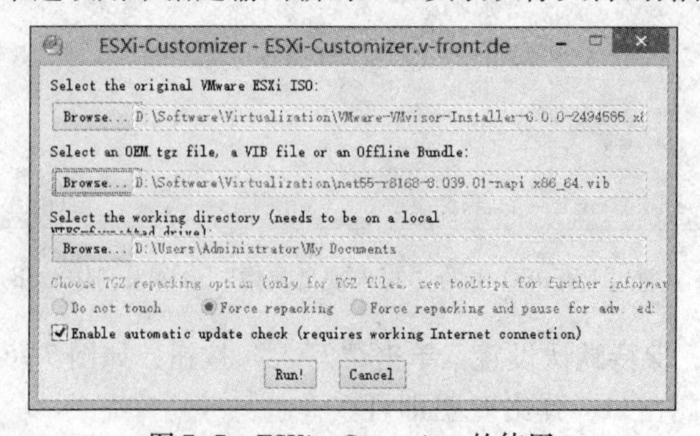

图 7-7　ESXi - Customizer 的使用

如果之前已经安装了 ESXi 6.0，也可以用添加了驱动的新映像文件重新安装，在安装时注意保留原有的数据即可。

4. 为 CPU 开启虚拟化支持

要安装 ESXi，CPU 必须支持硬件辅助虚拟化技术——Intel VT-x 或 AMD-V。如果 CPU 还提供了 Intel VT-d、Intel VT-c 或 AMD IOMMU 等针对芯片组和网络 I/O 的硬件辅助虚拟化功能则效果更佳。缺乏硬件辅助虚拟化的 CPU 仍然可以安装 ESXi，但无法使用 64 位客户机操作系统，而且还可能存在着不确定的潜在问题。

目前主流的 CPU 基本上都具备硬件辅助虚拟化功能，但很多型号（特别是前几代 CPU）默认不开启，需要在 BIOS 里进行设置。根据不同机型的 BIOS，设置的菜单项会有所不同，通常位于具有“System Settings”“Processors”“Security”等字样的菜单或子菜单下。图 7-8 显示了 IBM System X3650 服务器 BIOS 中开启虚拟化支持的界面。

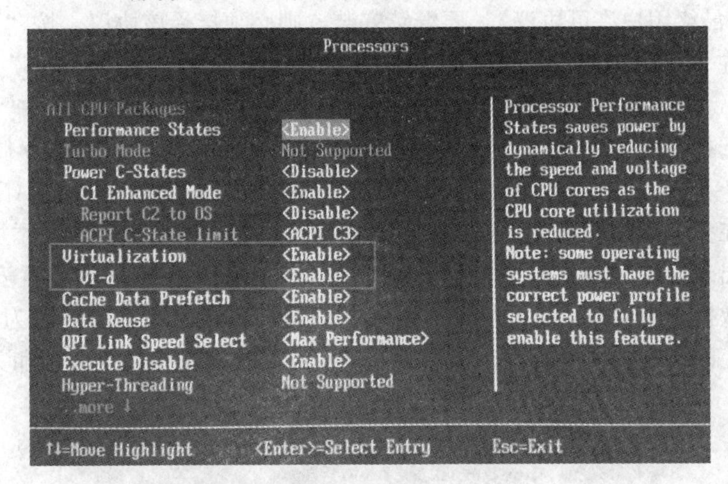

图 7-8　开启 Intel VT-x 和 VT-d

5. 通过交互方式安装 ESXi

为了便于展示，我们在桌面平台上的虚拟机管理工具 VMware Workstation 中创建 ESXi 虚拟机进行和物理主机相同的安装和设置，安装过程中的部分截图来自这些虚拟机。

准备就绪后，将先前制作的 U 盘插入主机，通过 BIOS 设置 U 盘启动，或直接通过“Boot Menu”手动选择 USB 设备作为启动项，即可开始安装。引导界面如图 7-9 所示，选择第 1 项 ESXi-6.0.0-2494585-standard Installer，按下〈Enter〉键确认。

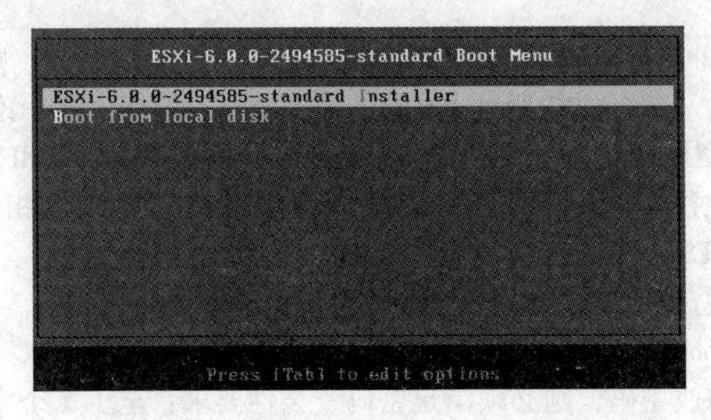

图 7-9　引导选项

安装程序初始化完毕之后，会在欢迎页面提示用户：当前的硬件是否能被支持可参见 VMware ESXi 硬件兼容性指南，如图 7-10 所示。

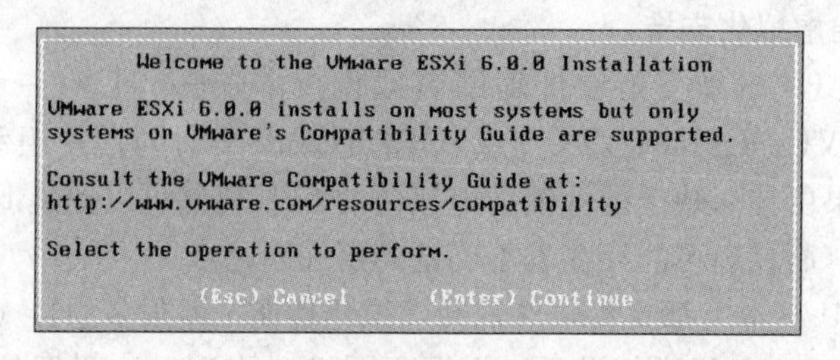

图 7-10 安装向导欢迎页面

接下来的主要步骤如下所示。

第 1 步：《最终用户许可协议》。要继续安装，则必须接受该协议。按“F11”键以接受协议并继续。在 ESXi 安装程序和将来的本地控制台中，通常使用“F11”键来确认敏感操作。

第 2 步：选择要安装（或升级）的磁盘。本地磁盘和可访问的网络存储设备都会显示在这里，如图 7-11 所示，包括 HDD、SSD、U 盘和位于可访问的 NFS、SAN 等网络存储上的逻辑卷。存在多个存储设备时，列表中显示的顺序可能并不正确，连续添加、移除驱动器的系统可能会出现这种问题。可按“F1”键查看细节，以免在错误的位置安装。如果选择的磁盘中包含数据，则将显示提示信息，要求用户再次确认磁盘选择。因为安装 ESXi 会导致所选驱动器上的所有数据被覆盖，包括硬件供应商分区、操作系统分区和关联数据。

```
Select a Disk to Install or Upgrade

* Contains a VMFS partition
# Claimed by VMware Virtual SAN (VSAN)

Storage Device                                              Capacity
--------------------------------------------------------------------
Local:
   VMware,  VMware Virtual S (mpx.vmhba1:C0:T0:L0)          40.00 GiB
   VMware,  VMware Virtual S (mpx.vmhba1:C0:T1:L0)         300.00 GiB
Remote:
   (none)

(Esc) Cancel   (F1) Details   (F5) Refresh   (Enter) Continue
```

图 7-11 选择安装的目标驱动器

如果选择的磁盘中包含 VMFS 分区（例如，已经安装了 ESXi），则将显示“ESXi and VMFS Found”页面，如图 7-12 所示。在此有 3 个选项：升级 ESXi，保留原有的 VMFS 分区；安装 ESXi，保留原有的 VMFS 分区；安装 ESXi，覆盖原有的 VMFS 分区。对于升级或重新安装的情况，往往希望保留原有的数据存储，特别是虚拟机及其相关的文件，对此建议选择保留原有的 VMFS 分区。

第 3 步：选择键盘，默认为美式键盘，保持默认即可。

第 4 步：设置 root 用户密码，初次设置密码时允许简单密码，只要长度不低于 7 个字符即可。但之后若要修改密码，则必须满足密码复杂性要求：至少 7 个字符，要求同时具有大、小写字母、数字和特殊字符，并且仅有首字母为大写时无效。

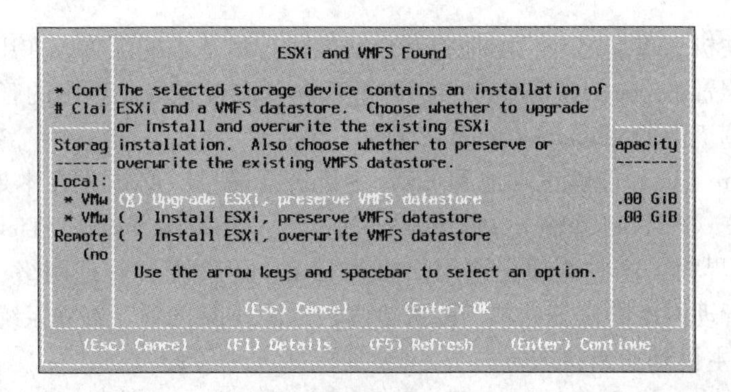

图 7-12　选择如何处理原有的 VMFS 分区

第 5 步：确认安装，此时再次警告：磁盘将会被重新分区。按下〈Enter〉键后安装正式开始，由于 ESXi 系统本身短小精悍，文件写入过程通常只有几分钟，具体时间取决于硬件性能。

第 6 步：完成安装的信息提示。告诉用户评估期期限、使用 vSphere Client 或直接控制台管理主机等信息，并建议移除安装介质，重新启动主机，如图 7-13 所示。

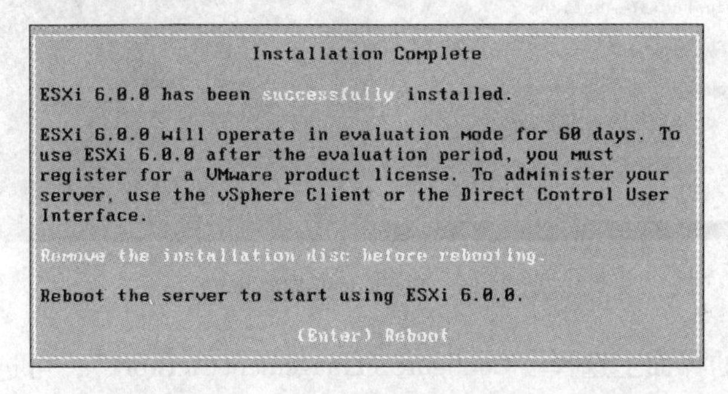

图 7-13　安装完成的提示

7.3.3　通过本地控制台配置 ESXi

目前已经在两台主机上成功地安装了 ESXi，系统启动之后，可看到本地控制台界面，如图 7-14 所示。

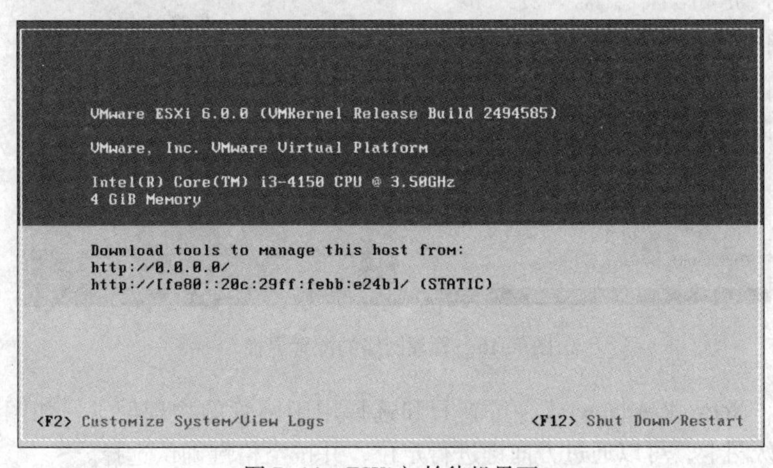

图 7-14　ESXi 初始待机界面

除了正常的关机、重启之外，本地控制台只能执行最基本的配置，如用于远程管理的第一个网卡的相关配置、root 的密码修改、DNS 配置和日志查看等。更多的管理和配置必须依赖安装在其他计算机上的 vSphere Client 来实现。

为了使 vSphere Client 能够正常地和 ESXi 主机进行通信，必须先在本地对 ESXi 进行一些必要的配置。按〈F2〉键并输入 root 密码，进入“Customize Systom/View Logs”，可以看到图 7-15 所示的界面，这些选项允许用户修改 root 密码、配置管理网络、重启管理网络、测试管理网络、管理网络的恢复选项、配置键盘、故障排除选项、查看系统日志、查看支持信息和重置 ESXi 主机到初始状态。

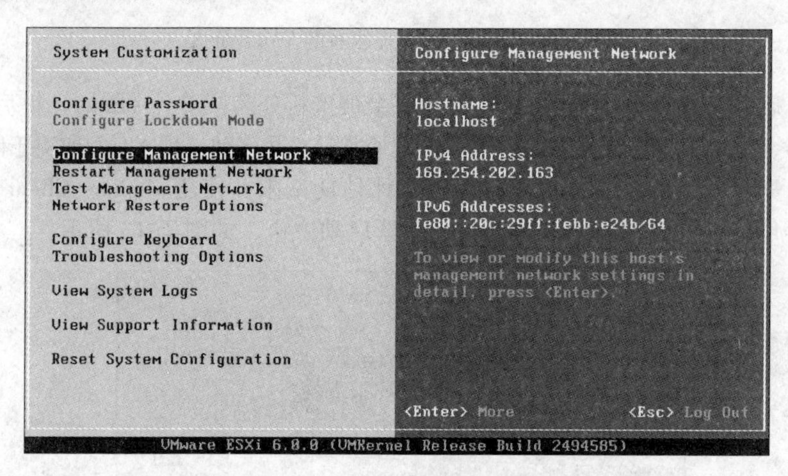

图 7-15　ESXi 主机配置界面

在图 7-15 所示的界面上选择“Configure Management Network”，可进入配置管理网络界面，如图 7-16 所示（注意，“管理网络”是一个名词，表示用于对 vSphere 基础架构进行管理行为的一切流量所使用的网络。）。

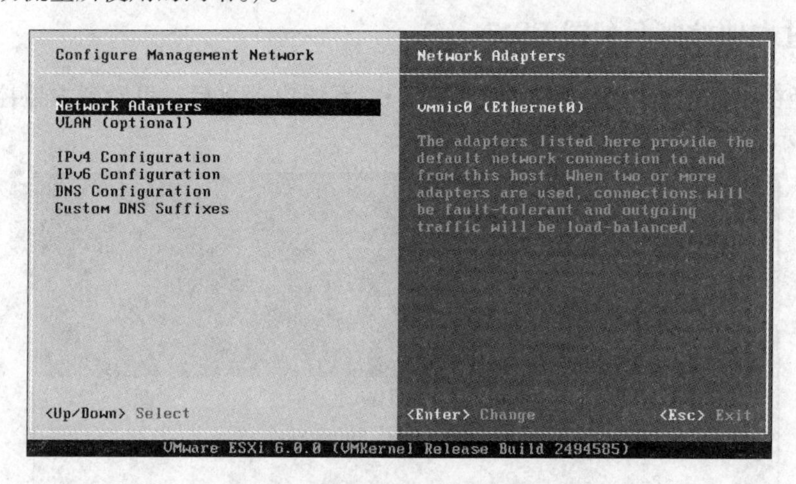

图 7-16　管理网络的配置界面

在此选择“Network Adapters”，可查看和选择用于网管的物理网卡，如图 7-17 所示。如果要更改默认网卡，可以通过方向键进行定位，并按空格键确认选择。

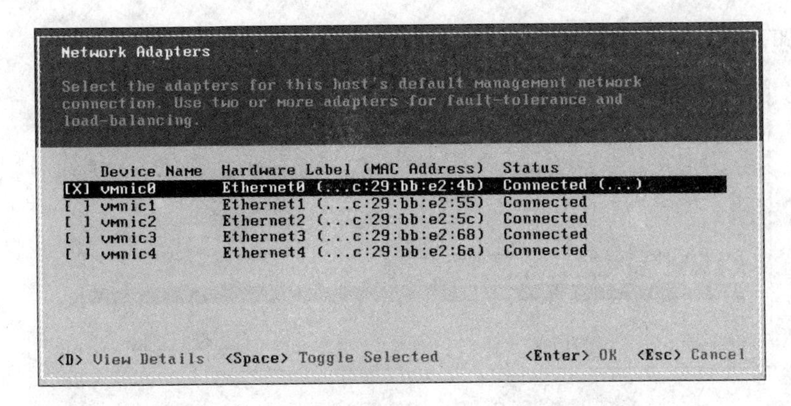

图 7-17 物理网卡列表

接下来，我们从图 7-16 所示的界面进入“IPv4 Configuration”配置 IPv4 地址。由于预先对 IP 地址的分配做了详细规划，因此使用静态 IP。默认网关可以是一个并不存在的地址，但必须填写，如图 7-18 所示。

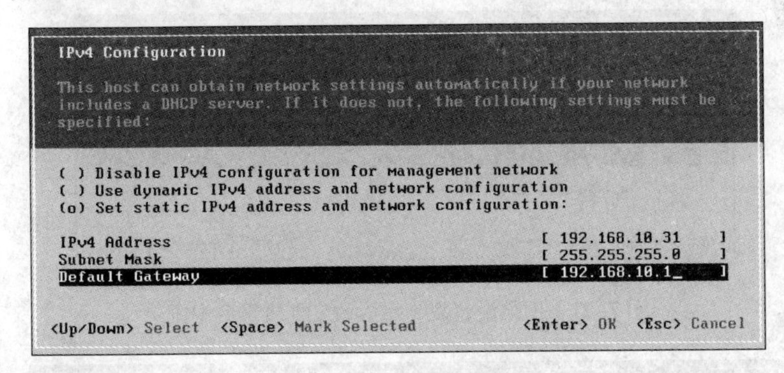

图 7-18 IPv4 配置界面

同样，可以从图 7-16 进入“IPv6 Configuration”配置 IPv6 地址。由于不使用 IPv6，建议将其设置为禁用，如图 7-19 所示。禁用 IPv6 会导致 ESXi 主机重新启动。

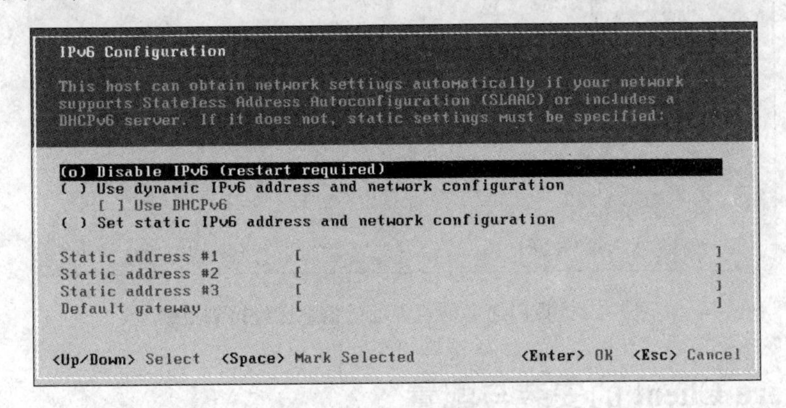

图 7-19 IPv6 配置界面

仍然通过图 7-16 所示的界面，进入“DNS Configuration”，配置 DNS 设置。即使目前的网络中尚不存在 DNS 服务器，也可按规划中的方案写入将来要部署的 DNS 服务器的地址，并填写好本机的主机名，如图 7-20 所示。

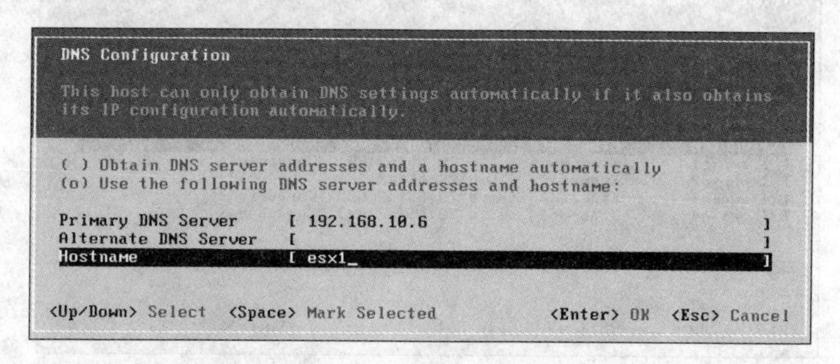

图 7-20　DNS 配置界面

完成这些设置之后，按〈Esc〉键退出配置管理网络的界面，系统会提示要应用这些修改，需要重新启动主机，如图 7-21 所示，按〈Y〉键确认重启。重启之后，可在待机界面看到包括网络参数在内的系统信息已经更新，如图 7-22 所示。

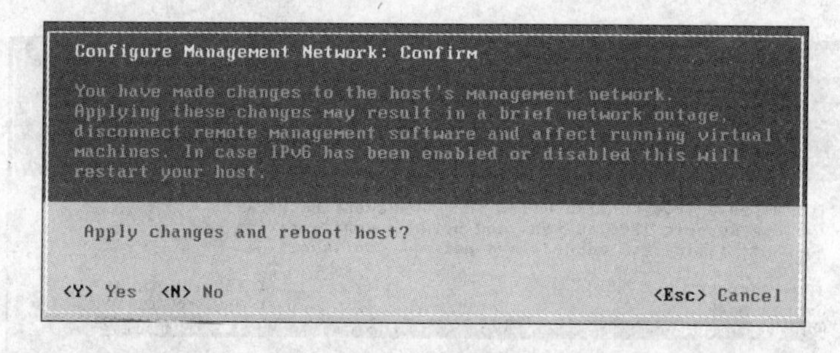

图 7-21　网络配置发生重大改变要求重启主机

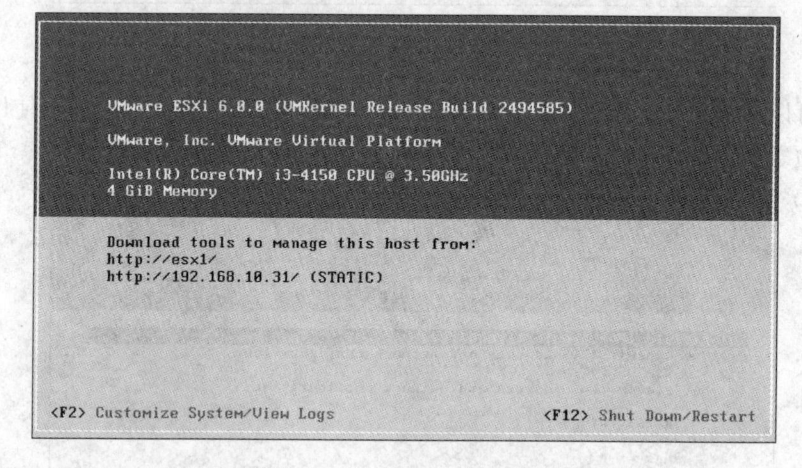

图 7-22　重启之后待机界面的信息已经得到更新

7.4　vSphere Client 的安装与配置

vSphere Client 位于 vSphere 体系结构中的界面层，是管理 ESXi 主机和 vCenter 的工具。当连接对象为 vCenter 时，vSphere Client 将根据许可配置和用户权限显示可供 vSphere 环境使用的所有选项；当连接对象为 ESXi 主机时，vSphere Client 仅显示适用于单台主机管理的选项，这些选项包括创建和更改虚拟机、使用虚拟机控制台、创建和管理虚拟网络、管理多个物理网卡、配置和管理存储设备、配置和管理访问权限、管理 vSphere 许可证等。

7.4.1 vSphere Client 的获取

可以通过多种方法获取和安装 vSphere Client。

方法一：在 VMware 官网直接查找 vSphere Client 安装程序。

方法二：获取 vCenter Server 时，得到的 ISO 映像里提供了 vSphere Client 的安装程序，可通过运行 ISO 中的“autorun. exe”，然后在安装程序的首页中选择“安装 vSphere Client”并单击“安装”，如图 7-23 所示。

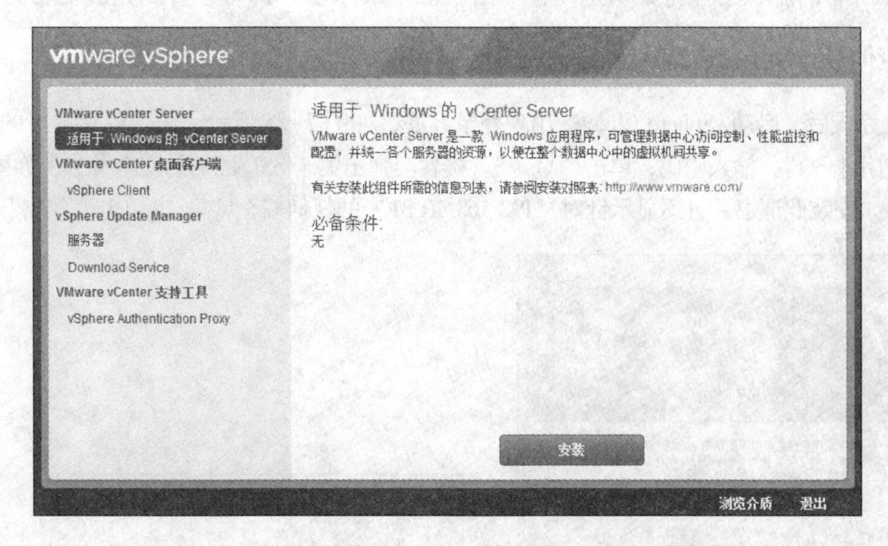

图 7-23　vCenter 安装程序中提供的 vSphere Client 安装程序

方法三：通过浏览器访问已经配置好的 ESXi 主机，忽略关于安全证书的警告，单击“继续浏览此网站”，并输入用户名和密码，进入该主机的欢迎页面。此页面提供了下载 vSphere Client 安装程序的链接，如图 7-24 所示。

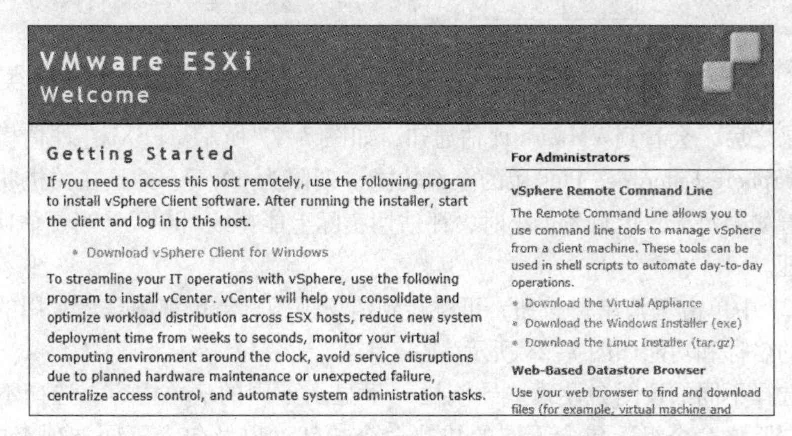

图 7-24　访问 ESXi 主机以获得 vSphere Client 下载链接

无论采用哪种方式，都要求用户所使用的桌面平台能正常访问互联网。方法一需要实施者自行注意 vSphere Client 的版本；方法二获得的 Client 版本和 vCenter 安装映像中的 vCenter 版本是一致的；方法三获得 Client 版本和所访问的 ESXi 版本一致。最新版本的 vSphere Client 可以管理多数版本的 ESXi，但不是全部，因此建议确保版本一致。

7.4.2 安装 vSphere Client

vSphere Client 安装在用于管理 ESXi 的桌面平台上，且必须运行在 Windows 环境中，要求已经安装了 .NET Framework 3.5。如果系统符合安装要求，可直接运行安装程序，在安装向导的提示下选择安装语言、接受《最终用户许可协议》、选择安装路径、确认安装。基本上可以在所有的步骤中保持默认选项，一路单击“下一步”即可，直到完成安装。

7.4.3 使用 vSphere Client 登录 ESXi 主机

安装完成后，启动 vSphere Client，出现登录界面，如图 7-25 所示。输入目标主机的 IP 地址，用户名使用“root”，输入密码，单击“登录”。接着会弹出关于 SSL 证书的安全警告，如图 7-26 所示，选中“安装此证书并且不显示针对‘192.168.10.31’的任何安全警告”，单击“忽略”。

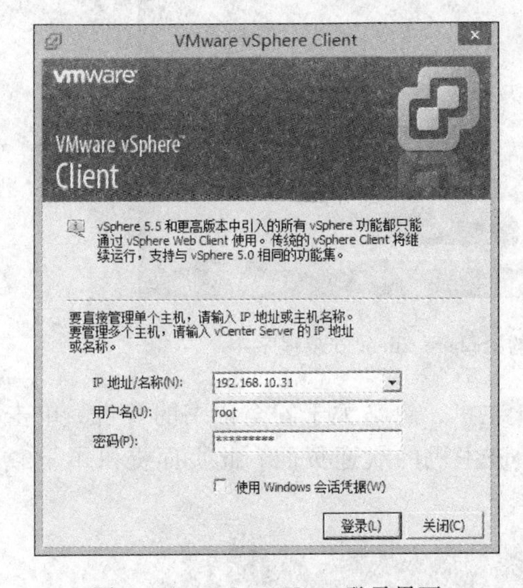

图 7-25　vSphere Client 登录界面

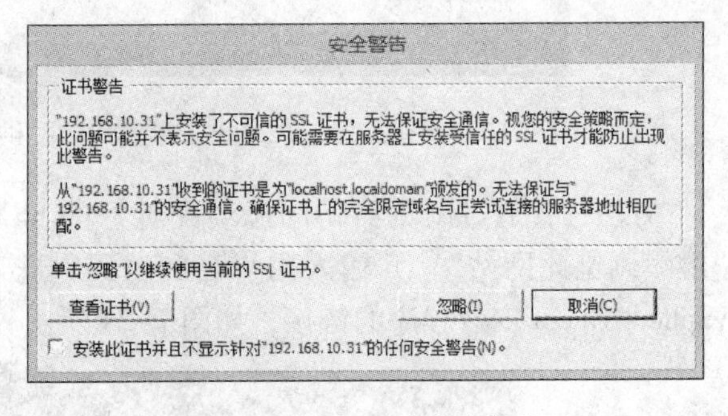

图 7-26　SSL 证书安全警告

成功登录之后，会看到 VMware 评估通知，如图 7-27 所示。ESXi 在评估模式下允许用户免费使用 vSphere Enterprise Plus 版的全部功能，期限为 60 天，并且在关机状态下停止计时。这意味着如果每天只运行 8 个小时，评估期实际上能持续 180 天。当评估期结束后，必须购买许可证。

在图 7-27 中单击“清单”按钮，可跳转到清单视图。清单视图是最常用的视图，其窗口中各部分的名称和功能如图 7-28 所示。

其中，选择不同的视图会导致“导航栏”里显示不同的清单内容；选择不同的清单对象会导致上“下文命令组”包含不同的快捷命令按钮，以及包含不同选项卡的内容面板；在同一个清单对象的基础上选择不同的选项卡，则会出现不同的内容分组。

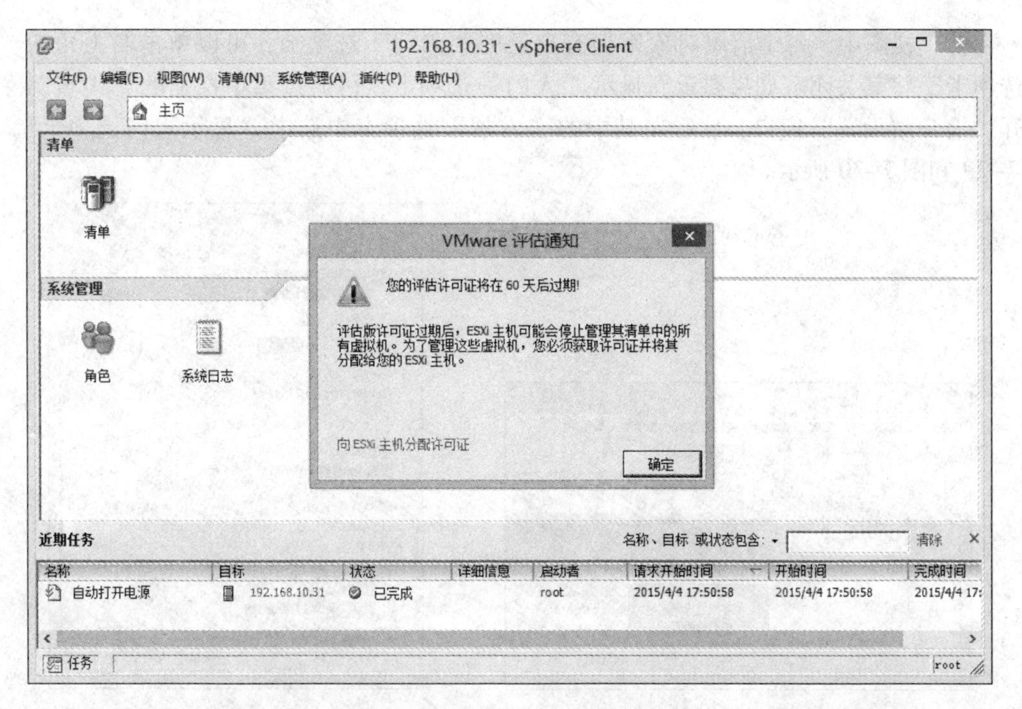

图 7-27　登录后显示评估通知

图 7-28　vSphere Client 界面介绍

在清单视图中，每个清单对象都拥有自己的“入门”选项卡，可以单击右上角的“关闭选项卡”将其关闭。如果要重新显示“入门”选项卡，可通过菜单栏上的“编辑”菜单打开“客户端设置”窗口，然后在其中的“常规”选项卡中选中“显示入门选项卡”，如图7-29和图7-30所示。

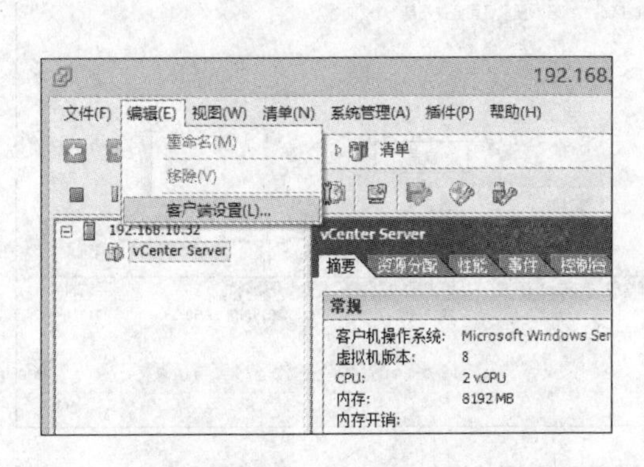

图7-29　客户端设置

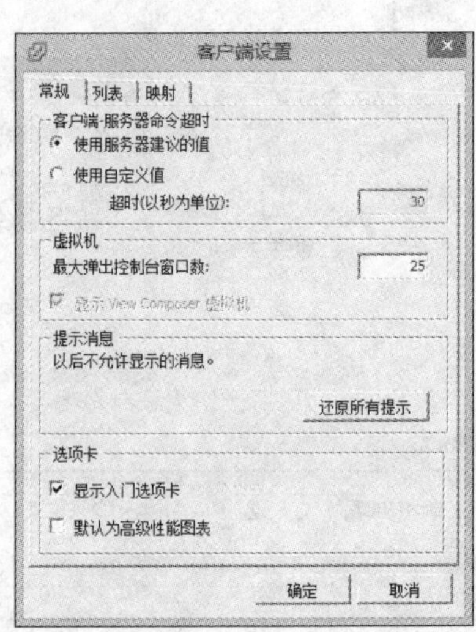

图7-30　显示入门选项卡

7.4.4　ESXi主机的关机和重新引导

如果要关闭或重启ESXi主机，可以在本地控制台按下〈F12〉键，并输入root的密码，然后通过〈F2〉或〈F11〉键来选择关机或重启，这里还有一个可选项，用于强制终止正在运行的虚拟机，如图7-31所示。

也可以在vSphere Client中通过导航栏选择主机，弹出右键菜单，可看到“进入维护模式”“关机”和“重新引导”，如图7-32所示。可选择“关机”或“重新引导”以关机或重启。

在获得了vMotion功能之后，维护模式可用于将正在运行的虚拟机迁移到其他主机，通常建议先进入维护模式，再执行关机或重启。如果不具备vMotion的条件，就不必进入维护模式，要关闭或重启主机，虚拟机只能停止运行。

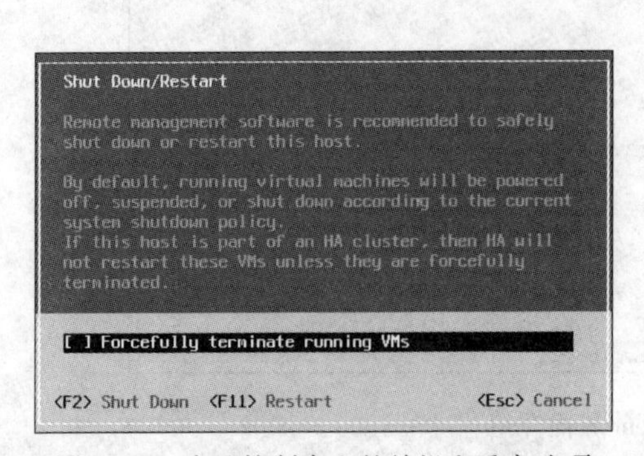

图7-31　本地控制台上的关机和重启选项

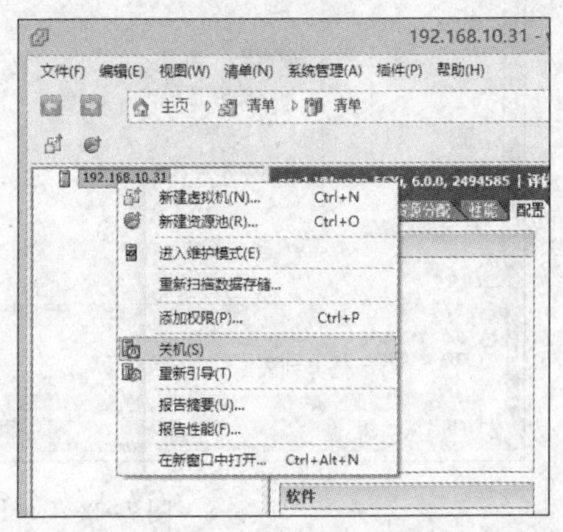

图7-32　vSphere Client中的关机和重启选项

7.5 虚拟机基本操作

虚拟机是一切虚拟化架构的核心内容，所有的基础架构组件都是围绕它服务的。和物理机一样，有自己的硬件系统和软件系统，只不过这些硬件系统是由 ESXi 虚拟出来的。

在全新的 VMware vSphere 环境下，完成了第一批 ESXi 的部署之后，首当其冲的就是在上面创建虚拟机，并安装操作系统，然后安装基础架构组件所需的功能和软件，用于进一步实施 vSphere。因此，在 vSphere 实施的这一阶段不可避免地需要用到基本的虚拟机操作。

7.5.1 创建第一台虚拟机

对 ESXi 进行了必要的配置之后，就可以创建虚拟机了，有多种方法可以启动创建虚拟机的过程，可以在主机弹出的右键菜单上，选择“新建虚拟机”；也可以直接单击主机上下文命令组中的第一个按钮，如图 7-33 所示；还可以在“入门选项卡”中单击“新建虚拟机”命令。创建虚拟机的详细步骤如下。

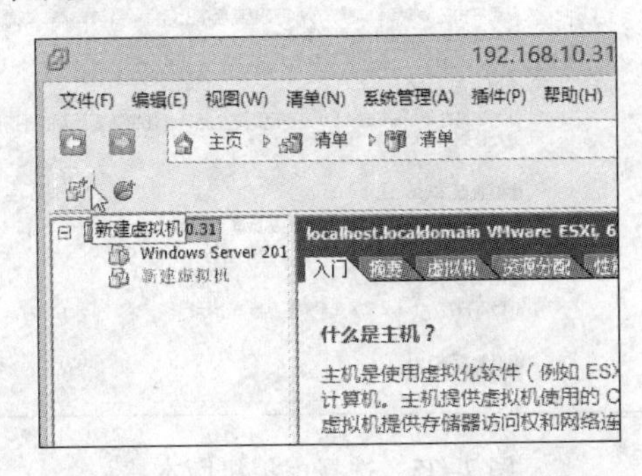

图 7-33 通过上下文命令组创建虚拟机

第 1 步：提示按“典型”或者按“自定义”方式创建虚拟机。“典型”跳过了一些很少需要更改其默认值的选项，从而缩短了虚拟机创建过程。“自定义”方式允许用户在创建过程中干预更多的细节。这里选择“自定义”方式，如图 7-34 所示。

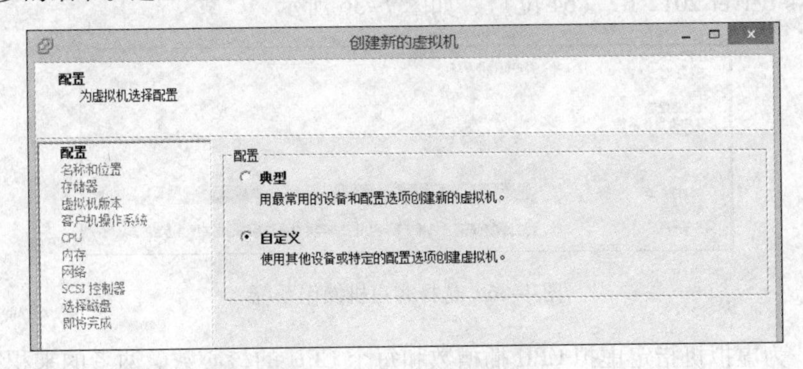

图 7-34 使用自定义选项

第 2 步：为虚拟机命名。为了便于后期管理和维护，应当注意命名规范化，使虚拟机的名称和用途具有关联性，或使虚拟机的名称和主机名保持一直。现在创建虚拟机是为了随后将其用作基础架构组件：我们需要一台域控制器、一台数据库服务器以及其他组件。因此将第一台虚拟机用作域控制器，命名为“Active Directory”。

第 3 步：为虚拟机选择数据存储。虚拟机的硬件描述文件、内存交换文件、磁盘映像文件和快照文件等都将存储在这个位置。目前在这个 ESXi 主机上既没有挂载第二个磁盘，也没有连接到外置存储，因此只能选择唯一的一个本地存储“datastore1”。

第 4 步：选择虚拟机版本，即虚拟硬件的版本。虽然 ESXi 6.0 最高可以支持到版本 11，但 vSphere Client 只支持到版本 8。版本 9 ~ 11 的许多功能在 vSphere Client 中处于只读状态。要完全使用虚拟机版本 11，需要使用 vSphere Web Client。由于部署 vCenter 之前无法使用 vSphere Web Client，所以这里选择硬件版本 8，如图 7-35 所示。

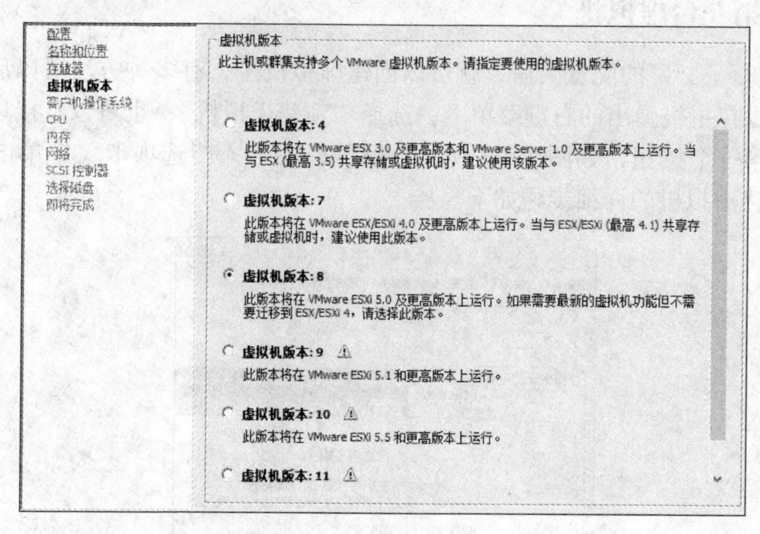

图 7-35　选择虚拟机版本

第 5 步：为虚拟机选择操作系统，虚拟机也称客户机。为了保证虚拟硬件和操作系统的兼容性，同时兼顾客户机的性能，ESXi 内核会针对不同的操作系统提供不同的虚拟硬件。因此，必须显性地指定操作系统，并在随后安装操作系统时与其保持一致。这里选择“Microsaft Windows Server 2012 R2（64 位）”，如图 7-36 所示。

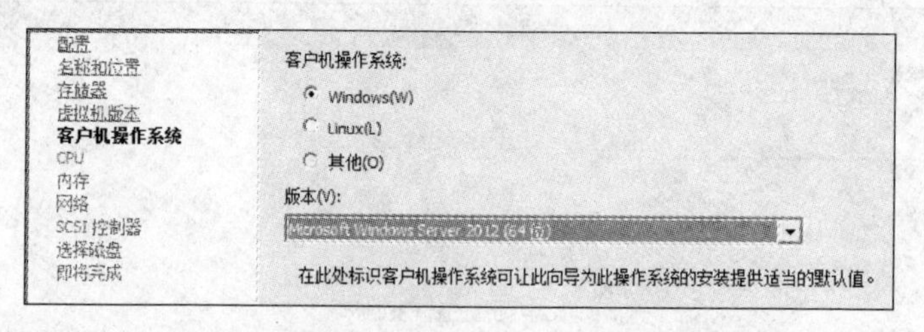

图 7-36　选择客户机操作系统

第 6 步：为虚拟机指定虚拟 CPU 插槽数和每个 CPU 的核心数。两者的乘积决定了核心总数，每个核心称为一个 vCPU。单个虚拟机的 vCPU 总数不得多于 ESXi 主机上的 CPU 逻辑核心总数。这里为虚拟机分配两个 vCPU。

第 7 步：为虚拟机分配内存容量。虚拟机内存允许大于物理，但对实际性能并无帮助，甚至还会因为内存交换带来负面影响。这里为虚拟机分配 2 GB 内存。

第 8 步：选择虚拟网卡。其中 Intel E1000 是默认选项，是 Intel 82545EM 千兆网卡的模拟版本；VMXNET 2（增强型）提供了常用于现代网络的更高性能的功能，例如巨帧和硬件卸载等；VMXNET 3 提供了多队列支持、IPv6 卸载和 MSI/MSI-X 中断交付，而且它的速率是 10 Gbit。除了 Intel E1000 之外，其他的都需要安装了 VMware Tools 才能工作。这里选择了 VMXNET 3，如图 7-37 所示。

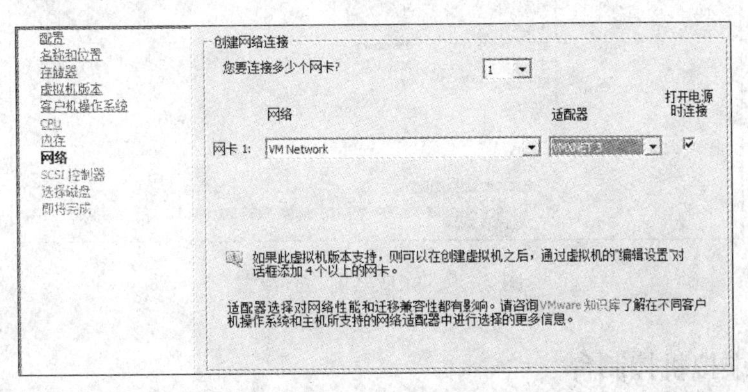

图 7-37　为客户机分配虚拟网卡

第 9 步：选择 SCSI 控制器，这里选择默认的 LSI Logic SAS。

第 10 步：选择要使用的磁盘类型，这里选择创建一个新的虚拟磁盘。

第 11 步：创建磁盘类型，指定磁盘的容量、磁盘置备方式和磁盘位置。置备方式有 3 种：厚置备延迟置零是立即分配（完全占用）和虚拟磁盘的容量相等的空间，但不立即清除原有数据；厚置备置零是立即分配空间，并立即清除原有数据。精简置备只使用实际有效数据所占用的空间，并且随着数据的写入而增长，直到增长到为其分配的最大容量。一般来讲，选择精简置备能更合理地利用存储空间，性能也并不会降低多少。这里选择精简置备，如图 7-38 所示。磁盘位置通常保持默认，和虚拟机存储在同一目录。

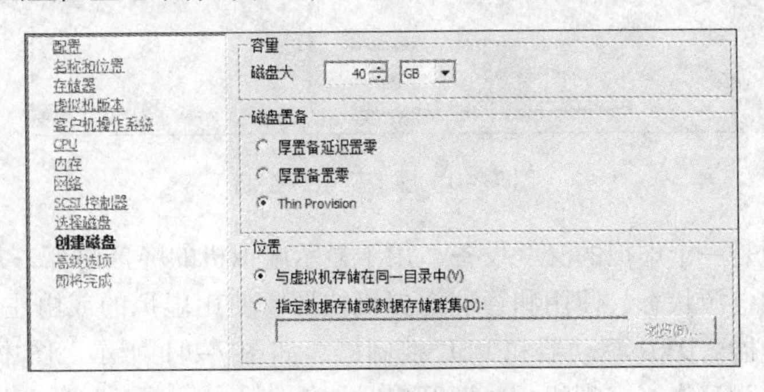

图 7-38　为客户机创建磁盘

第 12 步：高级选项，用户可在此选择虚拟设备节点和是否使用独立磁盘。通常保持默认。

第 13 步：即将完成，用户可在此检查前面设置的所有内容，然后单击“完成”按钮，如图 7-39 所示。至此，第一台虚拟机便已经创建完毕。

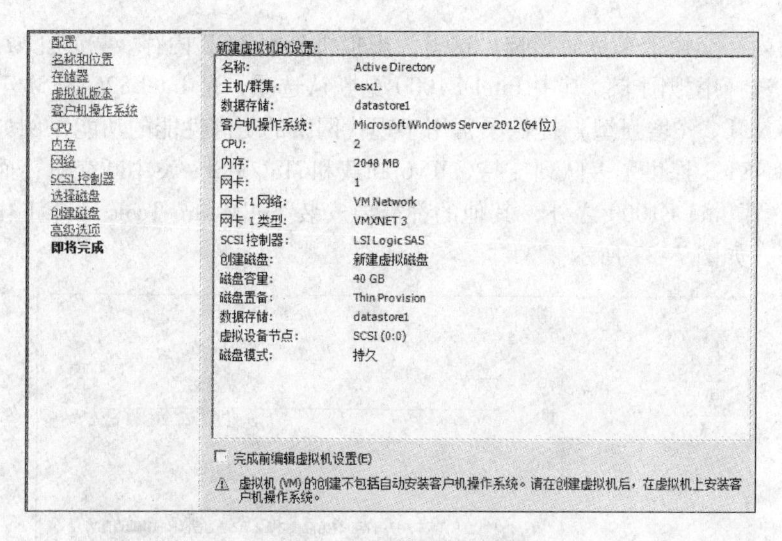

图 7-39　完成之前检查设置

7.5.2　使用虚拟机控制台

创建了虚拟机之后，该虚拟机便已经出现在清单里。通过导航栏找到虚拟机，在弹出的右键菜单中选择“电源”子菜单，再选择“打开电源”，以启动虚拟机；然后同样在右键菜单里选择“打开控制台”，如图 7-40 所示。

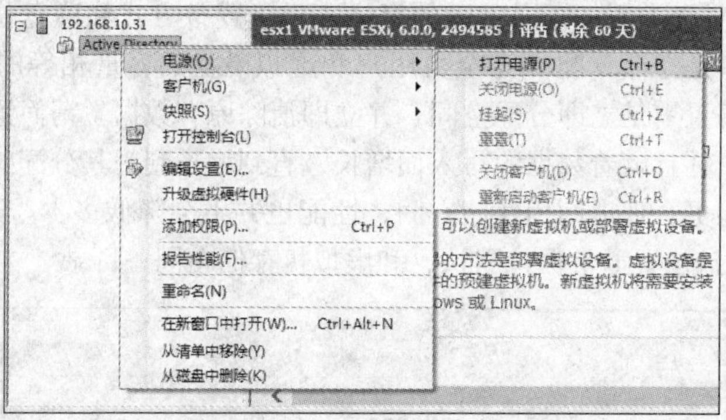

图 7-40　虚拟机电源控制

虚拟机控制台是一个虚拟的交互设备，用于显示虚拟机的屏幕内容，并提供了一组控件用于控制虚拟机的电源状态、使用和管理虚拟机快照、使用虚拟的或由主机/客户端桌面平台提供的软盘驱动器、DVD 驱动器和 USB 控制器，如图 7-41 所示。图中的“连接到本地磁盘上的 ISO 映像”只有当虚拟机的电源开启时才能使用。

注意：*为虚拟机连接 ISO 映像时，有可能会出现死锁状态，即加载 ISO 文件的过程始终无法完成，这是一个已知的关于 vSphere Client 的程序 Bug。解决方法很简单，只要关闭 vSphere Client，重新登录，再次尝试即可。*

虚拟机控制台还存在于虚拟机对象的“控制台”选项卡中，但建议选择弹出式的控制台，因为它使用起来更方便。

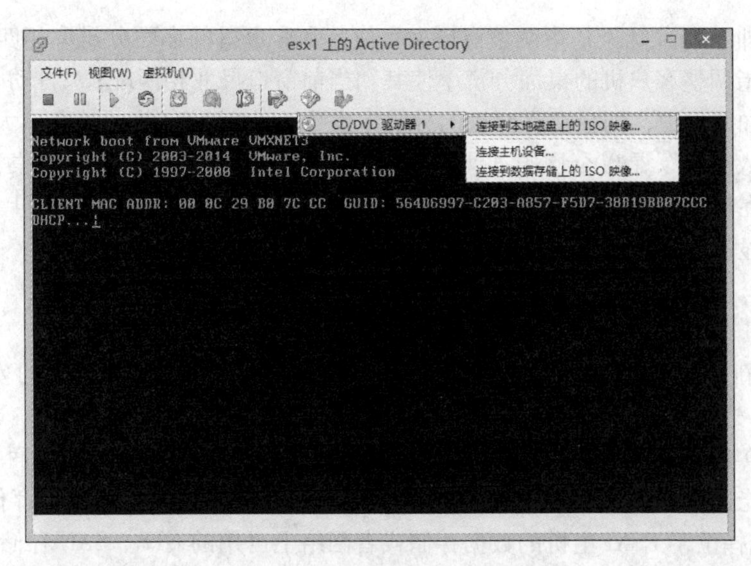

图 7-41 使用虚拟机控制台

虚拟机具有 6 种电源操作，分别是打开电源、关闭电源、挂起/继续运行、重置、关闭客户机以及重新启动客户机。其中关闭电源是指强行断电，关闭客户机则是在操作系统中执行正常的关机命令。类似地，重置是指强制复位，而重新启动客户机则是在操作系统中执行重启命令。关闭客户机和重新启动客户机要求已经在客户机操作系统中安装了 VMware Tools。另外，挂起是一项非常有用的功能，是指将虚拟机的当前状态暂停起来，其效果类似于 Windows 中的休眠，但更加迅速、更加灵活，即使没有客户机操作系统的支持也可以执行，挂起的虚拟机随时可以恢复到工作状态。

在打开虚拟机的情况下，可以在虚拟机控制台窗口的“视图”菜单中使用各个选项使得窗口大小和客户机桌面分辨率相匹配，如图 7-42 所示。

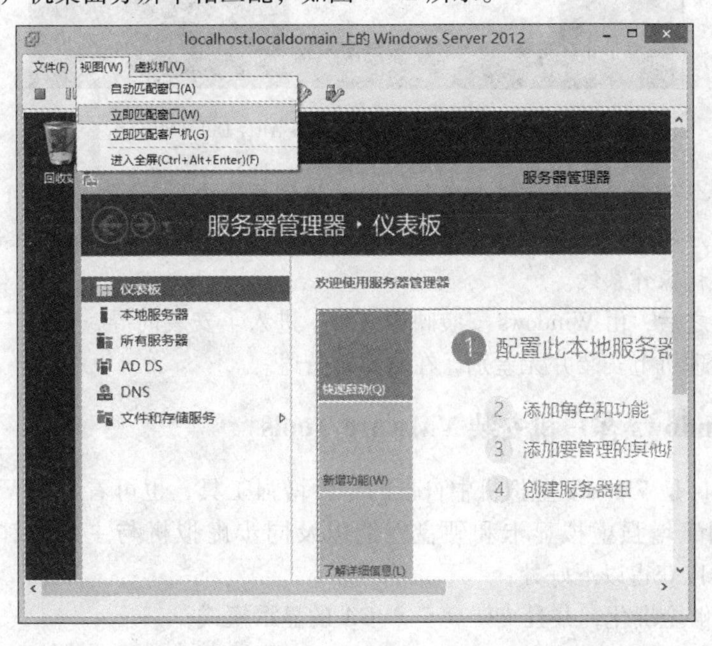

图 7-42 在虚拟机控制台中匹配窗口大小与客户机分辨率

其中“立即匹配窗口”是指调整窗口大小使其和客户机的桌面分辨率相匹配；“立即匹配客户机”是指调整客户机的桌面分辨率使其和当前窗口尺寸相匹配；“自动匹配窗口”是一个复选项，如果选中，则会在客户机的分辨率发生变化时，自动调整窗口大小使其匹配。最后一项“进入全屏”是以全屏方式来显示客户机，并自动调整客户机的桌面分辨率，使其和客户端所在计算机的桌面分辨率相匹配。用户可以根据实际需要，使用上述命令来快速调整虚拟机的显示方式。

7.5.3 安装客户机操作系统

由于是全新的虚拟机，所以无法正常引导，需要先加载操作系统的安装光盘。如图2-42所示，通过虚拟机控制台加载光盘或ISO映像。“连接到本地设备”或“连接到本地磁盘上的ISO映像”两个选项中的“本地”特指安装vSphere Client的桌面平台，仅当虚拟机开启时才能选择“连接到本地磁盘上的ISO映像”。如果选择“数据存储上的ISO映像”，则可以选择位于ESXi主机的数据存储或者网络上可用的NFS、SAN存储。

本章推荐的方式是将必要的ISO存储在vSphere Client本地磁盘，先开启虚拟机再加载ISO，然后使用虚拟机控制台的菜单“虚拟机”→“客户机”→“发送Ctrl + Alt + Del”命令使虚拟机重启（但不能以复位的方式重启），即可由光盘引导，如图7-43所示。

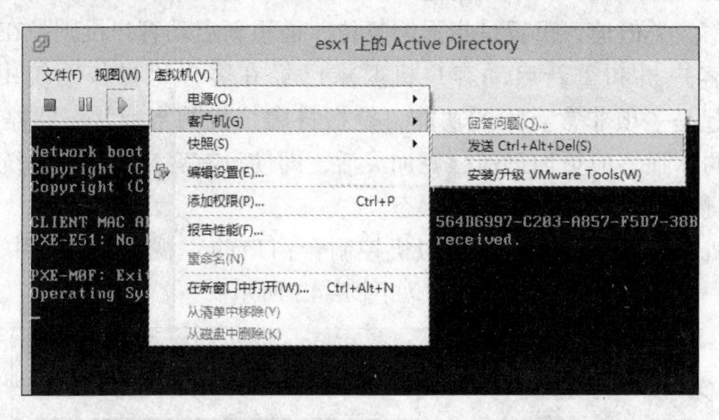

图7-43 向客户机发送〈Ctrl + Alt + Del〉组合键

注意：该命令等同于在物理机上的Windows操作系统中按下〈Ctrl + Alt + Del〉组合键，但在虚拟机中对应的组合键是〈Ctrl + Alt + Insert〉。这样避免了在虚拟机控制台中按下该组合键影响到物理机操作系统。

虚拟机重启之后，由Windows安装映像引导，进入了安装向导，如图7-44所示。安装的全过程和在物理机上安装并无差别，在此不再赘述。

7.5.4 为Windows客户机安装VMware Tools

VMware Tools是VMware虚拟机中自带的一种增强工具，也可看作是VMware虚拟硬件的驱动程序，用于增强虚拟显卡和硬盘性能以及同步虚拟机与主机时钟。安装VMware Tools，虚拟机可以获得以下好处：

- 虚拟机能够全屏化，并且支持高于SVGA的显示模式；
- 显著提升输入设备的响应速度和流畅性。

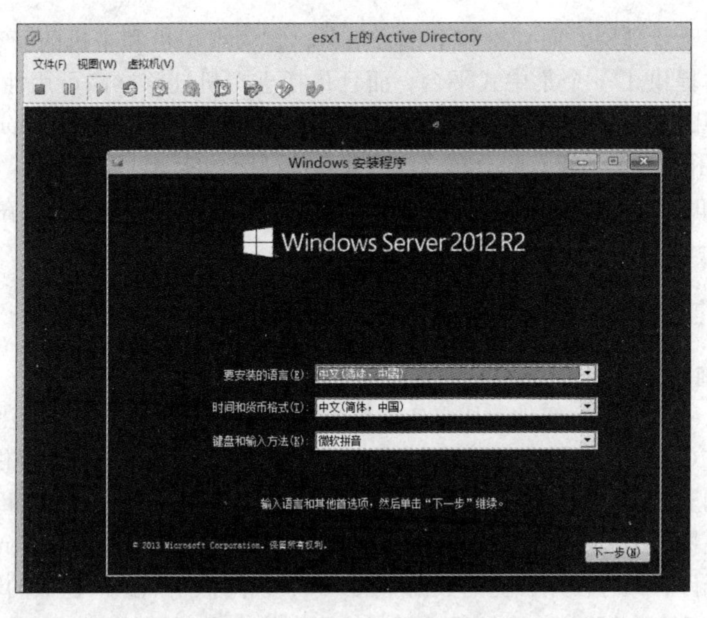

图 7-44 客户机操作系统安装向导

- 在虚拟机和物理机之间自由地拖曳文件对象，并且共享剪贴板中缓存的内容（仅限于 VMware Workstation 环境）。
- 使用户的交互行为可以跨越物理机和虚拟机，例如鼠标在虚拟机和物理机之间自由移动，不再需要按〈Ctrl + Alt〉组合键。
- 同步虚拟机和主机的时钟。
- 允许虚拟机使用性能更好的 vmxnet2、vmxnet3 虚拟网卡代替 Intel E1000。

Windows 环境下安装 VMware Tools 非常简单，跟安装大多数的应用程序没什么区别。首先通过 vSphere Client 上的虚拟机控制台，找到“虚拟机”菜单下的“客户机”子菜单，选择“安装/升级 VMware Tools”命令。

这里会弹出一个对话框，提示用户在安装 VMware Tools 之前必须确保操作系统已经安装完成。之后是 VMware Tools 安装程序的首页，单击“下一步”按钮，选择安装类型，一般情况下选择“典型安装”即可，如图 7-45所示。

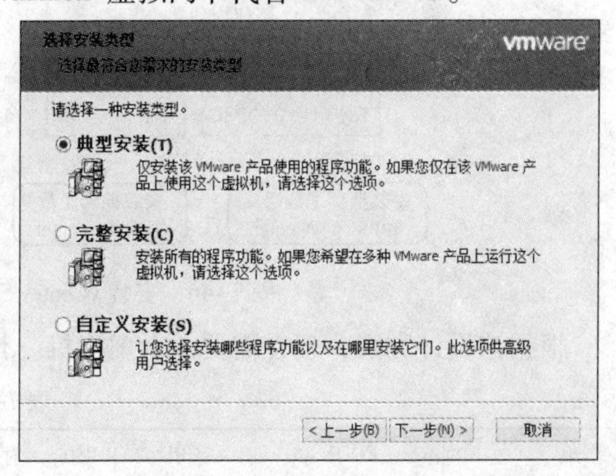

图 7-45 在 Windows 客户机中安装 VMware Tools

继续单击“下一步”按钮，然后单击“安装”按钮。安装结束之后，系统会提示需要重新启动虚拟机。重启之后，可以在桌面右下角的通知区看到 VMware Tools 的小图标。

7.6 安装 vCenter Server 6

vCenter Server 是一项服务，运行于 Windows 或 Linux 环境中。在 vSphere 体系结构中，

vCenter Server 位于管理层，而且扮演了核心角色，它为虚拟机和主机的管理、操作、资源置备和性能评估提供了一个集中式平台。而且包括虚拟机迁移、高可用性、容错、Update Manager 在内的几乎所有高级功能都依赖于 vCenter。如果没有 vCenter，vSphere 就只能以单个的 ESXi 来使用，失去了所有的分布式服务和其他高级功能。

本节介绍如何搭建一个 vCenter Server 6.0 所必需的软件环境，并在此基础上安装 vCenter Server。

7.6.1 安装准备

1. 基础设施准备

vCenter Server 依赖多个组件，从服务器角色的角度来看，包括 DNS 服务器、数据库和 Platform Services Controller（PSC）。如果要使用域环境，就由域控制器来提供 DNS 服务；数据库和 PSC 均可选择安装在独立环境中，或是随 vCenter Server 一起进行捆绑安装。无论如何选择，必须先提供 DNS，然后安装或部署数据库与 PSC，最后再安装 vCenter Server。

如果条件允许，最好使用独立的数据库及 PSC，以降低单点故障造成的影响。本节使用独立的数据库及 PSC，如图 7-46 所示，不同的箭头代表了不同的安装选项，其中实线表示已选择的方案。

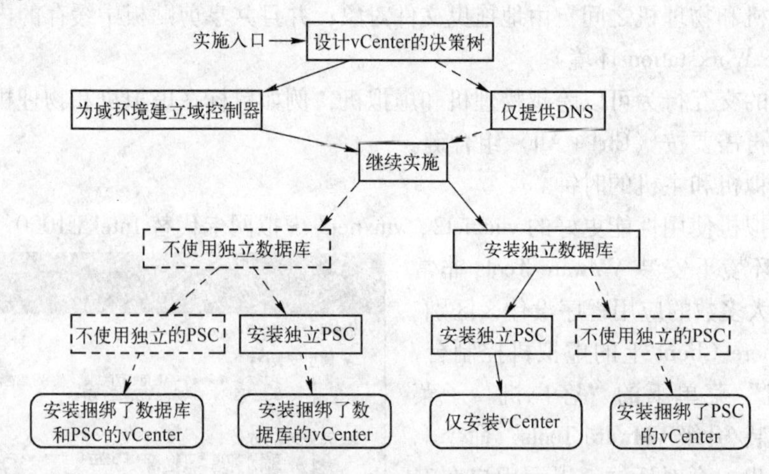

图 7-46　安装 vCenter Server 时的多个可选项

根据该设计方案，现在需要 4 台虚拟机。其主要信息如表 7-6 所示。

表 7-6

角　色	FQDN	vCPU	内　存	操作系统	初始放置
域控制器	ad1. vdc. com	2	2 GB	Windows Server 2012 R2	esx1. vdc. com
独立数据库	database. vdc. com	2	4 GB	Windows Server 2012 R2	esx1. vdc. com
PSC	pad. vdc. com	2	2 GB	Windows Server 2012 R2	esx1. vdc. com
vCenter	vcenter. vdc. com	4	8 GB	Windows Server 2012 R2	esx2. vdc. com

这些虚拟机除了内存大小有所区别，其他配置完全一样。因此实际上可以采用某些重复部署虚拟机的方法，以减少工作时间。如果以手工方式逐步部署多个虚拟机，就需要分别为每个虚拟机安装操作系统、安装 VMware Tools 以及其他所需的系统设置，包括接下来提到

的防火墙配置、时间同步等。

2. 域环境和 DNS 的准备

没有域环境也能完成 vCenter Server 安装和部署，DNS 服务才是必不可少的。通过域环境来提供 Windows 用户数据库，并实现中心用户认证，对于后期的运维能提供极大的便利。

域是 Microsoft 在 Windows Server 系列产品中提出的概念，是指服务器控制的网络能否让其他计算机加入的一组集合。在一个域中，至少有一台计算机负责每一台联入网络的计算机和用户的验证工作，相当于一个单位的门卫，这个计算机称为“域控制器”。域控制器中包含了由这个域的账户、密码、属于这个域的计算机等信息构成的数据库。

在大型和超大型 IT 环境中，多个域可以构成域树，多个域树可以构成域林。要使用域环境，至少要有一个域存在，并且需要一个域控制器。

（1）安装域控制器

前面已经为域控制器准备好了系统平台，按规划设置好主机名和 IP 地址。特别注意的是，首选 DNS 服务器的地址必须设为自身 IP。准备就绪后，通过“服务器管理器”中的“添加角色和功能”启动向导程序，跳过“开始之前”页面中的介绍信息，后续步骤如下。

第 1 步：安装类型，选择“基于角色或基于功能的安装”，单击“下一步”按钮。

第 2 步：服务器选择，默认选择本机，单击“下一步”按钮。

第 3 步：选择服务器角色，在列表中选中“Active Directory 域服务”，并在弹出的对话框中单击“添加功能”按钮，结果如图 7-47 所示。

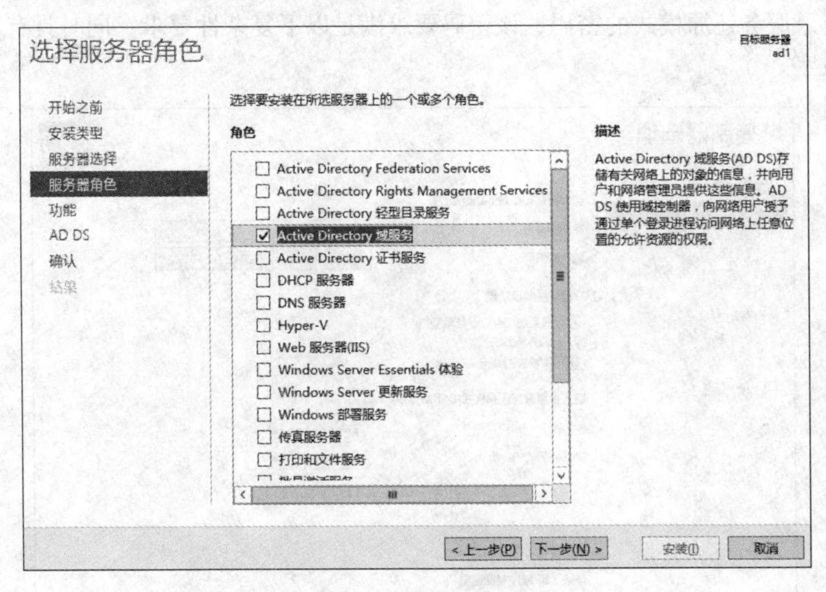

图 7-47　选中服务器角色

第 4 步：选择“功能”，保持默认，直接单击“下一步”按钮。

第 5 步：介绍 Active Directory 域服务的相关信息，直接单击“下一步”按钮。

第 6 步：安装确认页面，单击“安装”。

第 7 步：安装完成后，在“服务器管理器”首页上的管理菜单左侧可见一个位于黄色三角形中的感叹号，单击它以展开选项，然后单击“将此服务器提升为域控制器”，如图 7-48所示。

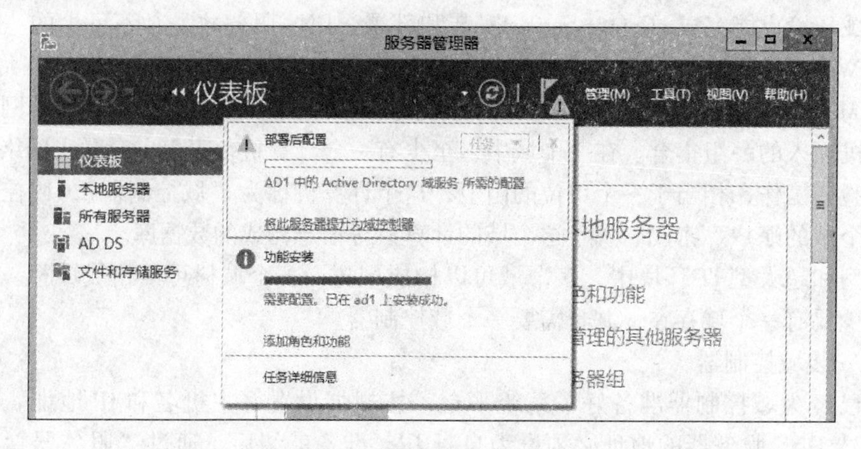

图 7-48　安装域控制器的入口

第 8 步：在“选择部署操作”下方的单选控件中选择“添加新林”，并填写根域名，这里按设计输入“vdc. com”。

第 9 步：选择“林功能级别”和“域功能级别”。如果考虑为域或域林中部署多个域控制器，这些选项决定了是否允许更低版本的 Windows Server 作为域控制器。本书不打算使用其他版本的 Windows Server 作为辅助域控制器，因此保持默认，如图 7-49 所示。该步骤还要求设置目录服务还原模式的密码，该密码要求满足以下复杂性要求：同时具有大、小写英文字母和数字。

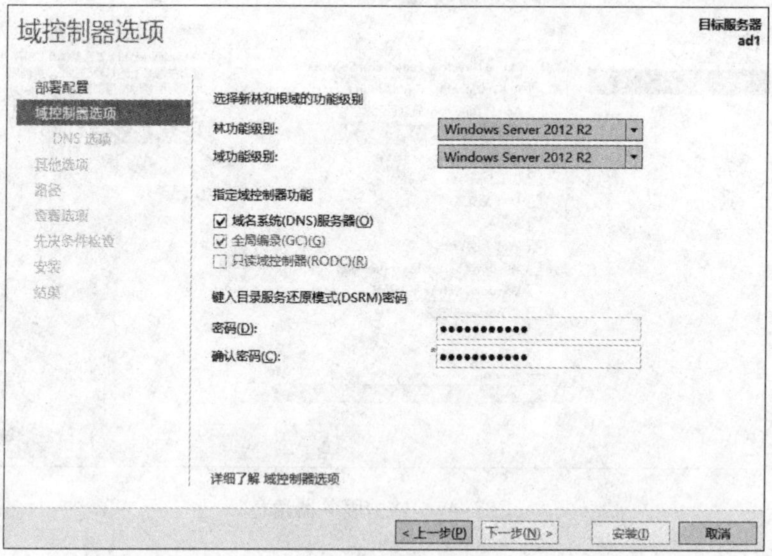

图 7-49　域控制器选项

第 10 步：DNS 选项，该步骤会警告无法创建该 DNS 服务器的委派。要使域控制器自身提供 DNS 服务，可忽略该警告，直接单击“下一步”按钮。

第 11 步：设置 NetBIOS 域名，如图 7-50 所示，输入“VDC”，单击“下一步”按钮。

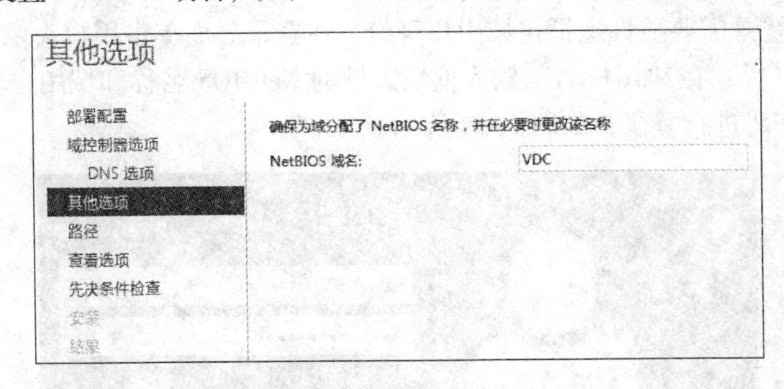

图 7-50　指定 NetBIOS 域名

第 12 步：指定 AD DS 数据库、日志和 SYSVOL 的位置，实验环境可以接受默认路径，若是生产环境则建议存储在其他分区下。

第 13 步：查看选项，确认无误后单击“下一步”按钮。

第 14 步：先决条件检查，通过后单击“安装”按钮。安装结束后重启计算机，域控制器安装完成。

（2）Windows 加入域环境

在当前网络存在着可用域控制器的情况下，可将 Windows 加入域作为域成员，现将用于安装数据库的虚拟机加入域。首先确保主机名、IP 地址设置正确，确定本机和域控制器位于同一网络且能正常通信，此外还必须将首选 DNS 服务器设置为域控制器的 IP 地址。

接下来进入 Windows 的“系统属性”，在“计算机名”选项卡下单击“更改”按钮，弹出“计算机名/域更改”窗口。然后在“隶属于”字样下方的单选控件中选择“域”并输入根域名。确定之后会弹出对话框要求输入具有域控制器管理员权限的用户名和密码，如图 7-51所示。

图 7-51　加入域要求提供域管理员的用户名和密码

获得域控制器的响应之后，会提示“欢迎加入 vdc. com 域”，并要求重新启动计算机。重启之后，首次登录需要显性地指定域用户身份。在登录界面单击用户头像左侧的箭头，然后选择“其他用户”，在“用户名”输入框填入域的 NetBIOS 名称和域用户名（中间用斜杠隔开），并输入密码进行登录，如图 7-52 所示。

图 7-52　登录到域

至此，该 Windows 系统（数据库）加入域就完成了，接下来重复上述操作，把用作 Platform Services Controller 和 vCenter Server 的另两台虚拟机也加入到域里。

（3）ESXi 主机加入域环境

ESXi 主机也可以作为域成员，将主机加入域之后可以充分利用域环境来管理 ESXi 的用户权限。

首先通过 vSphere Client 登录到 ESXi 主机，在导航栏中选择主机对象，然后跳转到“配置”选项卡，在下方的“软件”分组中选择“身份验证和服务”，然后在当前选项卡的右上角单击“属性”按钮，如图 7-53 所示。

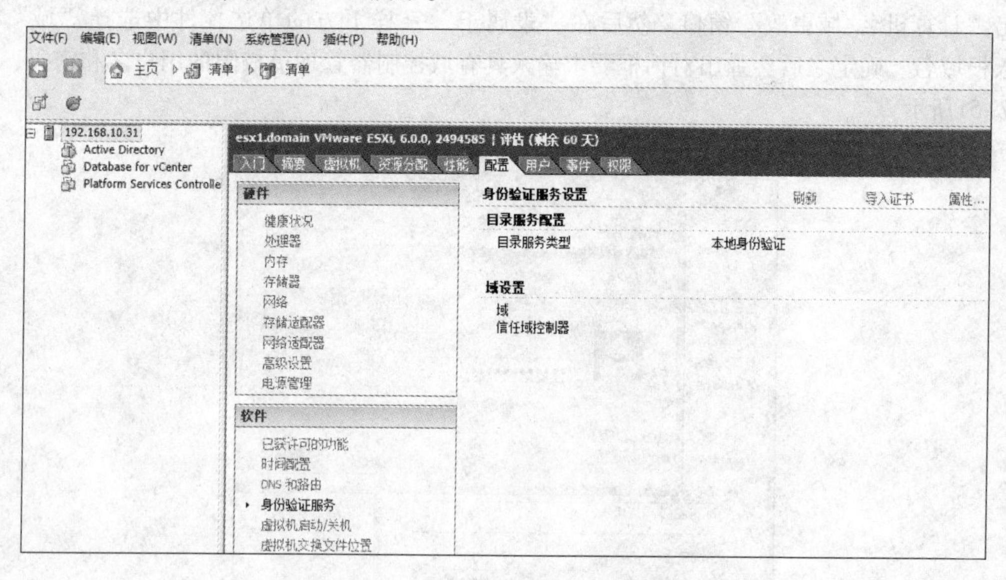

图 7-53　ESXi 身份验证和服务设置

在弹出的“目录服务配置”窗口中，选择目录服务类型为“Active Directory”，然后在下面的域设置区域里填入域的根域名“vdc. com”，单击“加入域”按钮。此时会要求提供具有域控制器管理员权限的用户名和密码，如图 7-54 所示。完成以上步骤后，ESXi 主机就已经是域成员了，不需要重启。

图 7-54 ESXi 主机加入域的对话框

（4）为 ESXi 主机添加 DNS 条目

当 Windows 计算机加入域之后，在域控制器上的 DNS 管理器就自动为该计算机添加了 DNS 条目。但 ESXi 主机加入域却并不会获得 DNS 条目，需要手工添加。首先以管理员身份登录到域控制器，打开“服务器管理器”，通过“工具”菜单选择“DNS”以打开 DNS 管理器。

DNS 解析分为正向解析和反向解析，正向解析将主机名解析为 IP 地址，反向解析通过 IP 地址来检测域名。反向解析常在 DNS 解析异常的时候用作诊断手段，某些特殊的应用也需要用到反向解析。在默认情况下，DNS 管理器不会自动为新加入域的主机建立反向解析指针，除非管理员手工创建一个反向解析区域。

下面是建立一个反向解析区域的步骤。

第 1 步：在 DNS 管理器左侧的导航栏中单击服务器对象以展开树状目录，找到“反向查找区域”，从右键菜单中选择“新建区域”。

第 2 步：在新建区域向导的首页选择“下一步”，选择“主要区域”并继续单击“下一步”按钮。

第 3 步：在单选控件组中选择第二项“至此域中域控制器上运行的所有 DNS 服务器”。

第 4 步：在单选控件组中选择第一项“IPv4 反向查找区域”。

第 5 步：标识反向查找区域，在单选控件组中选择第一项“网络 ID”，并在下面的输入框中提供 IP 地址的网络号（对于掩码为/24 的网络，输入前 3 个十进制数），如图 7-55 所示。

第 6 步：动态更新，在单选控件组中选择第一项“只允许安全的动态更新”，进入到下一步，确定配置信息后单击“完成”按钮。

创建好反向查找区域之后，如果有计算机加入域或手工添加 DNS 条目，就会自动在此创建反向查找指针。对于早于此时产生的 DNS 条目则只有正向查找指针，这些计算机若发生 DNS 解析异常，可以在此手工添加反向指针，并使用“nslookup”命令诊断。在 DNS 一直正常的情况下，偶尔出现无法解析某个特定的主机名（IP 能访问），可运行 nslookup 检

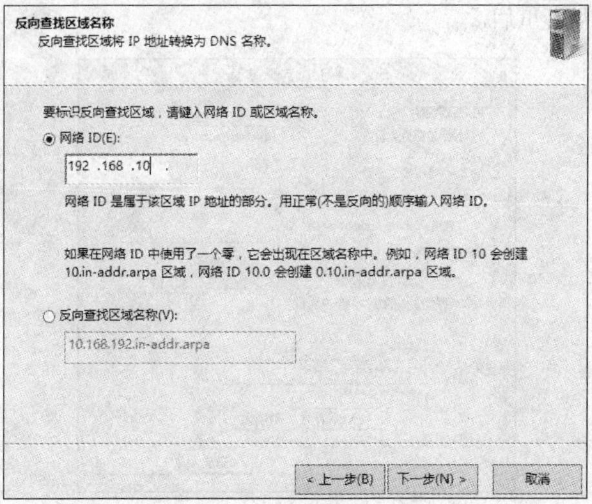
反向查找区域名称
反向查找区域将 IP 地址转换为 DNS 名称。
要标识反向查找区域，请键入网络 ID 或区域名称。
网络 ID(E):
192 .168 .10 .
网络 ID 是属于该区域 IP 地址的部分。用正常(不是反向的)顺序输入网络 ID。
如果在网络 ID 中使用了一个零，它会出现在区域名称中。例如，网络 ID 10 会创建
10.in-addr.arpa 区域，网络 ID 10.0 会创建 0.10.in-addr.arpa 区域。
反向查找区域名称(V):
10.168.192.in-addr.arpa
< 上一步(B)
下一步(N) >
取消

图 7-55　建立反向查找区域

查，若检查的返回结果是正确的，但仍然不能解析该主机名，则以管理员身份运行以下命令以清空 DNS 缓存：

```
arp -d
ipconfig /flushdns
```

该举措通常可以解决问题，除此之外我们还可以通过改写系统中的 hosts 文件来强制指定本地解析条目。

接下来为 ESXi 主机添加 DNS 条目。

第 1 步：在 DNS 管理器的导航栏中找到并展开“正向查找区域”，找到树状目录下的“vdc. com”域对象，通过右键菜单选择“新建主机”命令。

第 2 步：在“名称”下方的输入框中输入要加入条目的主机名，根据这个名称，下方会显示出对应的完全限定域名；同时需要在“IP 地址”下面的输入框中提供该主机的 IP 地址，如图 7-56 所示。复选框“创建相关的指针记录”是一个可选项，用于在创建条目的同时创建反向查找指针，前提是已经具有反向查找区域。由于我们已经建立了反向查找区域，因此可以选中该选项。确认信息正确之后，单击“添加主机”即可。

新建主机
名称(如果为空则使用其父域名称)(N):
esx2
完全限定的域名(FQDN):
esx2.vdc.com.
IP 地址(P):
192.168.10.32
创建相关的指针(PTR)记录(C)
允许所有经过身份验证的用户用相同的所有者名称来更新 DNS 记录(O)
添加主机(H)
取消

图 7-56　添加 DNS 条目

完成之后可以通过“ping”命令验证主机名能否被解析成对应的 IP 地址，如果可行则表示条目添加正确，且 DNS 服务工作正常。接下来，重复为所有的 ESXi 主机添加 DNS 条目。

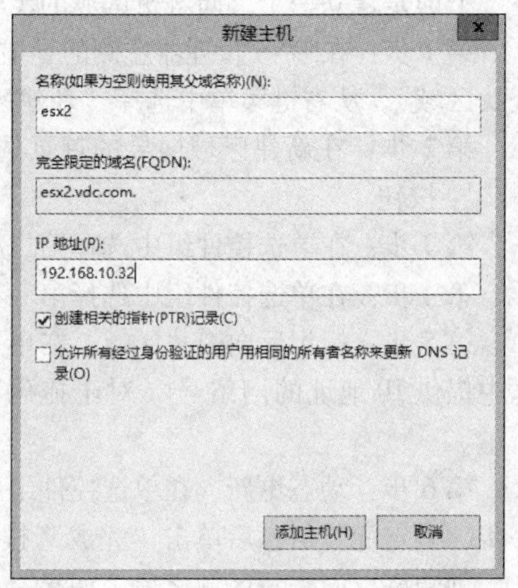

3. 配置时间同步

vSphere 6. 0 要求在安装 vCenter Server 或部署 vCenter Server Appliance 之前确保网络中所

有的计算机的时间已经同步。

可以通过 NTP（Network Time Protocol，网络时间协议）来同步时间。如果能够访问 Internet，可以利用 Internet 上的 NTP 服务器来同步时间，“time. windows. com”是 Microsoft 提供的一个公开的 NTP 服务器。对于中国大陆的用户，建议使用国内的 NTP 服务器以保证畅通性。如表 7-7 所示，列举了一些国内知名的 NTP 服务器，随便选择一个使用“ping”命令测试，如果能获得响应即可使用。

表 7-7　国内知名的 NIP 服务器

服务器	提供机构	服务器	提供机构
清华大学	s1b. time. edu. cn s1e. time. edu. cn s2a. time. edu. cn s2b. time. edu. cn	北京大学	s1c. time. edu. cn s2m. time. edu. cn
		北京邮电大学	s1a. time. edu. cn s2c. time. edu. cn
上海交通大学	ntp. sjtu. edu. cn	东南大学	s1d. time. edu. cn

（1）为 ESXi 主机配置 NTP

为主机配置 NTP 服务，需要使用 vSphere Client。

第 1 步：在导航栏中选择主机实体，然后选择“配置”选项卡，在下面的“软件”分组中选择“时间配置”，然后在当前选项卡的右上角选择“属性”，如图 7-57 所示。

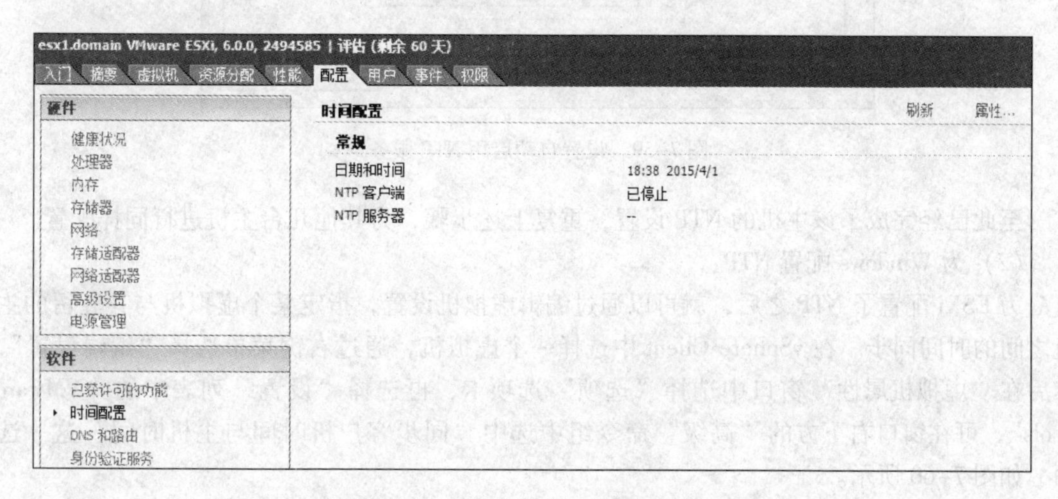

图 7-57　ESXi 主机上的时间配置

第 2 步：在“时间配置”窗口中选中“NTP 客户端已启用”，并单击右侧的“选项”，弹出“NTP 守护进程选项”窗口。

第 3 步：在窗口左侧选择“NTP 设置”，然后单击“添加”，在弹出的对话框中输入一个 NTP 服务器地址，这里选择了表 7-7 中由上海交通大学提供的“ntp. sjtu. edu. cn”，如图 7-58所示。之后再将可选项“重启 NTP 服务以应用更改”选中。

第 4 步：在“NTP 守护进程选项”窗口左上角单击“常规”，然后在“启动策略”单选控件组中选择“与主机一起启动和停止”。为确保立即生效，可单击窗口下方的“重新启动”，如图 7-59 所示。

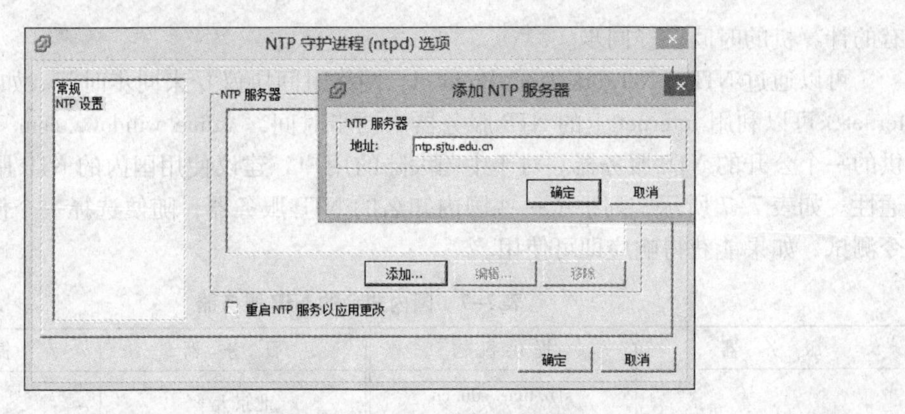

图 7-58　为 ESXi 主机添加 NTP 服务器

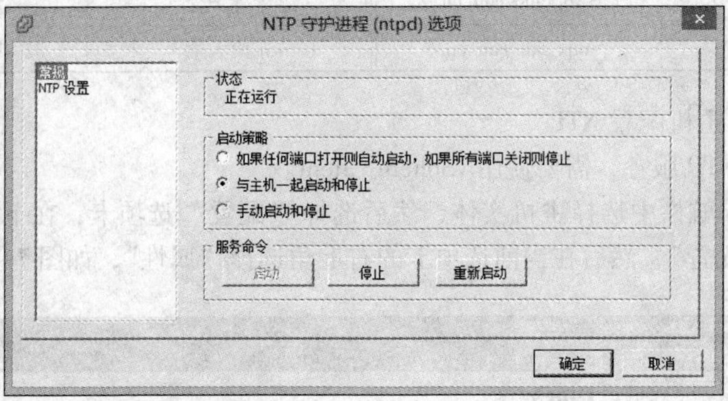

图 7-59　设置自动启用 NTP 服务

至此已经完成了该主机的 NTP 设置，重复上述步骤，为其他几台主机进行同样配置。

（2）为 Windows 配置 NTP

为 ESXi 配置了 NTP 之后，就可以通过编辑虚拟机设置，指定某个虚拟机与其驻留的主机之间的时间同步。在 vSphere Client 中选择一个虚拟机，通过右键菜单选择“编辑设置”，然后在“虚拟机属性”窗口中选择“选项”选项卡，再选择“设置”列表中的“VMware Tools”，可在窗口右下方的“高级”命令组中选中“同步客户机时间与主机时间”这一选项，如图 7-60 所示。

该设置要求虚拟机已经安装了 VMware Tools，如果未安装 VMware Tools，则需要单独为操作系统配置 NTP。在 Windows Server 2012 R2 中配置 NTP 客户端的步骤如下。

第 1 步：按下〈Win + R〉组合键，在打开的“运行”对话框中输入“gpedit. msc”并单击“确定”按钮，打开本地组策略编辑器。

第 2 步：在左侧的导航栏中单击“计算机管理”以展开树状目录，然后依次展开“管理模板”“系统”“Windows 时间服务”和“时间提供程序”，此时右侧出现配置 NTP 的 3 个选项，如图 7-61 所示。

第 3 步：双击图 7-61 中的“配置 Windows NTP 客户端”，在新窗口中将左上角的单选控件组选择为“已启用”；在左下的选项区域中找到“类型”下拉列表，选择“NTP”，然后从上方的“NtpServer”文本框中填写 NTP 服务器的地址。当前窗口的其他设置保持默认，

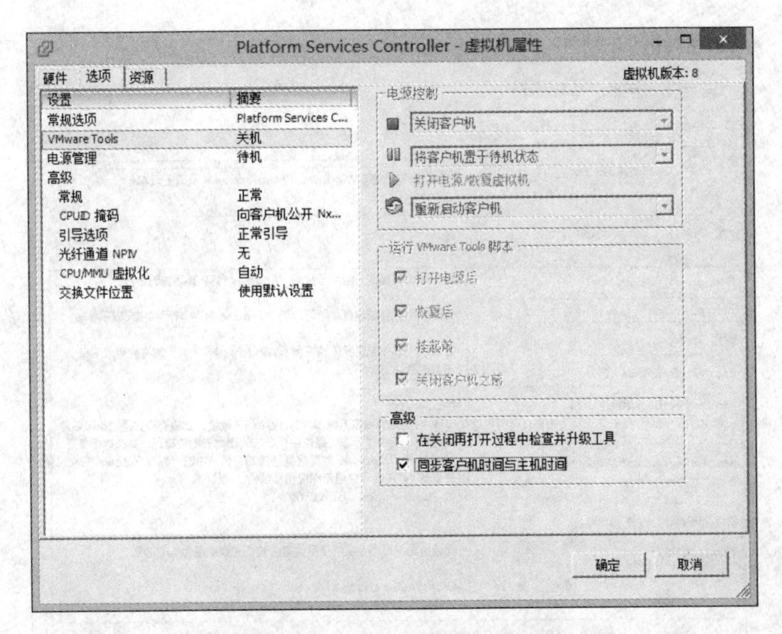

图 7-60　设置虚拟机和主机之间的时间同步

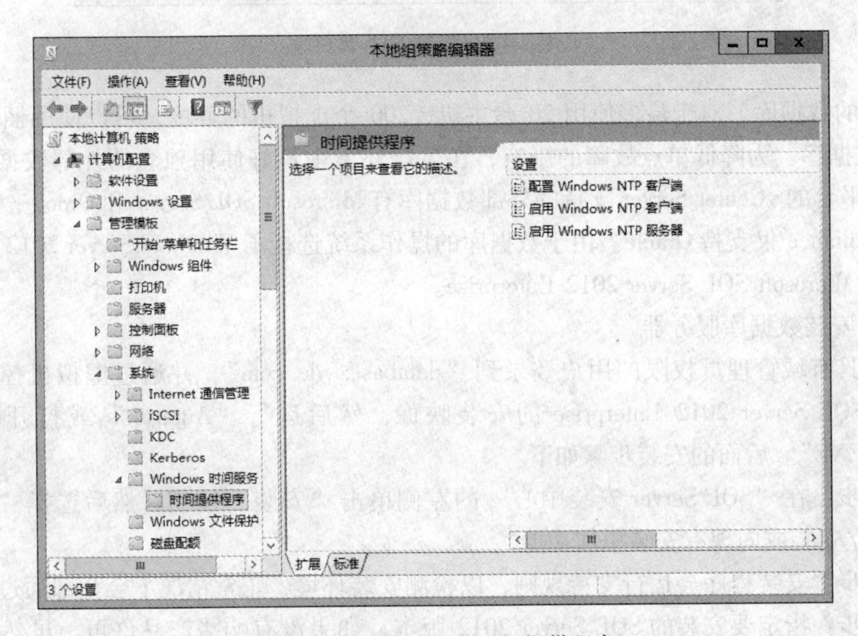

图 7-61　组策略中的时间提供程序

单击"确定"按钮，如图 7-62 所示。

第 4 步：双击图 7-61 中的"启用 Windows NTP 客户端"，将左上角的单选控件组选择为"已启用"，单击"确定"按钮。

至此，Windows 上的 NTP 客户端已经配置完成。重复上述步骤，为基础架构组件中的其他几台 Windows 计算机配置 NTP 服务。

4. 数据库的准备

vCenter Server 需要使用数据库存储和组织服务器数据。每个 vCenter Server 实例必须具

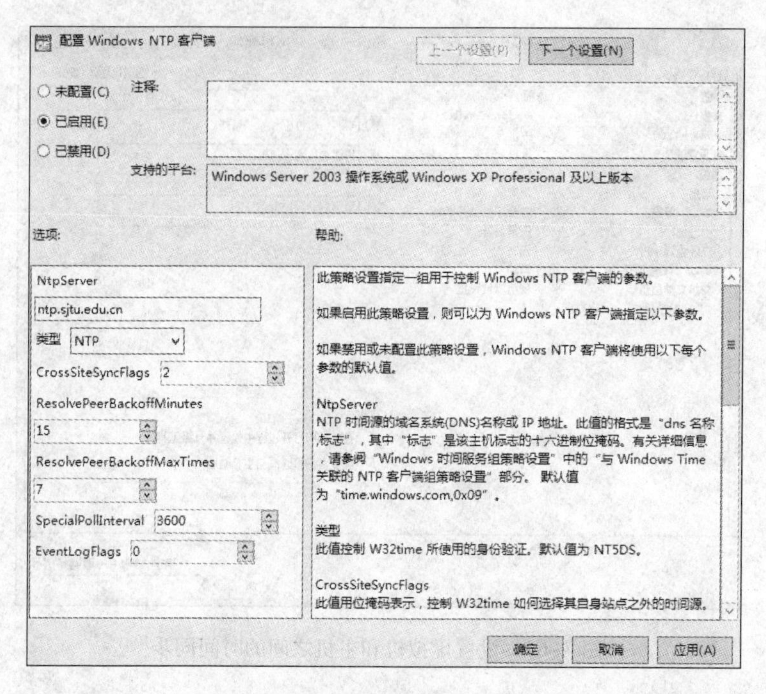

图 7-62　配置 NTP 客户端

有其自身的数据库。对于最多使用 20 台主机、200 个虚拟机的环境，可以使用捆绑的 PostgreSQL 数据库。为降低单点故障的影响，在生产环境中最好使用独立的外部数据库。基于 Windows 平台的 vCenter Server 支持的外部数据库有 Microsoft SQL Server 和 Oracle；而 vCenter Server Appliance 仅支持 Oracle。由于数据库的操作系统选择了 Windows Server 2012 R2，我们在此使用 Microsoft SQL Server 2012 Enterprise。

（1）安装数据库服务器

使用具有域管理员权限的用户登录到 “database. vdc. com”，并通过虚拟机控制台加载 Microsoft SQL Server 2012 Enterprise 的安装映像，然后运行 “Autorun” 或打开光盘中的 “SETUP. EXE”。后面的安装步骤如下。

第 1 步：在 “SQL Server 安装中心” 的左侧单击 “安装” 按钮，然后选择 “全新 SQL Server 独立安装或向现有安装添加功能”。

第 2 步：安装程序会运行支持规则，以检测安装环境，正常情况下会全部通过。

第 3 步：指定要安装的 SQL Server 2012 版本。如果没有购买产品许可，虽然可以选择 “指定可用版本” 中的 “Evaluation”，以获得为期 180 天的试用期，但更合适的做法是一开始就选择免费的 Microsoft SQL Server 2012 Express。

第 4 步：《最终用户许可协议》，只有选中 “我接受许可条款” 才能继续。

第 5 步：选择是否包括 SQL Server 产品更新，可以不选。

第 6 步：第二次检测安装环境。

第 7 步：设置角色，选择第一项 “SQL Server 功能安装”。

第 8 步：选择功能及其路径。功能选择是多个复选框，只需要选择 “数据库引擎服务” 和 “管理工具” 即可。目录可保持默认。

第 9 步：第三次检测安装环境。

第 10 步：选择“默认实例”，实例 ID 和实例根目录均可使用默认。

第 11 步：查看磁盘使用情况摘要，直接单击“下一步”按钮。

第 12 步：服务器配置，只配置“账户服务”选项卡中的内容。将每个服务的启动类型均选择为“自动”即可，如图 7-63 所示。

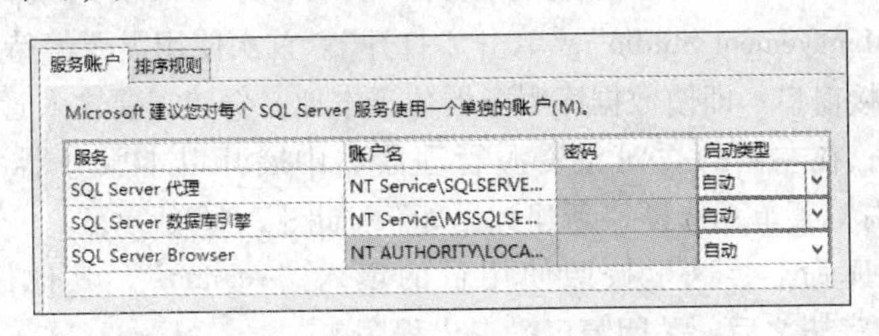

图 7-63　安装 SQL Server 时配置账户服务

第 13 步：数据库引擎配置，只配置“服务器配置”选项卡中的内容，将“身份验证模式”下的单选控件组选择为“混合模式”，并为名为“sa”的 SQL Server 管理员账户设置密码，该密码要求复杂性满足以下要求：同时具有大小写英文字母及数字。在页面下方可以添加使用 Windows 身份认证的账户，单击“添加当前用户”将当前已登录的具有域管理员身份的账户添加为 SQL Server 管理员账户，如图 7-64 所示。

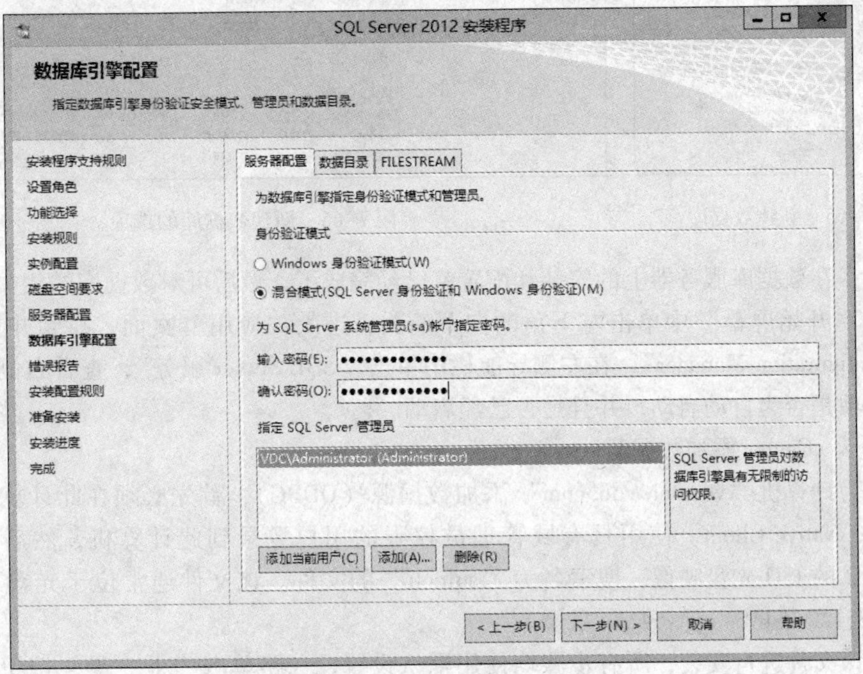

图 7-64　数据库引擎配置

第 14 步：选择是否提交错误报告，默认不选中。

第 15 步：第四次检测安装环境。

第 16 步：安装之前显示统计信息，确认配置无误之后即可单击“安装”。安装过程约有20分钟，结束后单击“关闭”按钮即可。

（2）为vCenter创建数据库

SQL Server 2012安装完毕之后，可立即创建一个数据库以供vCenter Server使用。

首先，在计算机“database. vdc. com”上进入“开始屏幕”，单击左下角的向下箭头，进入“应用”页面（相当于以前开始菜单中的“所有程序”），找到数据库管理程序“Microsoft SQL Server Management Studio”，单击“打开”。首次使用需要等待片刻，然后可以看到程序主界面和连接窗口。即使数据库服务器位于本地，仍然需要输入管理员账户和密码。

连接成功之后，在左侧的“对象资源管理器”中展开以本服务器命名的根对象，在“数据库”上弹出右键菜单，选择“新建数据库”，如图7-65所示。

接下来为数据库命名，这里按照使用目的填入“vcenter”，其他保持默认即可，如图7-66所示。创建完毕之后，关闭窗口，退出程序。

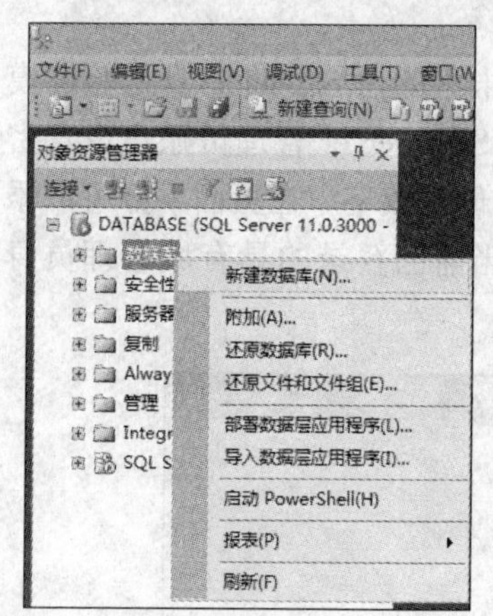

图7-65　新建数据库

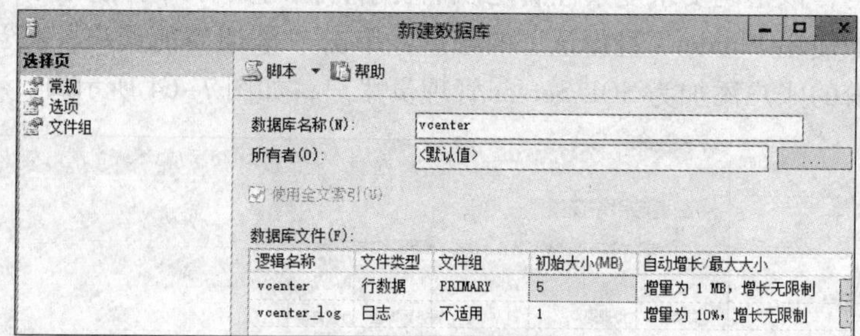

图7-66　新建数据库的选项

至此，在数据库服务器上的安装和配置就已经完成了。最后可对数据库的相关服务进行检查。在“开始屏幕”中单击左下角的向下箭头，进入“应用”页面，找到并打开“Sql Server Configuration Manager”，在左侧导航栏中单击“SQL Server服务”，查看右侧窗口中列出的服务项是否为自动启动，并且是否已经启动。

（3）为vCenter添加数据源

现在为计算机“vcenter. vdc. com”添加数据源（ODBC），首先必须在此计算机上安装SQL Server Native Client。使用具有域管理员权限的用户登录到此计算机，然后载入SQL Server 2012的ISO光盘映像，搜索名为“sqlncli”的文件。该文件通常位于光盘下的“.\2052_CHS_LP\x64\Setup\x64\”目录。

使用该文件进行安装，所有步骤均使用默认设置，一路单击“下一步”按钮，直到安装完成。之后通过“开始”屏幕左下角的箭头转到“应用”页面，找到并打开“ODBC数据源（64位）”。

接下来，在ODBC数据源管理程序中切换到“系统DSN”选项卡，单击右侧的“添加”。在弹出的“创建新数据源”窗口中选择“SQL Server Native Client 11.0”，然后单击“完成”。

此时出现“创建到新的数据源”向导窗口，后续步骤如下：

第 1 步：在“名称”输入框里为数据源命名，为了使命名具有标识性，这里使用的名称是“vcenter - db”。同时在下方的“服务器”下拉列表中选择刚才创建的数据库服务器“database. vdc. com”，如图 7-67 所示。

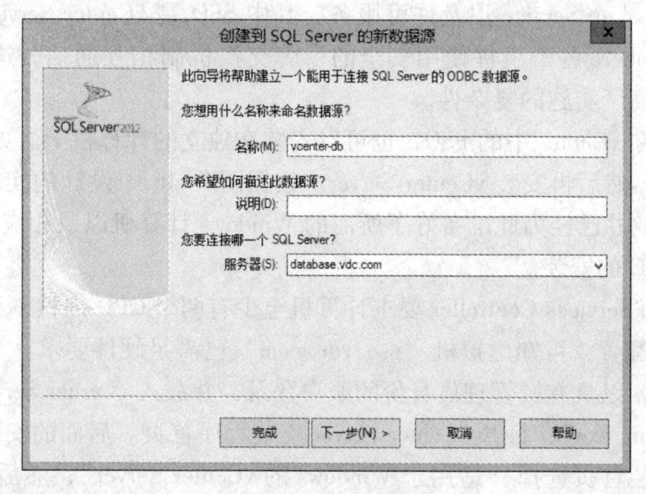

图 7-67　添加数据源

第 2 步：选择如何验证登录 ID 的身份。这里选择第二项，用户名使用 SQL Server 管理员“sa”，同时输入前面设置的密码。

第 3 步：选中“更改默认的数据库为”复选框，并指定数据库为“vcenter”，这正是我们在第 3. 4. 2 节中创建的数据库名称。该页面的其他设置建议保持为默认，如图 7-68 所示。

第 4 步：其他设置，保持默认即可。单击“完成”之后会弹出对话框显示创建数据源的相关信息，并提供“测试数据源”的选项，如图 7-69 所示。

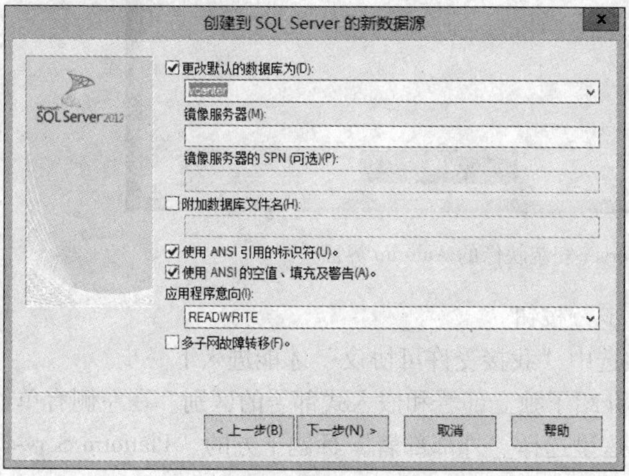

图 7-68　为数据源指定数据库

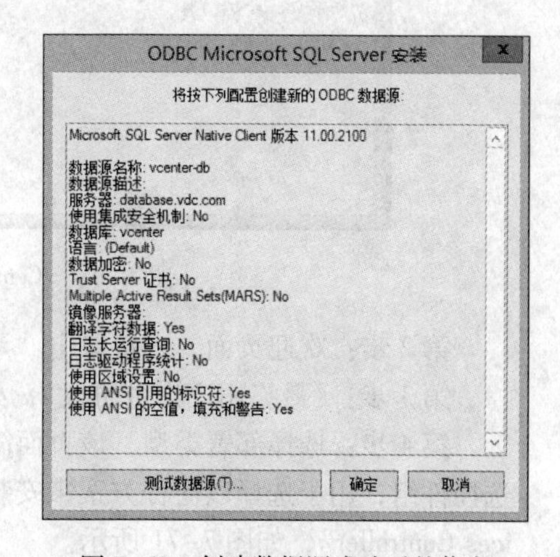

图 7-69　创建数据源成功后的信息

可单击图 7-69 中的“测试数据源”按钮，如果测试成功就可以关闭程序了。至此，关于 vCenter Server 所需数据库的所有工作均已完成。

7.6.2 安装步骤

从版本 6.0 开始，vSphere 引入了 Platform Services Controller（PSC），运行 vCenter Server 的所有必备服务都被捆绑在了 PSC 中。包括 vCenter Single Sign - On（SSO）、VMware 证书颁发机构、VMware Lookup Service 以及许可服务。其中 SSO 是 vCenter Server 用于身份认证的关键服务，允许 vSphere 各个组件使用安全的令牌交换机制相互通信，这种改进使 vSphere 更加安全，但也提高了实施的复杂性。

可以安装嵌入在 vCenter 中的 PSC，也可以安装在独立的计算机上。如果选择独立安装，则必须先安装 PSC，然后再安装 vCenter Server。根据图 7-46 中设计的实施线路图，我们需要安装独立的 PSC，并已经为此准备好了所需的 Windows 计算机以及相应的软件环境和网络环境，下面开始 PSC 的安装。

独立的 Platform Services Controller 要求计算机至少有两个 CPU 内核，至少 2 GB 内存。根据表 7-7 中列举的配置，可知虚拟机“psc. vdc. com”已满足硬件要求。

打开该计算机，以具有域管理员身份的账户登录，并载入 vCenter Server 6.0 的光盘映像文件，运行“autorun. exe”，打开 vCenter Server 安装程序首页。后面的安装步骤如下。

第 1 步：在安装首页选择“适用于 Windows 的 vCenter Server”，然后单击“安装”，如图 7-70 所示。

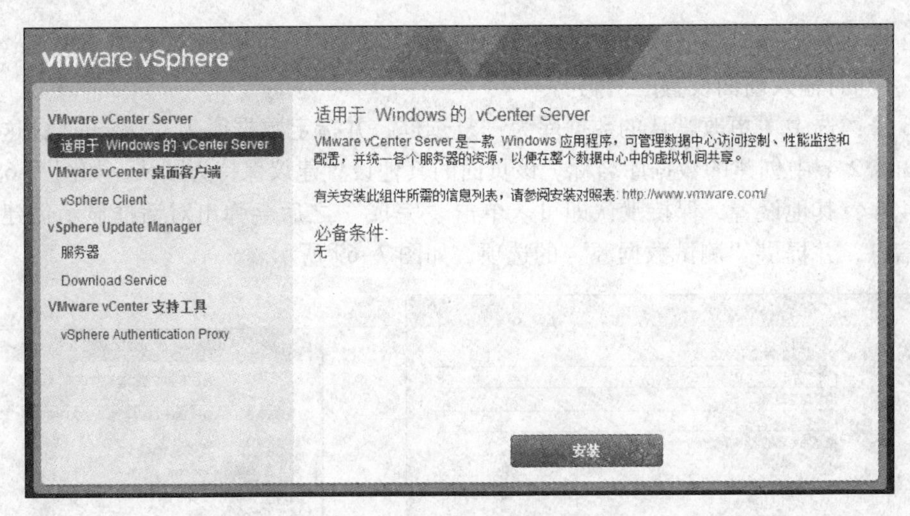

图 7-70 vCenter Server 安装映像的 Autorun 界面

第 2 步：欢迎页面，直接单击“下一步”按钮。

第 3 步：《最终用户许可协议》，必须选中“我接受许可协议”才能进入下一步。

第 4 步：选择部署类型。该页面简单介绍了独立部署和嵌入式部署的区别。在左侧有单选控件组，用于选择以何种方案来安装。这里选择“外部部署”标题下方的“Platform Services Controller”，如图 7-71 所示。

第 5 步：指定网络系统的名称，建议使用完全限定域名（FQDN），在此我们使用已经为 PSC 规划好的域名“psc. vdc. com”。

第 6 步：配置 vCenter Single Sign - On，选择“创建新 vCenter Single Sign - On 域”，并使

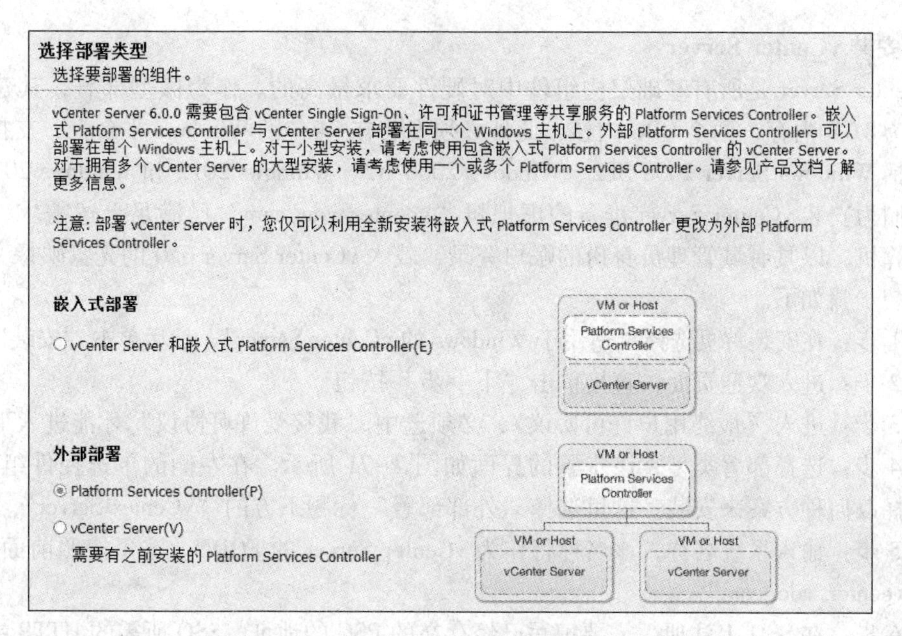

图 7-71　选择部署类型

用系统指定的域名“vsphere. local”，然后为 SSO 的内置管理员设置密码，如图 7-72 所示。密码必须满足以下复杂性要求：长度为 8～20 个字符，必须同时具有大、小写字母、数字和特殊字符，且不允许仅有首字符为大写字母。下面的站点名称使用默认即可。

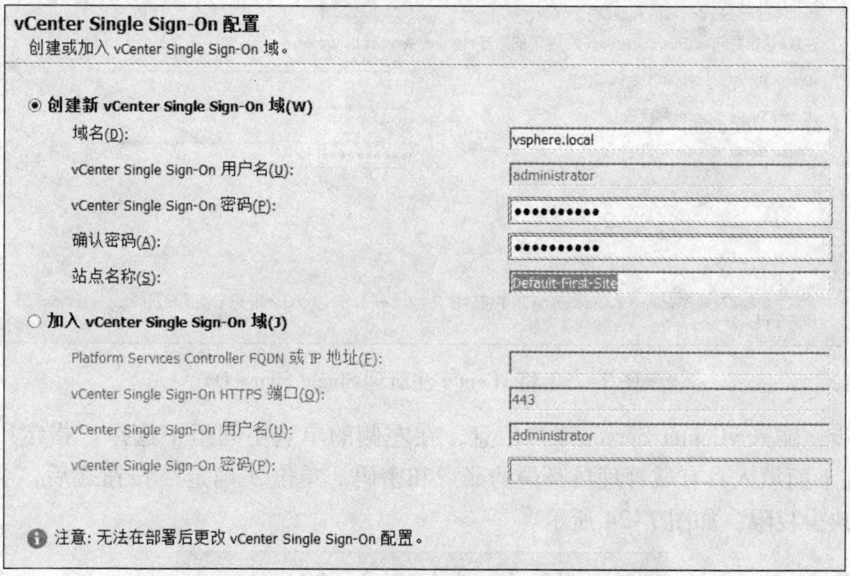

vCenter Single Sign-On 配置
创建或加入 vCenter Single Sign-On 域。

◉ 创建新 vCenter Single Sign-On 域(W)
域名(D): vsphere.local
vCenter Single Sign-On 用户名(U): administrator
vCenter Single Sign-On 密码(P): ●●●●●●●●●●●
确认密码(A): ●●●●●●●●●●●
站点名称(S): Default-First-Site

○ 加入 vCenter Single Sign-On 域(J)
Platform Services Controller FQDN 或 IP 地址(F):
vCenter Single Sign-On HTTPS 端口(O): 443
vCenter Single Sign-On 用户名(U): administrator
vCenter Single Sign-On 密码(P):

注意: 无法在部署后更改 vCenter Single Sign-On 配置。

图 7-72　Single Sign - On 设置

第 7 步：配置所需的网络端口，建议保持默认。

第 8 步：配置安装路径，如果在生产环境，建议使用非系统分区。

第 9 步：安装之前检查设置的信息页面，确认无误之后单击“安装”按钮。等待安装完成，即可开始在其他计算机上安装 vCenter 了。

2. 安装 vCenter Server

vCenter Server 是所有基础架构组件中对硬件要求最高的。作为微型部署，其建议的最低配置为8 GB 内存，两个 CPU 内核，此外必须安装在64 位的 Windows 平台上，支持的操作系统包括 Windows Server 2008 SP2、Windows 2008 R2、Windows 2012 和 Windows 2012 R2。

我们为安装 vCenter Server 准备的虚拟机“vcenter. vdc. com”已满足上述需求，现在打开该计算机，以具有域管理员身份的账户登录，载入 vCenter Server 6. 0 的光盘映像文件，后面的安装步骤如下。

第 1 步：在安装首页选择“适用于 Windows 的 vCenter Server”，然后单击“安装”按钮。

第 2 步：进入欢迎页面，直接单击“下一步”按钮。

第 3 步：进入《最终用户许可协议》，必须选中“我接受许可协议”才能进入下一步。

第 4 步：选择部署类型，该步骤的界面如图 7-71 所示。在左侧的单选控件组中选择，用于选择以何种方案来安装。这里选择“外部部署”标题下方的“vCenter Server”。

第 5 步：输入系统名称，该名称将作为 vCenter Server 的 FQDN。这里按照前面的设计，输入“vcenter. vdc. com”。

第 6 步：在 SSO 上注册，需要填写已经存在的 PSC 的地址、SSO 所需的 HTTP 端口和内置管理员密码，依次填写，如图 7-73 所示。填写完成之后单击“下一步”，会弹出对话框提示验证从 PSC 获得的安全证书，单击“确定”以批准该证书。

vCenter Single Sign-On 注册

将 vCenter Server 连接到现有 Platform Services Controller 中的 vCenter Single Sign-On 域。

Platform Services Controller FQDN 或 IP 地址(F): psc.vdc.com

注意: 这是要向 vCenter Single Sign-On 注册的外部 Platform Services Controller。

vCenter Single Sign-On HTTPS 端口(O): 443

vCenter Single Sign-On 用户名(U): administrator

vCenter Single Sign-On 密码(P): ●●●●●●●●●●●

注意: 请确保在现有 vCenter Single Sign-On 域中提供您在 Platform Services Controller 部署期间配置的 'administrator' 用户的密码。

图 7-73　将 vCenter 注册到 Single Sign - On

第 7 步：输入 vCenter Server 账户信息，在左侧的单选空间组中选择“指定用户服务账户”，并在下面填入具有域管理员身份的账户和密码。单击“确定”按钮之后，会警告说指定的账户缺少权限，如图 7-74 所示。

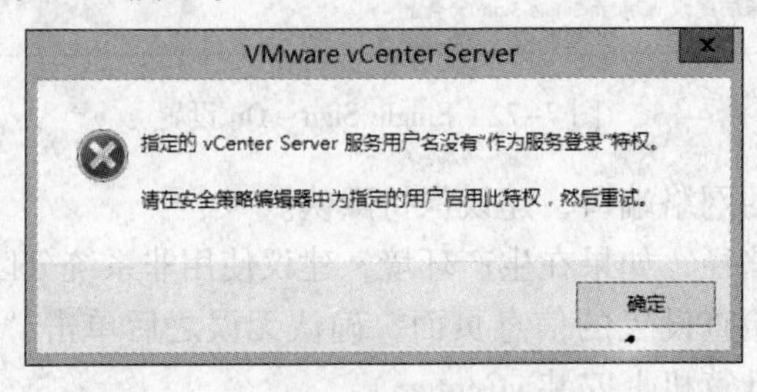

图 7-74　作为服务登录的权限警告

第 8 步：为解决上述问题，需要通过按〈Win + R〉组合键打开“运行”对话框，并输入“secpol. msc”，打开本地安全策略编辑器。接下来在左侧导航栏中展开“本地策略”，单击“用户权限分配”，然后在右边的策略列表中找到“作为服务登录”，通过右键菜单选择“属性”，如图 7-75 所示。

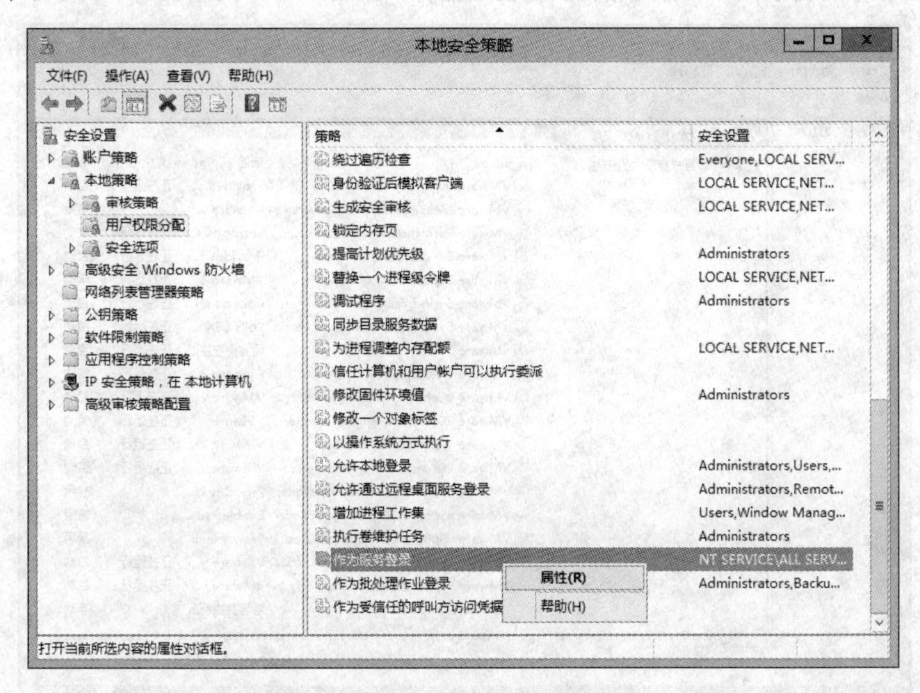

图 7-75　本地安全策略中设置“作为服务登录”

第 9 步：在打开的属性窗口中，单击“添加用户或组”，然后在“输入对象名称来选择”文本框中输入具有前面提示缺少权限的用户（即域管理员），然后单击“确定”按钮，添加用户权限之后的结果如图 7-76 所示。之后可通过第 7 步所述的进行用户权限审核。

图 7-76　在所需权限中添加域管理员账户

第 10 步：数据库设置，选择“使用外部数据库”，在下方填写刚才创建的数据源的名称，使用“sa”账户并输入密码。

第 11 步：配置常用端口，建议保持默认。

第 12 步：选择安装路径和数据存储路径，对于生产环境建议选择在非系统分区。

第 13 步：安装之前检查设置，确认无误之后可开始安装。

在不安装捆绑数据库和嵌入式 PSC 的情况下，安装耗时会明显缩短。安装完成之后，可以通过按“Win + R”组合键弹出“运行”对话框，并输入“services. msc”，打开服务管理器，在服务列表中，可以看到相关服务已经运行，如图 7-77 所示。

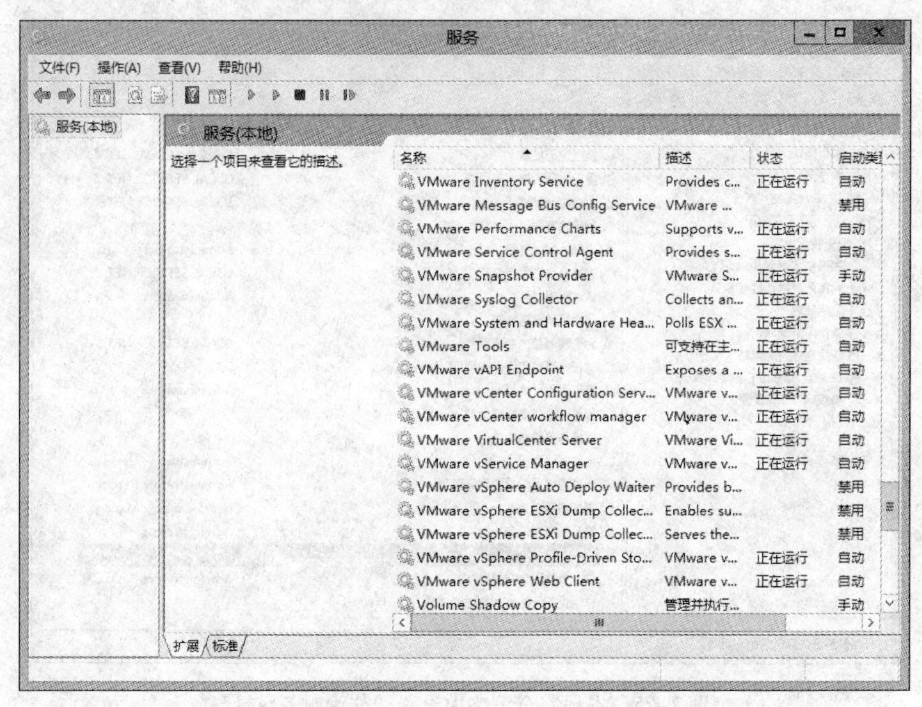

图 7-77　正常运行中的 vCenter Server 的各个关键服务

7.6.3　使用 vCenter Server 进行基本管理

有了 vCenter Server 之后，就可以集中管理多台 ESXi 主机了。可以通过 vSphere Client 或 vSphere Web Client 登录 vCenter。VMware 希望用户尽可能使用 vSphere Web Client，因为 vSphere 5.1 之后的每一个新版本所提供的所有新功能都需要通过 vSphere Web Client 来使用。本书的建议则是两者都用，通过 vSphere Web Client 来使用最新功能，同时以传统的 vSphere Client 来使用和 5.0 相同的功能集。尽管在 vSphere 6.0 中显著改善了 vSphere Web Client 的响应时间，但 Client/Server 架构的传统客户端在易用性上（包括响应时间、刷新信息的方式和界面组织等方面）仍然有明显的优势。

1. 使用 vSphere Client 登录 vCenter Server

本节同时使用 vSphere Client 和 Web Client 来登录。使用 vSphere Client 登录的时候和登录到单个 ESXi 主机类似，只不过在“IP 地址/名称”一栏需要填写的是 vCenter Server 的 IP 地址或 FQDN，用户名也必须是 SSO 的内置管理员账户，其格式为“Administrator@vsphere. local”，如图 7-78 所示。

和登录单个主机一样，初次登录的时候会提示 SSL 证书的安全警告，选中下方“安装证书”的选项，然后单击“忽略”即可。登录成功之后，同样会弹出评估通知，要注意的是 vCenter Server 的许可和 ESXi 的许可是相互独立的，因此两者的评估期也是各自单独计算。

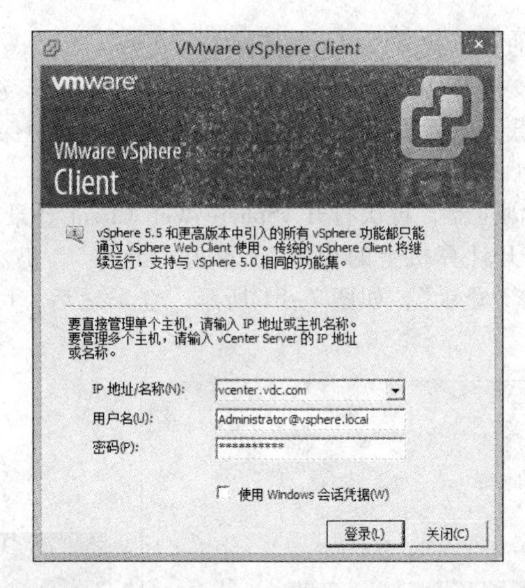

图 7-78　登录 vCenter Server 的填写内容

首次登录 vCenter，默认的视图是“主机和群集”。从 vSphere Client 左侧的导航栏中可以看到，当前只有一个 vCenter Server 对象，如图 7-79 所示。和登录到单个主机时一样，在导航栏中有多个对象时，选择不同对象会导致右侧出现不同的内容。

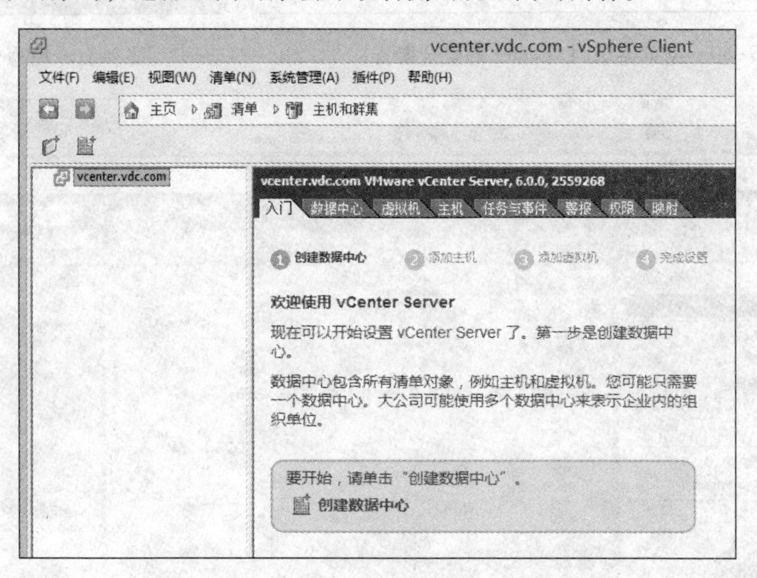

图 7-79　vSphere Client 中崭新的 vCenter 清单

2. 使用 vSphere Web Client 登录 vCenter Server

vSphere Web Client 6.0 要求使用 Adobe Flash Player 16 或更高版本。根据 VMware 的建议，使用 Google Chrome 可以获得最佳性能。这里以 Windows 8.1 下的 IE 11 浏览器为例，在地址栏里输入“https://vcenter.vdc.com/vsphere-client”。连接成功后会提示证书错误，如图 7-80 所示。在此我们可以确定自己搭建的 vCenter 是可信网站，直接单击“继续浏览此网站”，页面会跳转到带有“VMware vCenter Single Sign-On”字样的登录界面。在首次登录之前，先单击左下角的“下载客户端集成插件”。

客户端集成插件仅支持IE 10及以上版本、Google Chrome 35及以上版本、Mozalla Fire-Fox 30及以上版本。下载完成后直接单击安装，并在安装过程中保持默认设置，一路单击“下一步”即可。

安装完成后，重启浏览器，再次打开vSphere Web Client登录界面，会弹出对话框询问“是否允许此网站打开计算机上的程序”，单击“允许”。仍然使用SSO内置的管理员，并输入密码，单击“登录”，如图7-81所示。登录之后，可看到崭新的vCenter界面，如图7-82所示。

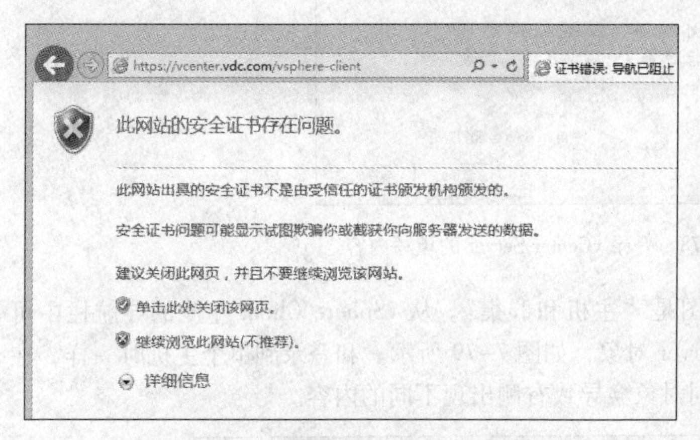

图7-80　浏览器访问vCenter的安全警告

图7-81　填写登录信息

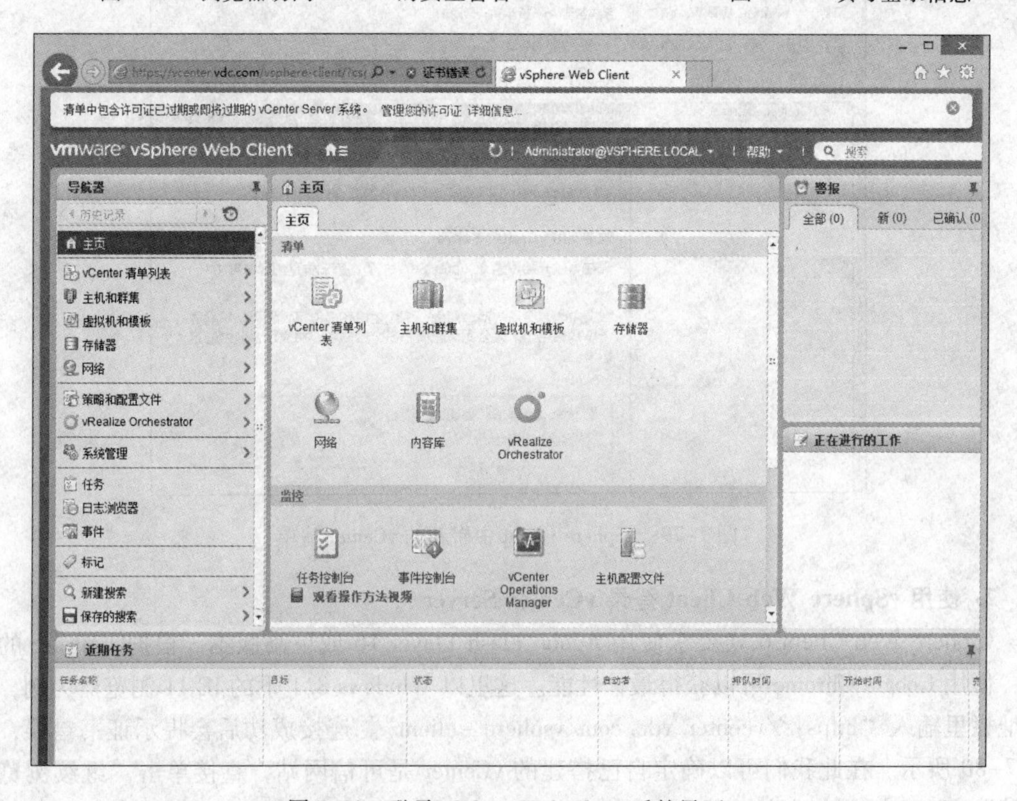

图7-82　登录vSphere Web Client后的界面

3. 添加主机到 vCenter

现在使用 vSphere Client 将主机添加到 vCenter 里去。由图 7-79 可见，一个崭新的 vCenter Server 实例之下没有其他容器和对象，在此状态下也不能直接加入 ESXi 主机，必须先创建数据中心。选择 vCenter 实例，在“入门”选项卡中单击“创建数据中心”，并为其命名，这里命名为“cqcet”。

通过 vCenter 实例上的右键菜单，也可以创建文件夹。数据中心和文件夹都可以看作一种容器，可以相互包含，但一个数据中心不能包含另一个数据中心；要添加主机，数据中心是必需的，文件夹则不是。文件夹通常用来按不同的用途、部门或客户，对下层的清单对象和容器（群集、主机、资源池和虚拟机等）进行组织、归类。

有了数据中心之后，便可以添加主机了。主机可以直接位于数据中心里，也可以位于数据中心下的文件夹里。这里我们直接添加主机到数据中心，步骤如下。

第 1 步：在导航栏中选择数据中心，弹出右键菜单并选择“添加主机”；也可以通过“入门”选项卡选择“添加主机”或在上下文命令组中单击对应的命令。

第 2 步：在弹出的“添加主机向导”中输入主机的 IP 地址或域名，然后输入 root 账户及其密码，如图 7-83 所示。正如同本书反复强调的，在 DNS 服务可用的前提下请尽量使用域名。直接使用 IP 地址来加入主机，可能会导致将来在使用高可用性和 VMware Update Manager 时出现问题，而且包括 vSAN 在内的许多高级功能都要求加入主机的时候必须使用 FQDN。

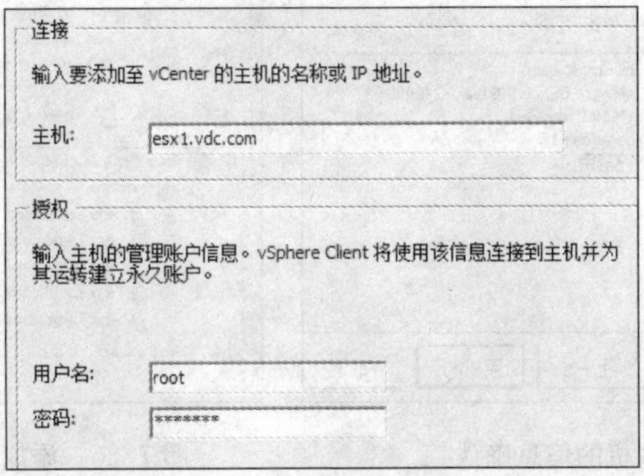

图 7-83　目标主机的相关信息

第 3 步：该向导会显示主机的摘要，包括域名、供应商、型号、ESXi 版本和在该主机上注册的虚拟机列表。

第 4 步：由于使用的 ESXi 处于评估模式，会进入“分配许可证”的步骤。在此可选中“向主机分配现有的许可证密钥”或“向主机分配新许可证密钥”。在“向主机分配现有的许可证密钥”的选项中，可以进一步选择“评估模式”，如图 7-84 所示。

第 5 步：选择是否使用锁定模式，该模式可禁止主机被直接登录，这里不选择。

第 6 步：为该主机的虚拟机选择一个位置，选择当前唯一的一个数据中心。

第 7 步：检查摘要，如图 7-85 所示，确认无误之后单击“完成”按钮。

接下来，我们只需要重复操作，将所有的 ESXi 主机全部添加到当前 vCenter Server 中去，最后的结果如图 7-86 所示。

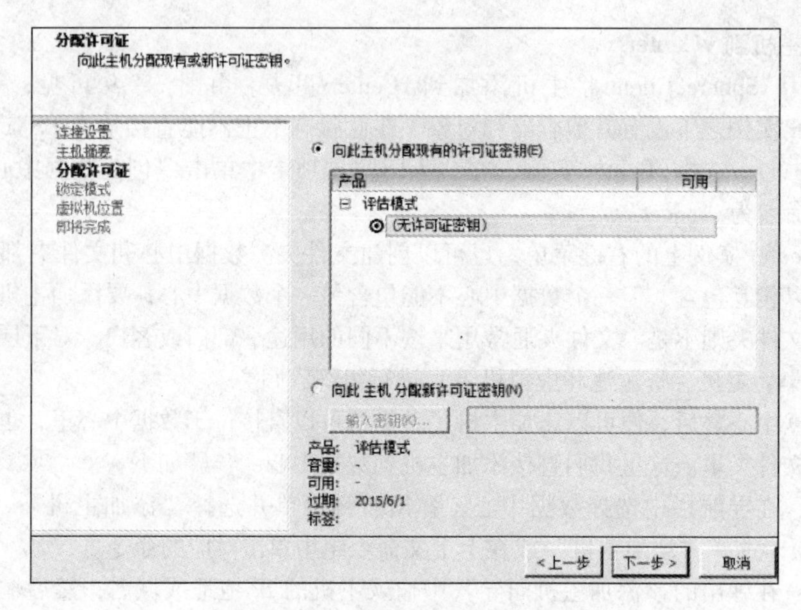

图 7-84　目标主机的许可证选项

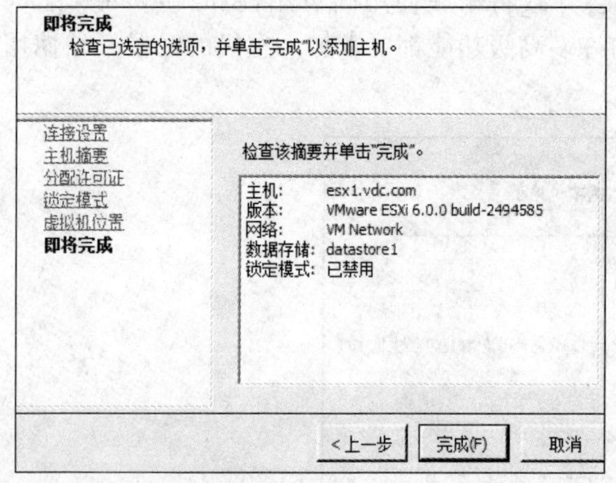

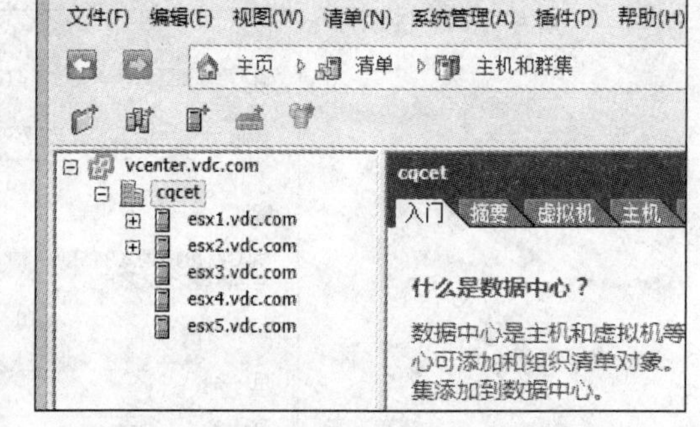

图 7-85　添加主机的信息确认　　　　图 7-86　添加好的主机出现在清单里

如果要从 vCenter Server 中断开或移除主机，也需要通过右键菜单进行操作。选择一个主机并单击右键，就能看到“断开”和“移除”选项。选择断开的主机，通过右键菜单使用“连接”，可将该主机重新连上；但如果断开期间主机的 SSL 证书发生变化，则需要重新提供 root 账户和密码。

移除主机会带来以下后果：使 vCenter Server 丢失该主机性能数据、性能图标设置、主机级别的权限和用户创建的自定义警报等，主机上的 vApp 会被转换为资源池。关于 vApp 和资源池，本书将在第 8 章进行介绍。

4. 在 vSphere Web Client 中启用虚拟机控制台

本书推荐在可能的情况下尽量从 vSphere Client 中打开虚拟机控制台，但仍然有些特殊情况需要在 vSphere Web Client 中使用虚拟机屏幕，例如使用新版的 Fault Tolerance。本节介绍如何在浏览器中启用虚拟机控制台。

在正常情况下，安装了客户端集成插件之后即可在 vSphere Web Client 中正常使用虚拟机控制台；而在某些系统和软件环境下（如 Windows 8.1 中的 IE 11），则需要下载 VMware Remote Console 7.0。对此，VMware 并未给出具体解释。

从 vSphere Web Client 登录 vCenter Server 之后，在清单列表中任意选择一个运行中的虚拟机，然后在右侧选择“摘要”选项卡，单击其中的“下载远程控制台”，如图 7-87 所示。

图 7-87　为 vSphere Web Client 下载远程控制台

该链接指向 VMware 官网的插件下载页面，在该页面找到“VMware Remote Console 7.0 for Windows”，并单击“下载”按钮，如图 7-88 所示。

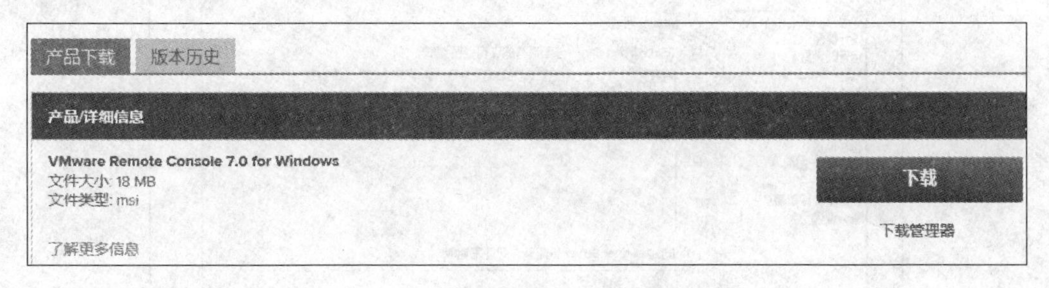

图 7-88　VMware 官网上的下载链接

这里会弹出关于《最终用户许可协议》的页面，必须同意该协议才能下载。下载完成之后直接单击安装。安装向导还会再提供一次《最终用户许可协议》，仍然选中“同意”，然后保持所有的默认选项，一路单击“下一步”直到完成安装。

安装完成后，系统会提示需要重启。重启后，再度使用 vSphere Web Client 登录到 vCenter Server，选择一个运行中的虚拟机，再单击图 7-87 中的“启动远程控制台”。初次使用远程控制台会弹出“是否允许该网站打开你计算机上的程序”的询问，如图 7-89 所示，单击“允许”按钮。接着还会弹出“Invalid Security Certificate”相关的警告，在这里选中“Always trust this host with this certificate”，并单击“Connect Anyway”按钮，如图 7-90 所示。

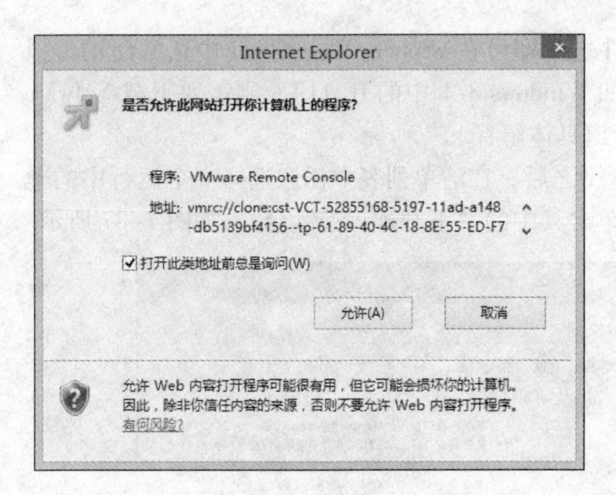

图 7-89　允许网站打开本地程序

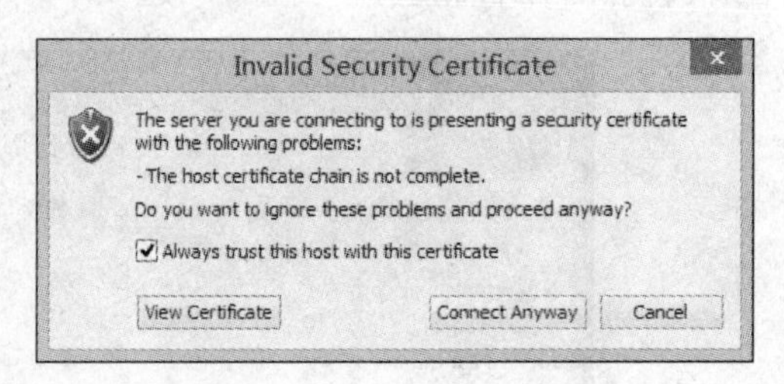

图 7-90　安全认证警告

至此，我们就可以在浏览器弹窗中使用虚拟机控制台了。

5. 添加 vCenter Server 许可证

本节使用 vSphere Client 为 vCenter Server 添加许可证。单击“系统管理”菜单中的“vCenter Server 设置”，打开 vCenter Server 设置窗口，左侧导航栏中的第一项就是“许可”，因此直接在右边的单选控件组中选择“向此 vCenter Server 分配新许可证密钥”，并单击“输入密钥”，然后在弹出的“添加许可证密钥”对话框中输入密钥，如图 7-91 所示。密钥标签可以随便填写，也可以留空。

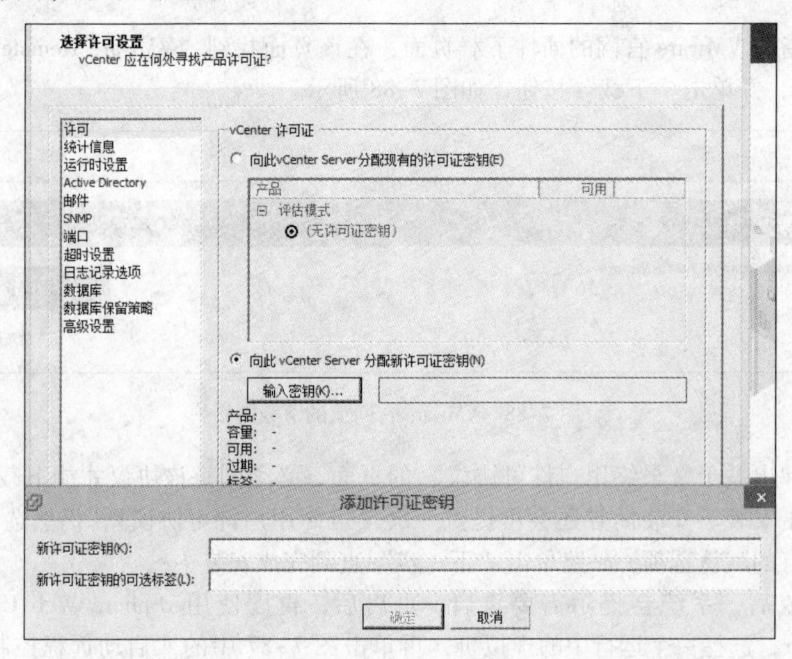

图 7-91　添加 vCenter Server 许可证密钥

如果想更换新的许可证，重新执行上述步骤即可。如果要更换一个已有的许可证或者重新回到评估模式，可在图 7-91 中选择“向此 vCenter Server 分配现有的许可证密钥”，然后选择旧有的许可证密钥或评估模式。

6. 添加 vSphere 许可证

vSphere 许可证也可以理解为 ESXi 的许可证。要添加 vSphere 许可，可以使用 vSphere Client 直接登录到单个主机；也可以登录到 vCenter Server，然后选择主机对象进行操作。

在 vSphere Client 主机和群集视图下的导航栏中选择要添加许可证的主机，然后单击“配置”选项卡，选择“软件”分组中的“已获许可的功能”。此时可在当前选项卡中查看可用的功能。单击右上方的“编辑”按钮，可打开分配许可证窗口，在该窗口中选择单选控件组中的“向主机分配新许可证密钥”，并单击“输入密钥”按钮，然后在弹出的对话框中输入密钥，如图 7-92 所示。

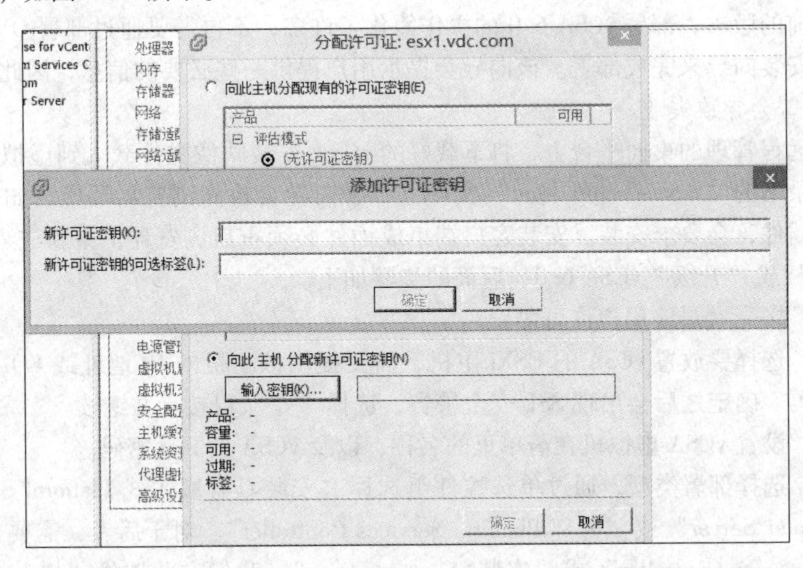

图 7-92　添加 vSphere 许可证密钥

如果想更换新的许可证，重新执行上述步骤即可。如果要更换一个已有的许可证或者重新回到评估模式，可在图 7-92 中选择“向此主机分配现有的可证密钥”，然后选择旧有的许可证密钥或评估模式。

7.6.4　部署 vCenter Server Appliance 6

除了使用 Windows 平台来安装 vCenter Server 之外，VMware 也为用户提供了虚拟器件形式的 vCenter Server Appliance（vCSA），本质上是一个预先安装和配置好的 Linux 版的 vCenter Server。vCSA 6.0 基于 SUSE Linux Enterprise Server 11，可以使用 PostgreSQL 作为捆绑的数据库，或使用 Oracle 作为外部数据库。

VMware 并没有告诉用户如何从头开始安装一个 vCSA，只是将预制的 vCSA 以模板形式提供。虽然使用 vCSA 和普通的 vCenter Server 一样需要购买授权，但却能省下 Windows Server 的授权费用，对于预算不足的微型企业来说是一个不错的选择。

在版本 5.0 中，vCSA 只支持最多 5 个主机，并且不支持链接模式，无法将多个 vCenter Server 实例链接起来作为一个整体以简化管理。vCSA 6.0 则没有这些限制，可以使用连接模式，单个实例最多可以管理多达 1000 台主机，支持 10000 个虚拟机同时运行。这些功能和性能上的改进使用户有更多的理由去选择 vCSA。

1. 部署之前的准备

部署 vCSA 和 vCenter Server 一样，对于数据库和 Platform Services Controller 可选择为捆绑安装或使用独立的对象。前面已经介绍了如何使用外部数据库和独立的 PSC，因此这里选择捆绑的数据库和嵌入式 PSC。

根据设计文档，vCSA 的 IP 地址为 192. 168. 10. 22；FQDN 为 vcsa. vdc. com。部署之前，先在域控制器上为其添加 DNS 条目。最后考虑 vCSA 的放置问题，这里选择将其部署在 esx3. vdc. com 上。

2. 部署 vCenter Server Appliance 6

相比之前的版本，部署 vCSA 6. 0 的操作简化了许多，不再需要通过部署 OVF 模板，而是通过一个安装向导来完成部署。该向导会提示用户提供一些必要的信息，因此如果直接通过 OVF 来部署会导致失败。

在用于远程管理的桌面平台上，将下载好的 vCSA 安装映像文件载入到虚拟光驱，然后运行其根目录下的“vcsa - setup. html”文件。部署向导会检测浏览器环境，如果没有安装客户端集成插件，会要求安装。安装客户端集成插件必须重启浏览器。重新进入部署向导，选择“安装”或“升级”vCSA 6. 0，后面的步骤如下。

第 1 步：接受《最终用户许可协议》。

第 2 步：选择要放置 vCSA 的 ESXi 主机，需要提供该主机的 IP 地址或 FQDN，并输入用户名和密码。确定之后会出现 SSL 安全警告，选择“是”以接受并继续。

第 3 步：设置 vCSA 虚拟机在清单里的名称，以及 vCSA 的 root 密码。

第 4 步：选择部署类型，通过单选控件组选择“安装具有嵌入式 Platform Services Controller 的 vCenter Server”或“外部 Platform Services Controller”。对于后者，需要再选择“安装 Platform Services Controller”或“安装 vCenter Server”。我们在此选择“安装具有嵌入式 Platform Services Controller 的 vCenter Server”，如图 7-93 所示。

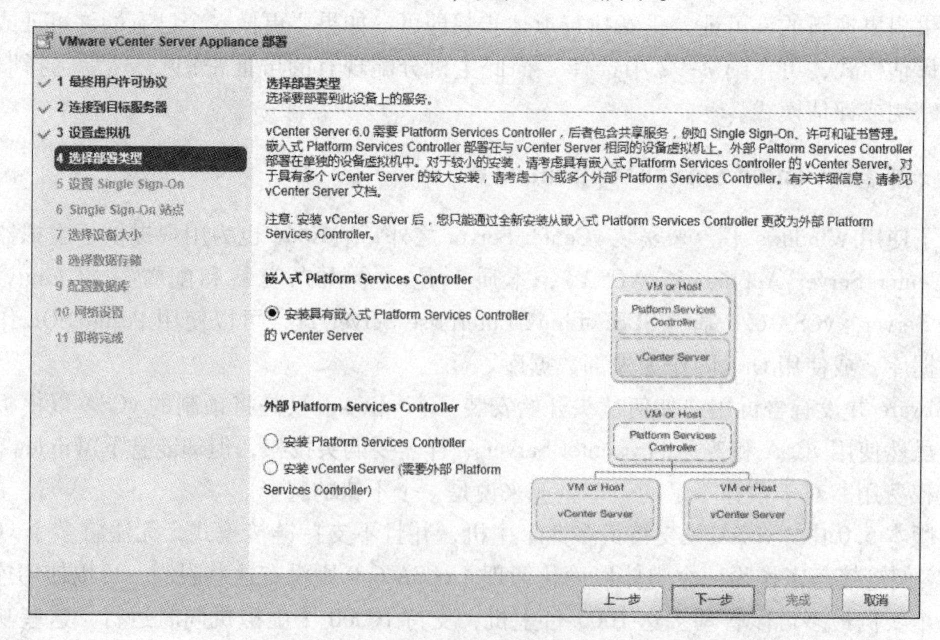

图 7-93　为 vCSA 选择嵌入式 Platform Services Controller

第5步：设置Single Sign - On，这里我们使用增强型链接模式，以便今后能同时管理多个vCenter实例。在单选控件组中选择“在现有vCenter 6.0 Platform Services Controller中加入SSO域”，输入已有的Platform Services Controller的FQDN或IP地址，同时还需要输入该SSO默认管理员的密码，如图7-94所示。这实际上就是我们先前安装Windows版的vCenter Server时创建的SSO域。

图7-94　加入到现有的SSO域

第6步：Single Sign - On站点设置，在单选控件组中选择“加入现有站点”，然后再选择列表中的“Default - First - Site”。

第7步：在列表中选择设备大小，根据整个虚拟化架构的设计规模来选择，这里我们选择“微型（最多10个主机、100个虚拟机）”。

第8步：选择数据存储，可将虚拟机的数据存储放在当前已选择的主机能够访问的存储位置。由于我们尚未给当前主机提供外部存储，因此只能选择本机存储。建议选中“使用精简磁盘模式”以节省空间。

第9步：配置数据库，在单选控件组中选择“使用嵌入式数据库（vPostgreSQL）”。

第10步：网络设置，为vCSA在当前主机上选择一个已有的虚拟机通信网络，然后选择使用IPv4，选择网络类型为静态（Static），在下面按设计文档提供vCSA的IP地址和FQDN、子网掩码、网关、DNS服务器。最后再选择一个时间同步的方案，这里选择“使用NTP服务器”并提供一个可用的NTP服务器地址。以上设置如图7-95所示。

第11步：部署正式开始之前的统计信息，如图7-96所示，确认无误之后单击“完成”按钮，即可开始部署。

部署过程除了将vCSA虚拟机添加到主机上，还包括一系列初始化设置，完成之后会自动重启。vCSA和Windows平台上的vCenter Server一样，具有60天的评估期。

3. 通过SSO管理多个vCenter Server实例

由于在部署vCSA的过程中选择了加入现有的Single Sign - On域，因此就已经具有了增强型链接模式。现在我们通过vSphere Web Client登录第一个vCenter Server。前面说过，vCenter通过SSO进行身份认证，使用SSO默认的管理员账户登录到vCenter Server也可以理解为登录到了SSO域。这时便能在浏览器左侧的导航栏中看到两个vCenter Server实例，如图7-97所示，当前有“vcenter. vdc. com”和“vcsa. vdc. com”。用户可以在此对每个vCenter Server进行当前许可证所允许的所有操作。

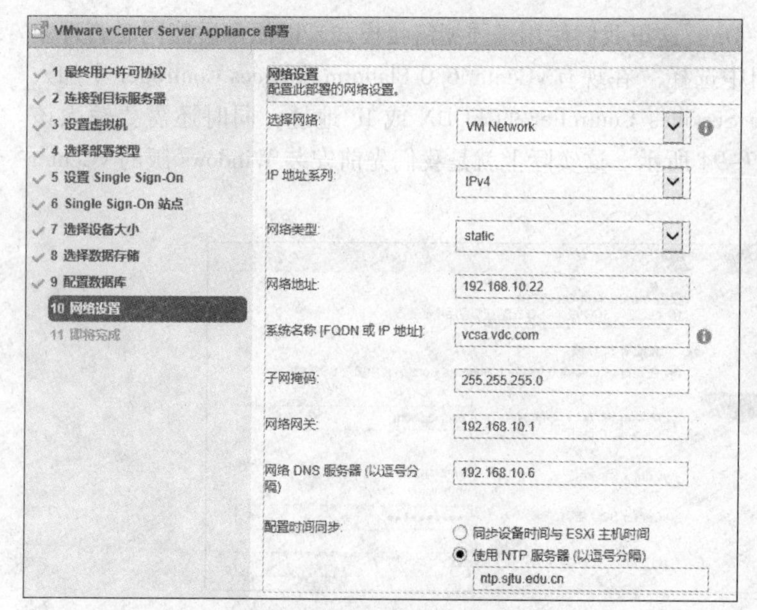

图 7-95　部署 vCSA 的网络设置

图 7-96　完成之前的统计信息

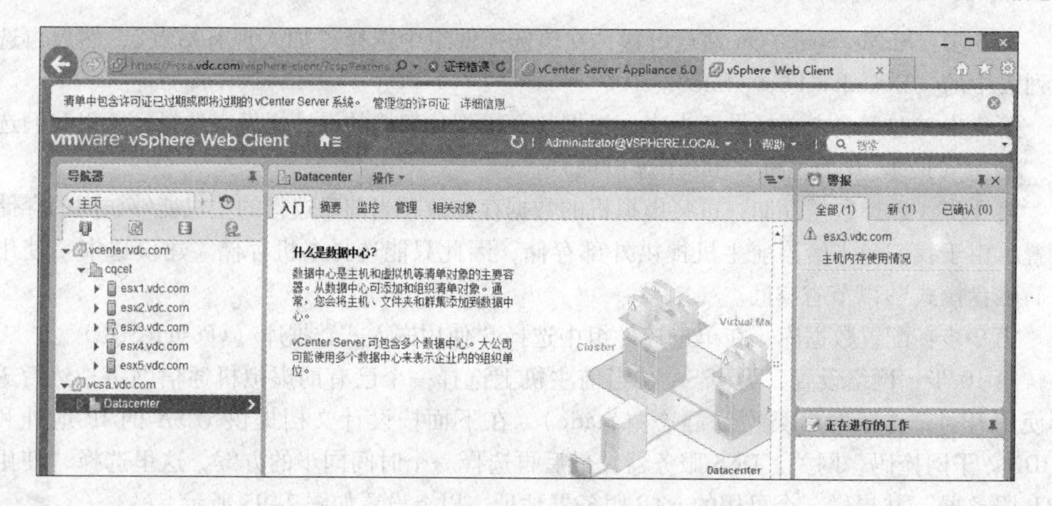

图 7-97　导航栏清单中的两个 vCenter 对象

7.7　网络管理与外部存储的搭建

使用 VMwarevSphere 搭建私有云平台还包括 vSphere 网络管理、搭建和使用外部存储、各种资源管理、高可用性与容错等，由于篇幅所限，下面仅做简单介绍。

7.7.1　vSphere 网络管理

网络是云计算的重要组成部分，也是任何一个企业级虚拟化架构必不可少的基础设施。在 vSphere 架构中，网络被分为物理网络和虚拟网络。物理网络使主机和主机之间能够相互通信，虚拟网络则为同一个主机上的不同虚拟机提供通信服务。

在 vSphere 中，ESXi 主机的内核和虚拟机互相通信以及它们与外界的通信，均由虚拟交换机（vSwitch）来实现。VMware 为 vSphere 提供了两种虚拟交换机，分别是标准交换机和分布式交换机，此外企业还可以购买第三方分布式交换机 Cisco Nexus 1000V。

vSphere 的网络架构由物理网络和虚拟网络共同构成。物理网络即传统的网络，由物理适配器、物理交换机组成。

虚拟网络是单台物理机上运行的虚拟机之间为了互相发送和接收数据而相互逻辑连接所形成的网络。虚拟网络由虚拟适配器和虚拟交换机组成。虚拟机里的虚拟网卡连接到虚拟交换机里特定的端口组中，由虚拟交换机的上行链路连接到物理适配器，物理适配器再连接到物理交换机。每个虚拟交换机可以有多个上行链路连接到多个物理网卡；但同一个物理网卡不能连接到不同的虚拟交换机。可将虚拟交换机上行链路看作是物理网络和虚拟网络的边界。

合理的网络架构对 vSphere 的实施和运维非常重要。在网络方面有以下内容需要注意。

1）根据部署的规模，合理选择网络类型，并确定使用机架式还是刀片式服务器。这些选择往往涉及资金、场地、技术和厂商政策等诸多因素。

2）在设计阶段和实施过程中，从安全性、容灾能力等方面着手，认真考虑流量隔离、链路冗余和负载均衡。实施者和管理员都应当充分理解为什么在千兆网络下需要十个网卡。

3）对于标准交换机，VMkernel 端口用于主机的多种流量；VM 端口组用于虚拟机通信。对于分布式交换机，由虚拟适配器来桥接 VMkernel 端口和分布式端口组，虚拟机则直接接入分布式端口组。当一个 VMkernel 端口在不同的虚拟交换机之间迁移时，必须保证具有可用的上行链路，以防相应的虚拟网络失去连接。

7.7.2 搭建和使用外部存储

企业在数据中心使用外部存储已经有很长的历史了，将以 CPU 和内存为核心的计算资源与数据存储分离开来，有利于数据的保护和灾难恢复。对于 vSphere 虚拟化架构来说，外部存储具有更大的意义。从功能上讲，使用了外部存储，能高效地使虚拟机在不同的主机之间迁移，不需要停机。这也是诸如分布式资源调度、高可用性和容错等高级功能的前提条件。从性能上将，存储起着非常核心的作用。在 vSphere 环境中，每个主机有各自的 CPU 和内存，但却共享一个或少量的存储池。因此，存储的性能会比 CPU 或内存的性能影响到更多的虚拟机。本节介绍使用 Windows Server 2012 R2 创建 iSCSI 存储。

介绍如何在 Windows Server 2012 R2 上创建 iSCSI Target 之前，先介绍两个概念：iSCSI Target 和 iSCSI Initiator。

iSCSI Target（目标）：一个能被访问的 iSCSI 存储池或逻辑卷的实例。

iSCSI Initiator（发起者）：一个访问 iSCSI Target 的用户或设备，其可以是一台计算机，也可以是一个 iSCSI 适配器。

为了方便，本节在虚拟机里展示创建过程。该虚拟机除系统盘外还添加了两个磁盘设备用于提供存储空间，并配有两个虚拟网卡。

1. 在 Windows Server 2012 R2 上启用网卡组合

在 vSphere 环境下情况下，一个 iSCSI 存储通常会被多个主机并发访问，每个主机可能有多个虚拟机正在读写自己的磁盘，而这些磁盘都位于该 iSCSI 存储上。因此，除了要求存储设备要有足够的 IOPS，还要有足够的网络带宽用于数据传输。由于使用的是千兆网络，有必要使用网卡成组功能，以增加带宽。

在“服务器管理器”窗口中单击左侧导航栏里的“本地服务器”，然后在右侧窗口中单击“NIC 组合”旁边的“禁用”。此时会弹出名为“NIC 组合”的窗口，窗口右下角的列表中是现有的网络连接，按住“Ctrl”键同时选择两个网络，然后单击“任务”下拉按钮，选择下拉菜单中的“添加到新组”，如图 7-98 所示。

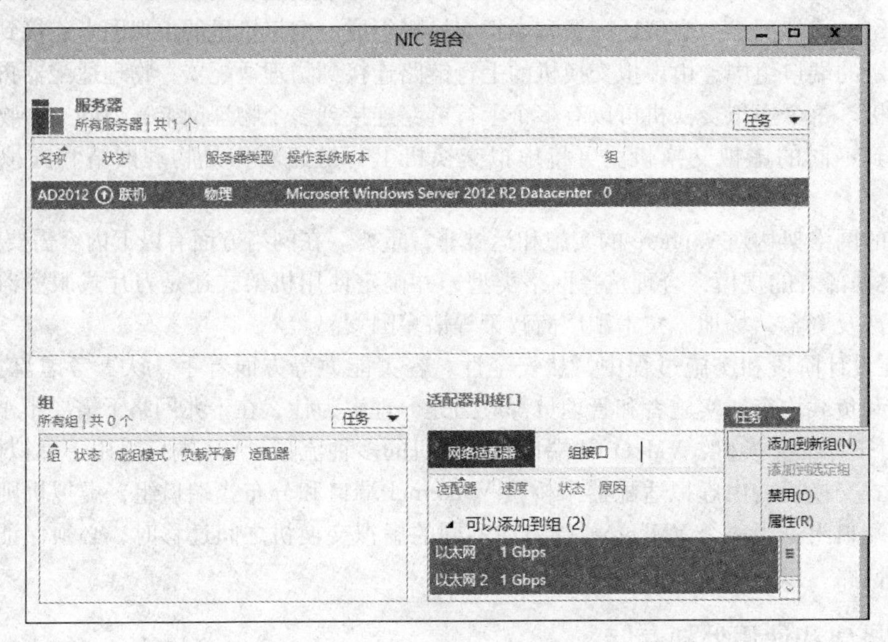

图 7-98 创建网卡组合的入口

选择上述命令会再次弹出新窗口，在窗口中输入组的名称，选择成员适配器，将成组模式选为“交换机独立”，负载平衡模式为“动态”，如图 7-99 所示。设置完毕后单击“确定”返回上一窗口，可以在窗口下方看到建好的组及所用适配器，如图 7-100 所示。

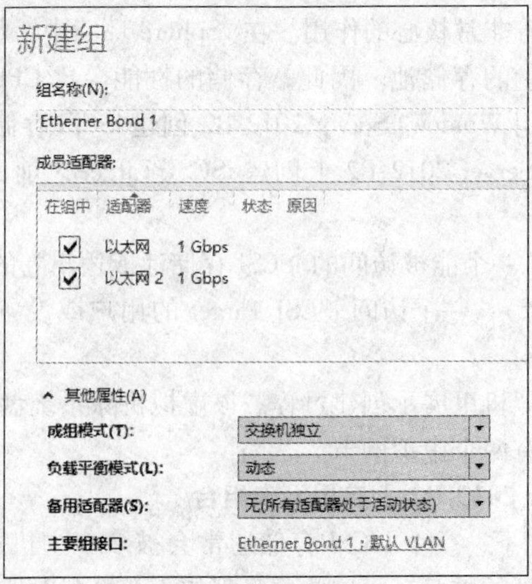

新建组
组名称(N):
Etherner Bond 1
成员适配器:
在组中 适配器 速度 状态 原因
以太网 1 Gbps
以太网 2 1 Gbps
其他属性(A)
成组模式(T): 交换机独立
负载平衡模式(L): 动态
备用适配器(S): 无(所有适配器处于活动状态)
主要组接口: Etherner Bond 1：默认 VLAN

图 7-99 网卡组合的参数

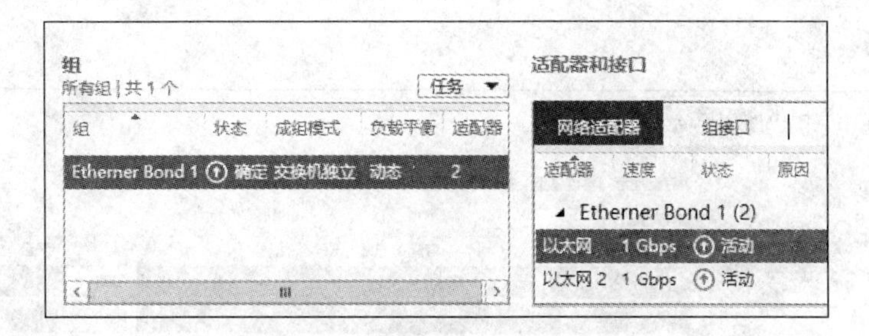

图 7-100 网卡组合列表中的对象

现在打开“网络和共享中心”，可发现原有的网络连接已经被成组的连接所取代，在此需要重新为该连接设置 IP 地址、掩码、网关和 DNS。

2. 添加 iSCSI 存储服务

下面为 iSCSI 存储添加角色和功能。在“服务器管理器”窗口中单击左侧导航栏里的“文件和存储服务”，然后在展开的二级导航栏中单击“iSCSI”，最后再单击窗口中央的“若要安装 iSCSI 目标服务器，请启动‘添加角色和功能’向导”字样。

该命令会弹出向导窗口，在向导的前几步只需要连续单击“下一步”按钮，到名为“服务器角色”的步骤时，在中间的“角色”列表里选中“iSCSI 目标存储提供程序”和“iSCSI 目标服务器”两个复选框，如图 7-101 所示。

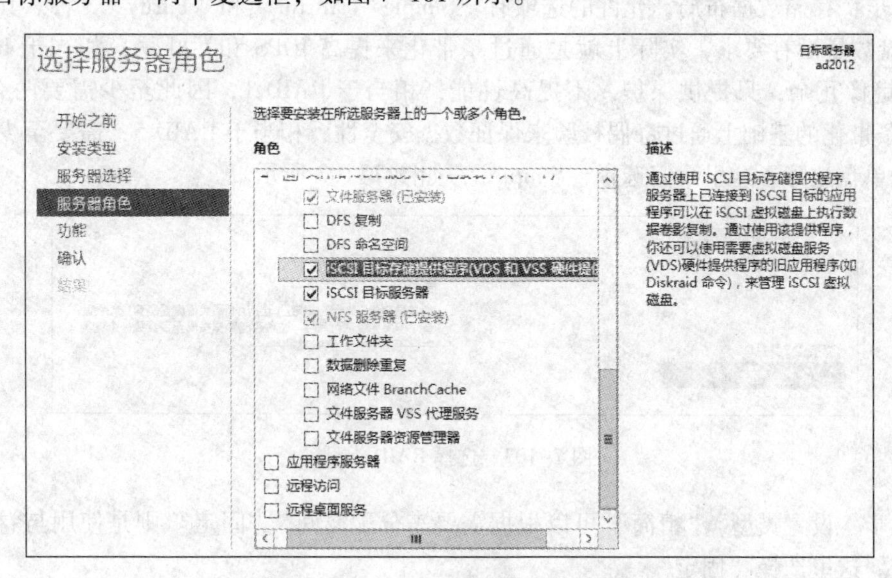

图 7-101 选择和 iSCSI 有关的服务器角色

在这之后的其他步骤均保持默认，直到开始安装。然后等待安装结束，关闭向导即可。

3. 配置存储池和虚拟磁盘

返回“服务器管理器”窗口中的“文件和存储服务”二级导航栏，选择“存储池”，然后在右上角的“任务”下拉菜单中选择“新建存储池”，启动“新建存储池向导”。

在向导中直接单击“下一步”按钮跳过无关紧要的介绍页，然后设置存储池的名称，单击“下一步”按钮。这里要求选择要加入存储池的物理磁盘，并选择分配方式。分配方式可以选择“自动”“热备份”或“手动”。这里将两个磁盘都选为“自动”，如图 7-102 所示。

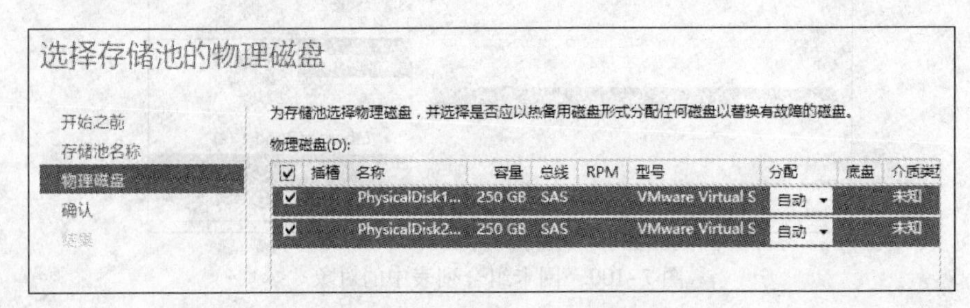

图 7-102　为存储池选择物理磁盘

接下来是信息确认的页面，单击“创建”，然后等待创建完成，关闭窗口。存储池完毕后，就可以着手创建虚拟磁盘了。在二级导航栏选择“存储池”，然后选择刚才建好的存储池实例，通过右键菜单选择“新建虚拟磁盘”，弹出“新建虚拟磁盘向导”，后面的步骤如下。

第 1 步：开始之前，该向导对当前操作的简单介绍。

第 2 步：选择刚才创建的存储池实例。

第 3 步：输入虚拟磁盘的名称及描述信息。

第 4 步：存储数据布局，允许的选项有“Simple”“Mirror”和“Parity”3 种。其中 Simple 对磁盘数量没有要求，实际上就是通过条带化来提高 IOPS 和吞吐量，相当于 RAID 0；Mirror 是镜像冗余，只提供保护，不提高性能，相当于 RAID 1，因此至少需要两个磁盘；Parity 在条带化的基础上通过奇偶校验来保证数据安全性，相当于 RAID 5，需要至少 3 个磁盘来防止单盘故障。这里我们选择“Simple”，如图 7-103 所示。

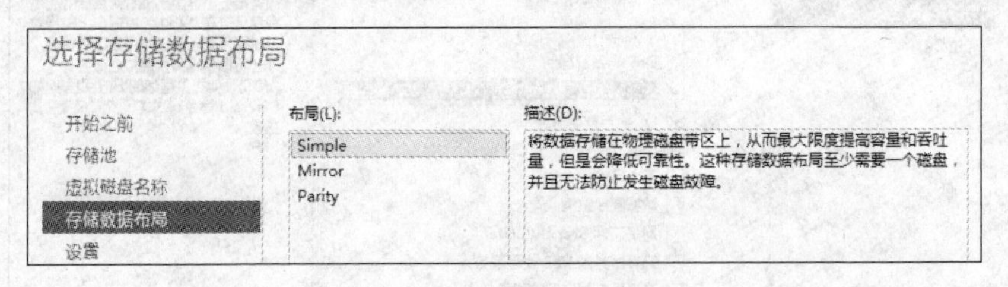

图 7-103　选择 RAID 类型

第 5 步：设置类型，“精简”可以根据需要来分配空间，“固定”则是使用与卷相等大小的空间。这里选择“固定”。

第 6 步：设置容量大小。可以选择“指定大小”和“最大大小”。这里选择“最大大小”。

第 7 步：信息确认，单击“创建”按钮，等待创建完成后，关闭向导即可。

4. 在虚拟磁盘上创建卷

创建好虚拟磁盘后，还需要创建卷。卷是一种逻辑容器，文件系统必须基于卷来创建。可以在二级导航栏选择“存储池”，然后选择刚才创建的存储池实例，并通过下面左侧的“虚拟磁盘”列表框选择前面创建好的虚拟磁盘，通过右键菜单选择“新建卷”，如图 7-104 所示。

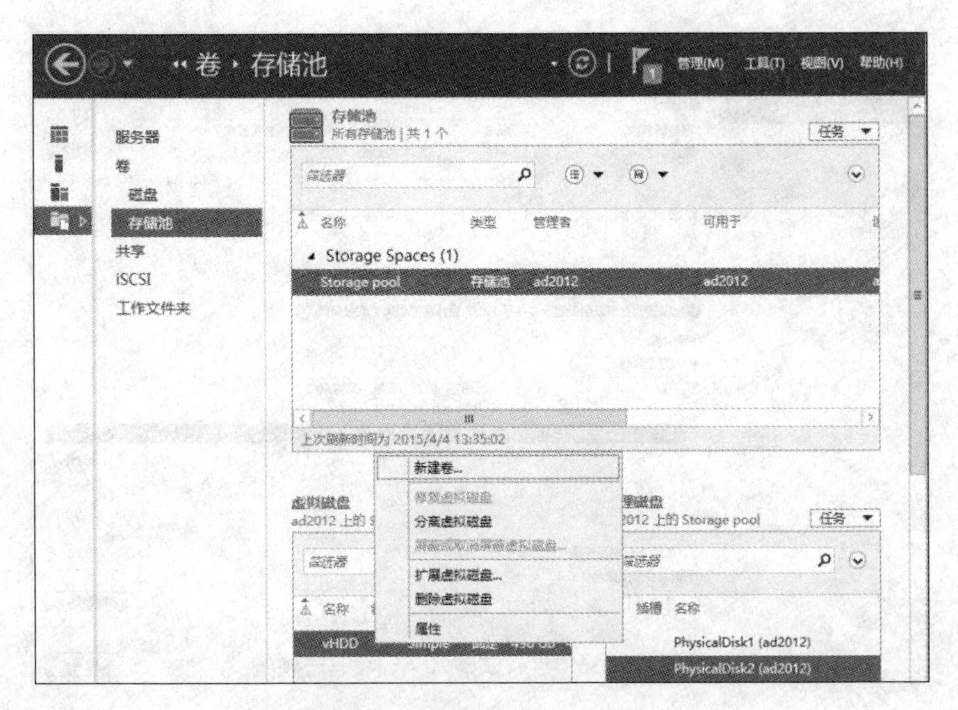

图 7-104　在存储池上新建卷

启动“新建卷向导”之后，后续的步骤如下。

第 1 步：向导对当前操作的简单介绍，直接跳过。

第 2 步：服务器和磁盘，选择当前服务器（本机）和前面创建好的虚拟磁盘。

第 3 步：设置大小，若要使用最大容量，可输入和容量相等的数字，单位可选 GB 或 MB。

第 4 步：分配驱动器号或文件夹位置，这里分配为 E 盘。

第 5 步：文件系统，这里选择 NTFS，其他参数保持默认。

第 6 步：确认信息，然后单击“创建”按钮，完成之后关闭向导即可。

5. 创建 iSCSI 虚拟磁盘

至此，我们已经完成的工作有创建存储池、在存储池上创建虚拟磁盘和在虚拟磁盘上创建卷。接下来还需要在此卷对象上创建 iSCSI 虚拟磁盘。这并非是一个循环创建虚拟磁盘的行为，和前面创建的虚拟磁盘不同，iSCSI 虚拟磁盘并不仅仅只是一个逻辑对象，它还对更上层的数据读取提供了一个抽象的层级，用于为 iSCSI 协议的执行提供服务。

首先在二级导航栏中选择“卷”，然后在刚才新建的卷对象上弹出右键菜单，选择其中的“新建 iSCSI 虚拟磁盘”，后面的步骤如下。

第 1 步：选择 iSCSI 虚拟磁盘的位置。如果为卷号分配了驱动器号，应当在单选控件组中选择“按卷选择”，并在下面的驱动器列表中选择刚才创建的卷；如果将卷放入某个文件夹，则选择“键入自定义路径”，并找到卷的存放目录。这里按卷选择，然后选择驱动器“E:”，如图 7-105 所示。

第 2 步：指定 iSCSI 虚拟磁盘的名称及描述信息。

第 3 步：指定 iSCSI 虚拟磁盘的大小，如果要分配所有空间，就输入和总容量相等的数

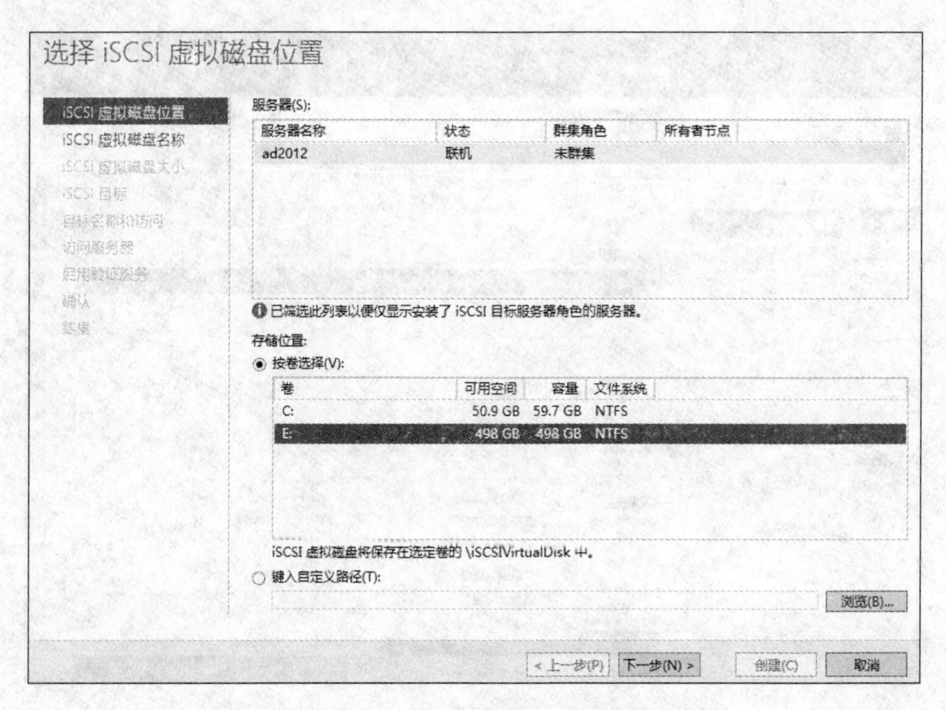

图 7-105　选择虚拟磁盘的位置

字，单位可以是 GB 或 MB。分配方式可以选择“固定大小”“动态扩展”和“差异”，建议选择固定大小以获得较好的性能。

第 4 步：iSCSI 目标（即 Target），选择“新建 iSCSI 目标”。

第 5 步：指定目标名称和描述信息。

第 6 步：添加访问服务器，单击窗口下方的“添加”按钮以添加允许访问该 iSCSI 目标的计算机。此时会弹出“添加发起程序 ID”窗口，选择“输入选定类型的值”，并将“类型”下拉选项单选择为“IP 地址”，然后输入 iSCSI Initiator（即发起程序）的 IP 地址。根据我们对 vSphere 环境的整体设计，这里应当填写 ESXi 主机上用于 iSCSI 存储的端口所用的 IP 地址，即“192.168.20.31 ~ 192.168.20.35”。但要注意，这里不支持以主机号全为“0”的 IP 地址来表示整个网络，因此要分别输入每个地址。添加完毕之后，这些被允许的发起程序（每一个都代表一个远程计算机上的端口）就出现在了列表里，如图 7-106 所示。

第 7 步：身份验证，可以选择使用 CHAP 协议对发起程序的请求进行身份验证，或启用反向 CHAP 以允许发起程序对 iSCSI 目标进行身份验证。建议在特定的生产环境中启用这些选项。由于是实验环境，这里选择不启用。

第 8 步：完成之前的信息确认，如果没有问题，单击“创建”，待创建完成之后关闭窗口即可。

完成之后，返回“服务器管理器”窗口中的“文件和存储服务”二级导航栏，可以看到 iSCSI 虚拟磁盘正在初始化，待其完成即可使用。接下来，通过右侧的滚动条前往当前窗口的下半部分，以查看 iSCSI 目标列表。在此列表中，通过列标签显示了 iSCSI 目标的 IQN 和其他状态，我们也可以选择一个 iSCSI 目标，打开其属性窗口进行查看，如图 7-107 所示。

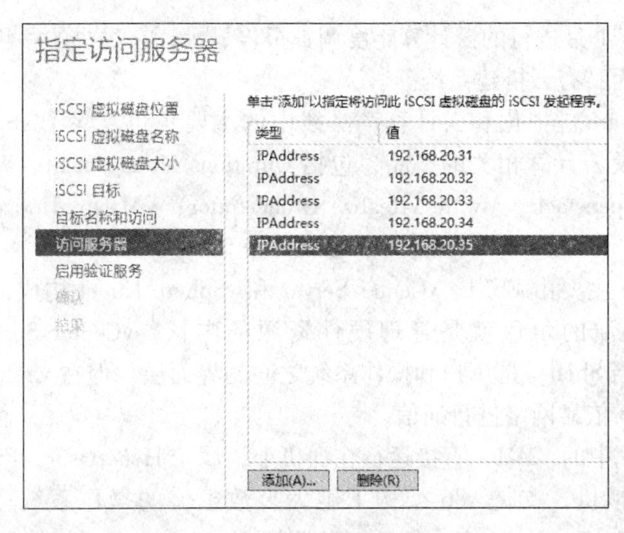

图 7-106 允许访问的发起者列表

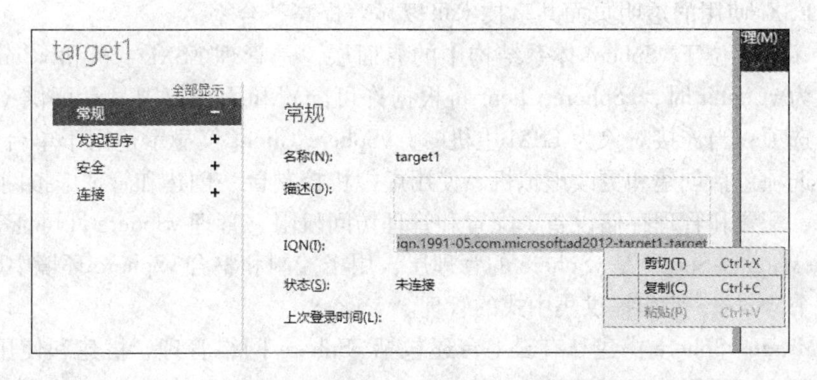

图 7-107 查看 iSCSI Target 的属性

IQN（iSCSI Qualified Name）是由 iSCSI 协议定义的名称结构，用于标识一个特定的 iSCSI 目标。在此可以将该 iSCSI 目标的 IQN 复制到剪贴板，粘贴到文档中，以便将来配置 iSCSI Initiator 时使用。

本章还涉及虚拟机的管理（包括虚拟机重复部署、快照、热迁移、备份和恢复等）、高可用性与容错、vSphere 性能监控与调度任务和 vSphere 安全管理等，感兴趣的读者可以参考由机械工业出版社出版，李力主编的《云操作系统》一书。

小结

私有云是部署在企事业单位或相关组织内部的云，限于安全和自身业务需求，它所提供的服务不供他人使用，而是供内部人员或分支机构使用。

VMware 公司成立于 1998 年，在 2006 年 6 月发布的最新的 VMwarevSphere 3，成为行业里第一套完整的虚拟架构套件，在一个集成的软件包中，包含了最全面的虚拟化技术、管理、资源优化、应用可用性以及自动化的操作能力。全球有超过十万个企业用户，以及四百万个最终用户，涵盖各行各业、大中小企业。VMware vSphere 是其主打产品，根据 Right-

Scale 公司在 2015 年 1 月进行的云计算年度调查报告显示，在过去的一年中，有高达 53% 的企业受访者用其作为私有云搭建系统。

vSphere 是 VMware 虚拟化和云计算产品线中的主要角色，除了 vSphere 之外，VMware 还有许多和虚拟化及云计算相关的产品，包括 Oprations Management、VMware vCloud Suite、VMware Integrated Openstack、Mware vRealize Orchestrator、VMware Horizon 和 VMware Workstation 等。

VMware vSphere 主要由 ESXi、vCenter Server 和 vSphere Client 构成，从传统操作系统的角度来看，ESXi 扮演的角色就是管理硬件资源的内核，vCenter Server 提供管理功能，vSphere Client 则充当 Shell，是用户和操作系统之间的界面层。但在 vSphere 中，这几个组成部分是完全分开的，依靠网络进行通信。

ESXi 是 vSphere 中的 VMM，直接运行在裸机上，属于 Hypervisor，ESXi 可以在单台物理主机上运行多个虚拟机，支持 x86 架构下绝大多数主流的操作系统。ESXi 特有的 vSMP（Virtual Symmetric Multi - Processing，对称多处埋）允许单个虚拟机使用多个物理 CPU。在内存方面，ESXi 使用的透明页面共享技术可以显著提高整合率。

vSphere Client 位于 vSphere 体系结构中的界面层，是管理 ESXi 主机和 vCenter 的工具。当连接对象为 vCenter 时，vSphere Client 将根据许可配置和用户权限显示可供 vSphere 环境使用的所有选项；当连接对象为 ESXi 主机时，vSphere Client 仅显示适用于单台主机管理的选项，这些选项包括创建和更改虚拟机、使用虚拟机控制台、创建和管理虚拟网络、管理多个物理网卡、配置和管理存储设备、配置和管理访问权限、管理 vSphere 许可证等。

VMware vCenter Server 是 vSphere 的管理层，用于控制和整合 vSphere 环境中所有的 ESXi 主机，为整个 vSphere 架构提供集中式的管理。

使用 VMware vSphere 搭建私有云平台还包括 vSphere 网络管理、搭建和使用外部存储、各种资源管理、高可用性与容错等。

思考与练习

1. 企事业单位为什么要搭建私有云平台？有什么意义？
2. VMware 云计算产品有哪些？简要说明 vSphere 架构。
3. ESXi 6 在云平台中的作用是什么？如何安装和配置？
4. vSphere Client 有什么作用，怎样安装与配置？
5. vCenter Server 6 在云平台建设中有何作用，安装准备工作有哪些？
6. 私有云平台搭建还包括哪些内容？平台服务和应用服务还需要增加哪些内容（思考）？

第 8 章　云计算存在的问题

本章要点

- 云计算的安全问题
- 云计算的标准问题
- 政府在云计算中的角色问题
- 其他问题

目前云计算及其产业的发展可谓百花齐放、欣欣向荣，服务商众多、用户积极参与，但云计算的发展也面临一系列的问题，它们是云计算的安全问题、云计算标准问题、政府在云计算及产业发展中角色问题、产业人才培养问题和服务监管理问题等，这些问题解决不好将直接影响了云计算及其产业的发展。

本章重点介绍云计算安全问题、标准问题和政府在云计算产业发展中的角色问题。

8.1　云计算的安全问题

在讨论云计算安全问题之前，让我们先来看一下几个大的云计算安全事件。

事件一：Google Gmail 邮箱爆发全球性故障

Gmail 是 Google 在 2004 年愚人节推出的免费邮件服务，但是自从推出这项服务以来，时有“中断”事件的发生，成为业界广泛讨论的话题。

2009 年 2 月 24 日，谷歌的 Gmail 电子邮箱爆发全球性故障，服务中断时间长达 4 小时。谷歌解释事故的原因：在位于欧洲的数据中心例行性维护之时，有些新的程序代码（会试图把地理相近的数据集中于所有人身上）有副作用，导致欧洲另一个资料中心过载，于是连锁效应扩及其他数据中心接口，最终酿成全球性的断线，导致其他数据中心也无法正常工作。

事件过去数日之后，Google 宣布针对这一事件，谷歌向企业、政府机构和其他付费 Google Apps Premier Edition 客户提供 15 天免费服务，补偿服务中断给客户造成的损失，每人合计 2. 05 美元。

事件二：微软的云计算平台 Azure 停止运行

2009 年 3 月 17 日，微软的云计算平台 Azure 停止运行约 22 个小时。

虽然，微软没有给出详细的故障原因，但有业内人士分析，Azure 平台的这次宕机与其中心处理和存储设备故障有关。Azure 平台的宕机可能引发微软客户对云计算服务平台的安全担忧，也暴露了云计算的一个巨大隐患。

不过，当时的 Azure 尚处于“预测试”阶段，所以出现一些类似问题也是可以接受的。提前暴露的安全问题，给微软的 Azure 团队敲了警钟，在云计算平台上，安全是客户最看重的环节。

2010 年，Azure 平台正式投入商用，成为开发者喜爱的云平台之一。

事件三：Rack space 云服务中断

2009 年 6 月，Rack space 遭受了严重的云服务中断故障。供电设备跳闸，备份发电机失效，不少机架上服务器停机。这场事故造成了严重的后果。

为了挽回公司声誉，Rack space 更新了所有博客，并在其中详细讨论了整个经过。但用户并不乐意接受。

同年 11 月，Rack space 再次发生重大的服务中断后。事实上，它的用户是完全有机会在服务中断后公开指责这位供应商的，但用户却表示“该事故并不是什么大事。”Rack space 持续提供了充足更新并快速修复了这些错误。

由此可见，如果没有严重数据的丢失，并且服务快速恢复，用户依旧保持愉快的使用体验。对于所谓的“100% 正常运行”，大多数用户不会因为偶尔的小事故而放弃供应商，只是不要将问题堆积起来。

事件四：Salesforce. com 宕机

2010 年 1 月，几乎 6 万 8 千名的 Salesforce. com 用户经历了至少 1 个小时的宕机。

Salesforce. com 由于自身数据中心的“系统性错误”，包括备份在内的全部服务发生了短暂瘫痪的情况。这也露出了 Salesforce. com 不愿公开的锁定策略：旗下的 PaaS 平台、Force. com 不能在 Salesforce. com 之外使用。所以一旦 Salesforce. com 出现问题，Force. com 同样会出现问题。所以服务发生较长时间中断，问题变得很棘手。

这次中断事故让人们开始质疑 Salesfore. com 的软件锁定行为，即将该公司的 Force. com 平台绑定到 Salesforce. com 自身的服务。总之，这次事件只是又一次地提醒人们：百分之百可靠的云计算服务目前还不存在。

事件五：Terremark 宕机事件

2010 年 3 月，VMware 的合作伙伴 Terremark 发生了 7 个小时的停机事件，让许多客户开始怀疑其企业级的 vCloud Express 服务。此次停机事件，险些将 vCloud Express 的未来断送掉，受影响用户称故障由“连接丢失”导致。据报道，运行中断仅仅影响了 2% 的 Terremark 用户，但是造成了受影响用户的自身服务瘫痪。此外，用户对供应商在此次事情上的处理方式极为不满意。

Terremark 官方解释是：“Terremark 失去连接导致迈阿密数据中心的 vCloud Express 服务中断。”关键问题是 Terremark 是怎么解决这个突发事件的，这家公司并没有明确的方案，只是模糊地对用户担保，并对受到影响的用户进行更新。如果一个供应商想要说服企业用户在关键时刻使用它们的服务，这样的方式是达不到目的的。

Terremark 的企业客户 Protected Industries 的创立者 John Kinsella，服务中断让他心灰意冷，并称该供应商是“杂货铺托管公司”。Kinsella 将 Terremark 与 Amazon 做了比较，他抱怨说，Terremark 才开始考虑使用的状态报告和服务预警而 Amazon 早已实现。

当然，在对 vCloud Director 的大肆宣传以及 VMworld 2010 兴奋地揭幕过后，Terremark 服务中断事件似乎只留下了很小的余波。

事件六：Intuit 因停电造成服务中断

2010 年 6 月，Intuit 的在线记账和开发服务经历了大崩溃，公司对此也是大惑不解。包括 Intuit 自身主页在内的线上产品两天内都处于瘫痪状态，用户方面更是惊讶在当下备份方案与灾难恢复工具如此齐全的年代，竟会发生大范围的服务中断。

但这才是开始。大约 1 个月后，Intuit 的 QuickBooks 在线服务在停电后瘫痪。这个特殊的服务中断仅仅持续了几个小时，但是在如此短时间内发生的宕机事件也引起了人们的关注。

Intuit 的事故，显然会给用户带来不便，甚至怨声载道，即便如此，Intuit 依旧继续进军 PaaS 和 Web 服务供应商领域，不断改善服务质量，事故没有造成更大的影响。

事件七：微软爆发 BPOS 服务中断事件

2010 年 9 月，微软在美国西部几周时间内出现至少三次托管服务中断事件，这是微软首次爆出重大的云计算事件。这一事件让那些一度考虑使用云计算的人感到忧虑，特别是考虑使用与 Office 套装软件捆绑在一起的微软主要云计算产品 Office 365 的那些人感到担心。可见，就算是著名的微软公司，面对提供公有云服务的安全问题，也显得有些束手无策。

云计算的应用还有许多问题，但它的发展依然势不可挡。

事件八：Google 邮箱再次爆发大规模的用户数据泄漏事件

2011 年 3 月，Google 邮箱再次爆发大规模的用户数据泄漏事件，大约有 15 万 Gmail 用户在周日早上发现自己的所有邮件和聊天记录被删除，部分用户发现自己的账户被重置，谷歌表示受到该问题影响的用户约为用户总数的 0.08%。

Google 在 Google Apps 状态页面表示："部分用户的 Google Mail 服务已经恢复过来，我们将在近期拿出面向所有用户的解决方案。"它还提醒受影响的用户说："在修复账户期间，部分用户可能暂时无法登录邮箱服务。"

Google 过去也曾出现故障，但整个账户消失却是第一次。在 2009 年出现最严重的一次故障，有两个半小时服务停顿，许多人当时曾向 Google 投诉需用这个系统工作。接二连三出错，令全球用户数小时不能收发电邮。Google 及微软等科技企业近年大力发展云计算，期盼吸引企业客户，但云计算储存多次出事，对用户信心有所打击。

事件九：亚马逊云数据中心服务器大面积宕机

2011 年 4 月 22 日，亚马逊云数据中心服务器大面积宕机，这一事件被认为是亚马逊史上最为严重的云计算安全事件。

由于亚马逊在北弗吉尼亚州的云计算中心宕机，包括回答服务 Quora、新闻服务 Reddit、Hootsuite 和位置跟踪服务 Four Square 在内的一些网站受到了影响。

4 月 30 日，针对上周出现的云服务中断事件，亚马逊周五在网站上发表了一份长达近 5700 字的报告，对故障原因进行了详尽解释，并向用户道歉。亚马逊还表示，将向在此次故障中受到影响的用户提供 10 天服务的点数（Credit），将自动充值到受影响的用户账号当中。

亚马逊在周五的报告中指出，公司已经知道漏洞和设计缺陷所在的地方，它希望通过修复那些漏洞和缺陷提高 EC2（亚马逊 Elastic Compute Cloud 服务）的竞争力。亚马逊已经对 EC2 做了一些修复和调整，并打算在未来几周里扩大部署，以便对所有的服务进行改善，避免类似的事件再度出现。

此事件也引起人们对转移其基础设施到云上的担忧：完全依靠第三方去报应用程序的可用性是否可行。

以上是几个公有云服务出现的云计算重大事故，这给大家敲响了警钟，人们应该怎样使用云计算？如何发展云计算？相关安全标准是否应该加以完善？政府如何管理？面对一系列问题，通过图 8-1 所示可以看出人们对于云计算的一些安全疑虑，确实是影响用户是否认可云计算模式的最大障碍。

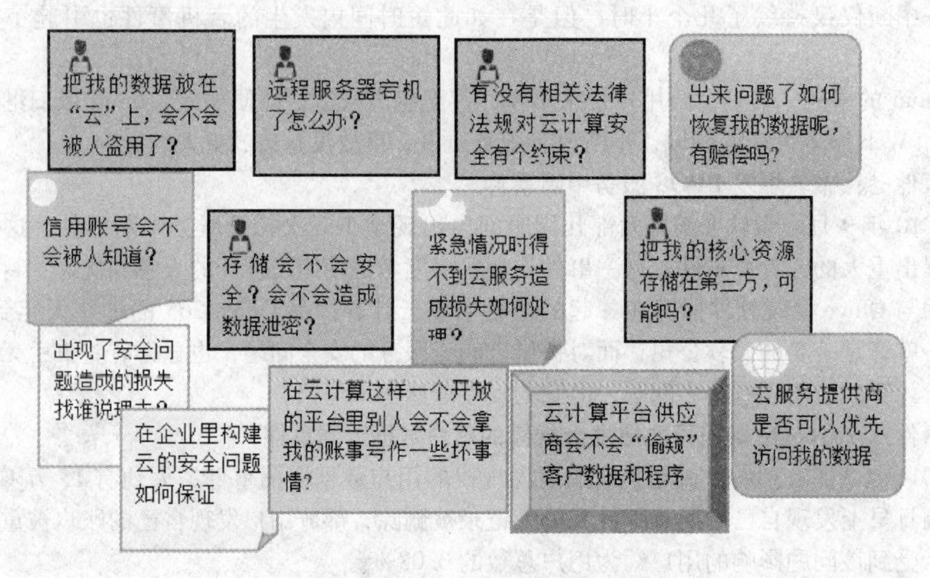

图 8-1　云计算下人们的一些安全疑虑

在这场云计算时代的变革中，越来越多的信息化产品正朝着云计算方向进行迁移或者被创造出来，整个应用及部署模式发生了改变，数据和应用更多地被存储在了云计算中心或者云服务商那里，人们的使用行为也变成了共享模式行为方式的转变。然而在这样一个更加开放的以及集中化的"云计算生态环境"下，将带来比传统 IT 信息化过程更大的安全问题，摆在不管是政府机构、企业单位、开发者还是普通用户面前，例如非法用户入侵，云计算的审计功能还不够完善，用户的数据并不能透明化，恢复难度也很大，相应的网络违法事件也在增多等问题都迎面而来。我们应该以一个科学的态度面对这样的一个重大问题，应该在发展云计算的同时，加大对安全标准、安全法规以及安全策略的研究，同时也要培养起人们使用云服务的安全防范意识，构建一个良好有序的"云计算生态环境"。

8.1.1　云计算安全问题分析

面对云计算安全问题，不能对其过分夸大，也不能对其彻底失望，而要以客观科学的态度分析并解决问题。云计算安全问题是一个伴随任何 IT 技术都需要面对的普遍问题，只是云计算的这种集中式一旦出现安全问题，造成的损失更大。

云计算是一个"云计算生态系统"，可谓包罗万象，从部署方式上分为私有云、公有云和混合云，这 3 种模式网络环境不同，所面临的安全问题不同，涉及的用户也不同。从网络的不同端来看，从各种客户端（计算机、手机终端、IPAD 和电视机顶盒等智能设备），到网络传输，再到云服务商的运营环境，都伴随着安全隐患问题。如图 8-2 所示，是在 3 种服务层次上的一种划分，每一种服务都是一种类型，面对不同的用户，其中的安全问题都会涉及前后台以及云端和客户端的整条链路的安全问题。

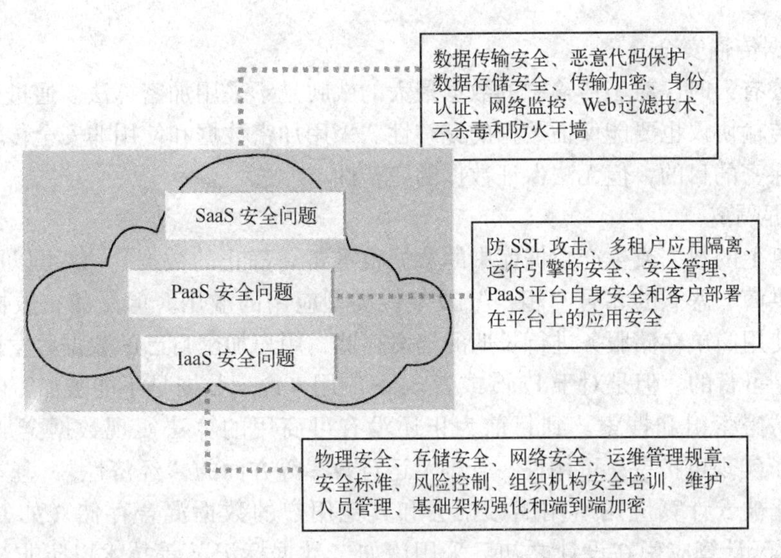

图 8-2　云计算 3 种服务模式下的不同安全问题

下面讨论的几点安全问题，是按照客户端、服务进行的，然后是云端的一种分类。之后将 SaaS 层、PaaS 层和 IaaS 层的安全问题作为服务来讲，同时运用于云计算服务应用场景，如 IaaS 计算服务、IaaS 存储服务、PaaS 平台服务、私有云等面临的安全问题是不一样的。

云计算参考模型之间的关系和依赖性对于理解云计算的安全非常关键，IaaS 是所有云服务的基础，PaaS 一般建立在 IaaS 之上，而 SaaS 一般又建立在 PaaS 之上。

IaaS 涵盖了从机房设备到硬件平台等所有的基础设施资源层面。PaaS 位于 IaaS 之上，增加了一个层面用以与应用开发、中间件能力及数据库、消息和队列等功能集成。PaaS 允许开发者在平台之上开发应用，开发的编程语言和工具由 PaaS 提供。SaaS 位于底层的 IaaS 和 PaaS 之上，能够提供独立的运行环境，用以交付完整的用户体验，包括内容、展现、应用和管理能力。

如表 8-1 所示，概括了云计算安全领域中的数据安全、应用安全和虚拟化安全等问题涉及的关键内容。

表 8-1　云安全关键内容

云安全层次	云安全内容
数据安全	数据传输、数据隔离、数据残留
应用安全	终端用户安全、SaaS 安全、PaaS 安全、IaaS 安全
虚拟化安全	虚拟化软件、虚拟服务器

接下来我们将对云计算安全领域中的数据安全、应用安全和虚拟化安全等问题的应对策略和技术进行重点阐述。

1. 数据安全

用户和云服务提供商应避免数据丢失和被窃，无论使用哪种云计算的服务模式（SaaS、PaaS 和 Iaas），数据安全都变得越来越重要。以下针对数据传输安全、数据隔离和数据残留等方面展开讨论

（1）数据传输安全

在使用公有云时，对于传输中的数据最大的威胁是不采用加密算法。通过互联网传输数据，采用的传输协议也要能保证数据的完整性。采用加密数据和使用非安全传输协议的方法也可以达到保密的目的，但无法保证数据的完整性。

（2）数据隔离

加密磁盘上的数据或生产数据库中的数据很重要（静止的数据），这可以用来防止恶意的云服务提供商、恶意的邻居“租户”及某些类型应用的滥用。但是静止数据加密比较复杂，如果仅使用简单存储服务进行长期的档案存储，用户加密自己的数据后发送密文到数据存储商那里是可行的。但是对于 PaaS 或者 SaaS 应用来说，数据是不能被加密的，因为加密过的数据会妨碍索引和搜索。到目前为止还没有可商用的算法实现数据全加密。PaaS 和 SaaS 应用为了实现可扩展、可用性、管理及运行效率等方面的“经济性”，基本都采用多租户模式，因此被云计算应用所用的数据会和其他用户的数据混合存储（如 Google 的 BigTable）。虽然云计算应用在设计之初已采用诸如“数据标记”等技术以防非法访问混合数据，但是通过应用程序的漏洞，非法访问还是会发生的，最著名的案例就是 2009 年 3 月发生的谷歌文件非法共享。虽然有些云服务提供商请第三方审查应用程序或应用第三方应用程序的安全验证工具加强应用程序安全，但出于经济性考虑，无法实现单租户专用数据平台，因此唯一可行的选择就是不要把任何重要的或者敏感的数据存储到公共云中。

（3）数据残留

数据残留是数据在被以某种形式擦除后所残留的物理表现，存储介质被擦除后可能留有一些物理特性使数据能够被重建。在云计算环境中，数据残留更有可能会无意泄露敏感信息，因此云服务提供商应能向云用户保证其鉴别信息所在的存储空间被释放或再分配给其他云用户前得到完全清除，无论这些信息是存储在硬盘上还是在内存中。云服务提供商应保证系统内的文件、目录和数据库记录等资源所在的存储空间被释放或重新分配给其他云用户前得到完全清除。

2. 应用安全

由于云环境的灵活性、开放性及公众可用性等特性，给应用安全带来了很多挑战。云服务商在云主机上部署的 Web 应用程序应当充分考虑来自互联网的威胁。

IaaS 云服务商（如亚马逊 Ec2、GoGrid 等）将客户在虚拟机上部署的应用看作是一个黑盒子，IaaS 提供商完全不知道客户应用的管理和运维。客户的应用程序和运行引擎，无论运行在何种平台上，都由客户部署和管理，因此客户负有云主机之上应用安全的全部责任，客户不应期望 IaaS 提供商的应用安全帮助。

（1）终端用户安全问题

作为终端用户，不仅是大家使用的计算机设备，更多还包含了所有的智能设备，这是一个更加广义上的概念，因为云计算的发展非常迅速，已经渗透到大部分智能设备中，这也正符合了云计算的特性（广泛的访问能力），将会带来更多的便利，使人们享受无处不在的服务。然而在这背后，也带来了很多安全隐患。当然这些安全问题不仅仅是在云计算环境下才有的，而是一个普遍问题。

对于使用云服务的用户，应该保证自己计算机的安全。在用户的终端上部署安全软件，包括反恶意软件、个人防火墙及 IPS 类型的软件。目前，浏览器已经普遍成为云服务应用的客户端，但不幸的是所有的互联网浏览器毫无例外地存在软件漏洞，这些软件漏洞加大了终端用户被攻击的风险，从而影响云计算应用的安全。因此，云用户应该采取必要的措施保护浏览器免受攻击，在云环境中实现端到端的安全。云用户应使用自动更新功能，定期完成浏览器打补丁和更新工作。

随着虚拟化技术的广泛应用，许多用户现在喜欢在个人计算机上使用虚拟机来工作(公事与私事)。有人使用 VMware Player 来运行多重系统（如使用 Linux 作为基本系统)，通常这些虚拟机甚至都没有达到补丁级别。这些系统被暴露在网络上更容易被黑客利用成为“流氓虚拟机”。对于企业客户，应该从制度上规定连接云计算应用的个人计算机禁止安装虚拟机，并且对个人计算机进行定期检查。

(2) SaaS 层的安全问题

SaaS 应用提供给用户的能力是使用服务商运行在云基础设施和平台之上的应用，用户使用各种客户端设备通过浏览器来访问应用。用户并不管理或控制底层的云基础设施，如网络、服务器、操作系统和存储，甚至其中单个的应用能力，除非是某些有限用户的特殊应用配置项。SaaS 模式决定了提供商管理和维护整套应用，因此 SaaS 提供商应最大限度地确保提供给客户的应用程序和组件的安全，客户通常只需负责操作层的安全功能，包括用户和访问管理，所以选择 SaaS 提供商特别需要慎重。目前对于提供商评估的做法通常是根据保密协议，要求提供商提供有关安全实践的信息。该信息应包括设计、架构、开发、黑盒与白盒应用程序安全测试和发布管理。有些客户甚至请第三方安全厂商进行渗透测试（黑盒安全测试)，以获得更为翔实的安全信息，不过渗透测试通常费用很高而且也不是所有提供商都同意进行这种测试。

还有一点需要特别注意，SaaS 提供商提供的身份验证和访问控制功能，通常情况下这是客户管理信息风险唯一的安全控制措施。大多数服务包括谷歌都会提供基于 Web 的管理用户界面。最终用户可以分派读取和写入权限给其他用户。然而这个特权管理功能可能不先进，细粒度访问可能会有弱点，也可能不符合组织的访问控制标准。

用户应该尽量了解特定访问控制机制，并采取必要步骤，保护在云中的数据；应实施最小化特权访问管理，以消除威胁云应用安全的内部因素。

所有有安全需求的云应用都需要用户登录，有许多安全机制可提高访问安全，如通行证或智能卡，而最为常用的方法是可重用的用户名和密码。如果使用强度最小的密码（如需要的长度和字符集过短）和不做密码管理（过期、历史）很容导致密码失效，而这恰恰是攻击者获得信息的首选方法，从而容易被猜到密码。因此，云服务提供商应能够提供高强度密码；定期修改密码，时间长度必须基于数据的敏感程度；不能使用旧密码等可选功能。

在目前的 SaaS 应用中，服务提供商将客户数据（结构化和非结构化数据）混合存储是普遍的做法，通过唯一的客户标识符，在应用中的逻辑执行层可以实现客户数据逻辑上的隔离，但是当云服务提供商的应用升级时，可能会造成这种隔离在应用层执行过程中变得脆弱。因此，客户应了解 SaaS 提供商使用的虚拟数据存储架构和预防机制，以保证多租户在一个虚拟环境所需要的隔离。SaaS 提供商应在整个软件生命开发周期加强在软件安全性上的措施。

(3) PaaS 层的安全问题

PaaS 提供给用户的能力是在基础设施之上部署用户创建或采购的应用，这些应用使用服务商支持的编程语言或工具开发，用户并不管理或控制底层的云基础设施，包括网络、服务器、操作系统或存储等，但是可以控制部署的应用以及应用主机的某个环境配置。PaaS应用安全包含两个层次：PaaS平台自身的安全，客户部署在PaaS平台上应用的安全。

SSL是大多数云安全应用的基础，目前众多黑客社区都在研究SSL，相信SSL在不久的将来将成为一个主要的传播媒介。PaaS提供商必须明白当前的形势，并采取可能的办法来缓解SSL攻击，避免应用被暴露在默认攻击之下。用户必须要确保自己有一个变更管理项目，在应用提供商指导下进行正确应用配置或打配置补丁，及时确保SSL补丁和变更程序能够迅速发挥作用。

PaaS提供商通常都会负责平台软件包括运行引擎的安全，如果PaaS应用使用了第三方应用、组件或Web服务，那么第三方应用提供商则需要负责这些服务的安全。因此用户需要了解自己的应用到底依赖于哪个服务，在采用第三方应用、组件或Web服务的情况下用户应对第三方应用提供商做风险评估。目前，云服务提供商接口平台的安全使用信息会被黑客利用而拒绝共享，尽管如此，客户应尽可能地要求云服务提供商增加信息透明度以利于风险评估和安全管理。

PaaS应用还面临着配置不当的威胁，在云基础架构中运行应用时，应用在默认配置下安全运行的概率几乎为零。因此，用户最需要做的事就是改变应用的默认安装配置，需要熟悉应用的安全配置流程。

（4）IaaS安全

根据公共云或私有云实现IaaS的不同，安全问题也有所不同。对私有云而言，企业可以完全控制方案。而对于公共云中的IaaS，用户并不控制底层的计算、网络和存储基础架构。需要考虑如下安全问题：

- 数据泄露的防护和数据使用的监视；
- 认证和授权；
- 事件响应和取证功能（端到端的日志和报告）；
- 基础架构的强化；
- 端到端的加密；
- 数据泄露的防护和数据使用的监视。

企业需要密切地监视存储在公共云和私有云IaaS基础架构中的数据。在将IaaS部署在公共云中时，这一点尤其重要。你需要知道谁在访问信息、如何访问（从何种设备访问）、从何处访问（源IP地址）和在信息被访问之后发生了什么问题（是被转发给了另外一个用户或是被复制到了另外一个位置）。

可以利用现代的版权管理服务，并对企业认可的所有关键信息应用限制。必须为这种信息创建策略，然后以一种不需用户干预（用户没有责任决定哪些是关键信息，从而受到限制保护）的方法来部署这些策略。此外，还应当创建一种透明的过程，控制谁可以访问这种信息，然后为不需要在公司数据中心之外长期存在的敏感信息创建并实施一种“自我破坏”策略。

1）认证和授权。

为了获得一个高效的数据丢失防护（DLP）方案，还需要强健的认证和授权方法。如今，业界都认可用户名和口令并非最安全的认证机制。企业应当考虑对需要限制的所有信息实施双因素或多因素认证。此外，可以考虑根据用户对 IaaS 方案的每一个供应商的信任水平，建立分等级的访问策略。显然，对其他公司的邮件服务的授权水平要比对自己公司的活动目录环境的授权水平低得多。用户需要将这种分层授权整合到 DLP 方案中。

2）端到端的日志和报告。

高效的 IaaS 部署，无论是在私有云中还是在公共云中，都要求部署全面的日志和报告。由于虚拟机自动转换并且在服务器之间动态地进行迁移，绝对无法知道在任何时间点上自己的信息在哪里（在关注存储虚拟化和动态迁移问题时，这个问题更为有趣）。为了跟踪信息在哪里、谁访问信息、哪些机器正在处理信息和哪些存储阵列为信息负责等，需要强健的日志和报告方案。

日志和报告方案对于服务的管理和优化非常重要，在遭受安全损害时，其重要性更为明显。日志对于事件的响应和取证至关重要，而事件发生后的报告和结果将严重地依赖于日志基础架构。务必确保记录所有的计算、网络、内存和外存活动，并确保所有的日志都被存储在多个安全位置，且极端严格地限制访问。还应确保使用最少特权原则来推动日志的创建和管理活动。

3）基础架构的强化。

需要确保“黄金镜像”（企业为每个目标用户群构建的适合其需要的虚拟机定制桌面）虚拟机和虚拟机模板得到强化并保持清洁。在创建镜像时，这可以通过初始系统的强化来实现，而且还可以利用最新技术，通过最新服务和安全更新来离线地更新镜像。要确保部署一个过程，用以经常测试这些重要镜像的安全性，确保其不会偏离你最需要的配置，不管是出于恶意或非恶意目的而对原始配置做出改变。

4）端到端的加密。

IaaS 作为一项服务，需要充分利用端点到端点之间的加密。确保利用整盘加密，这会确保磁盘上所有数据的安全，而不仅仅是对用户的数据文件进行加密。这样做还会防止离线攻击。除了整盘加密，还要确保 IaaS 基础架构中与主机操作系统（在物理计算机（宿主机）上运行的操作系统，在它之上运行虚拟机软件）和虚拟机的所有通信都要加密。这可以通过 SSL/TLS 或 IPsec 实现。这不仅包括与管理工作站之间的通信，还包括虚拟机之间的通信（假设你允许虚拟机之间的通信）。此外，如果可能，尽可能部署同态加密等机制，以保持终端用户通信的安全。

云计算作为一种新的计算平台，绝非仅仅是服务器的虚拟化，它必将带来新的安全威胁。在部署 IaaS 方案时，无论对于哪朵“云”，都会有很多安全问题需要全面考虑和解决。只有谨慎对待每一种最新的安全威胁，才能更好地实现信息安全目标。

3. 虚拟化安全

尽管虚拟化带来了很多好处，它同样也带来了很多安全问题。

（1）虚拟机管理程序

在相同物理机器运行多个虚拟机的程序。如果管理程序中存在漏洞，攻击者将可以利用该漏洞来获取对整个主机的访问，从而他/她可以访问主机上运行的每个访客虚拟机。由于管理程序很少更新，现有漏洞可能会危及整个系统的安全性。如果发现一个漏洞，企业应该尽快修复漏洞以防止潜在的安全事故。在 2006 年，开发人员开发了两个 rootkit（被称为 Blue Pill）来证明它们可以用来掌控虚拟主机。

（2）资源分配

当物理内存数据存储被一台虚拟机使用，并重新分配给另一台虚拟机时，可能会发生数据泄露；当不再需要的虚拟机被删除，释放的资源被分配给其他虚拟机时，同样可能发生数据泄露。当新的虚拟机获得更多的资源，它可以使用取证调查技术来获取整个物理内存以及数据存储的镜像。该镜像随后可用于分析，并获取从前一台虚拟机遗留下的重要信息。

（3）虚拟机攻击

如果攻击者成功地攻击一台虚拟机，他或她在很长一段时间内可以攻击网络上相同主机的其他虚拟机。这种跨虚拟机攻击的方法越来越流行，因为虚拟机之间的流量无法被标准IDS/IPS软件程序所检测。

（4）迁移攻击

在必要时，在大多数虚拟化界面，迁移虚拟机都可以轻松地完成。虚拟机通过网络被发送到另一台虚拟化服务器，并在其中设置一个相同的虚拟机。但是，如果这个过程没有得到管理，虚拟机可能被发送到未加密的通道，这可能被执行中间人攻击的攻击者嗅探到。为了做到这一点，攻击者必须已经获得受感染网络上另一台虚拟机的访问权。

下面这些方法可以缓解上述的安全问题。

1）管理程序：定期检查是否有管理程序新的更新，并相应地更新系统。通过保持管理程序的更新，企业可以阻止攻击者利用已知漏洞以及控制整个主机系统，包括在其上运行的所有虚拟机。

2）资源分配：当从一台虚拟机分配资源到另一台时，企业应该对它们进行保护。物理内存以及数据存储中的旧数据应该使用0进行覆盖，使其被清除。这可以防止从虚拟机的内存或数据存储提取出数据以及获得仍然保持在内的重要信息。

3）虚拟机攻击：企业有必要区分在相同物理主机上从虚拟机出来以及进入虚拟机的流量。这将促使我们部署入侵检测和防御算法来尽快捕捉来自攻击者的威胁。例如我们可以通过端口镜像来发现威胁，其中复制交换机上一个端口的数据流到另一个端口，而交换机中IDS/IPS则在监听和分析信息。

4）迁移攻击：为了防止迁移攻击，企业必须部署适当的安全措施来保护网络抵御中间人渗透威胁。这样一来，即使攻击者能够攻击一台虚拟机，但其将无法成功地执行中间人攻击。此外，还可以通过安全通道（例如TLS）发送数据。虽然有人称在迁移时有必要破坏并重建虚拟机镜像，但企业也可以谨慎地通过安全通道以及不可能执行中间人的网络来迁移虚拟机。

针对虚拟化云计算环境有各种各样的攻击，但如果在部署和管理云模式时，企业部署了适当的安全控制和程序，这些攻击都可以得以缓解。

4. 云计算安全的非技术手段

云计算的趋势已经不可逆转，但企业真正要部署云计算时，却依然顾虑重重。这不是没有道理的。2011年4月，云计算服务商Amazon公司爆出史上最大宕机事件，导致包括回答服务Quora、新闻服务Reddit和位置跟踪服务FourSquare在内的一些知名网站均受到了影响。5月，一桩规模最大的用户数据外泄案又在索尼发生。大约有2460万索尼网络服务用户的个人信息遭黑客窃取。

数据保护和隐私也正是云安全面临的一个最大挑战：保证云计算环境下的信息安全，绝非只是技术创新那么简单。今天，你可以放心地把钱存在银行，却不敢放心地将自己的数据放到遥远的“云”端。要保证云计算的安全，涉及很多新的技术问题，但更涉及政策方面的问题。

不少专家认为，要做好云计算安全，需要寻找这样一种机制。在这一机制下，提供云计算服务的厂商会面临第三方的监督，这个第三方和用户并没有利益关系，且受到相关法律、法规的制约。只有在这种情况下，云计算的应用企业才可以获得中立的第三方的担保。也只有在这个时候，用户才可能放心地将数据存储到云端，就像放心地把钱存到银行中去一样。

目前，要做好云计算安全，缺失的不只是机制，存储和保护数据等标准同样也有待健全。在云计算环境下，机制和标准的缺失现象在发达国家和地区也同样存在。美国网络服务公司 American Internet Services 安全总监表示：“无论是政府还是监管机构都没有对运营方式制定任何规则。”而在日本和新加坡等国家，企业在部署云计算中都已经开始让律师和审计师参与其中。

因此，从云计算安全的角度，非技术的手段也许比技术的手段更为棘手和迫在眉睫。

8.1.2 云计算安全问题的应对

云计算安全问题是一个涉及公信力、制度、技术、法律和人们的使用习惯甚至监管等多个层面的复杂问题，也是用户关注的焦点问题。云计算安全问题的解决，需要用户不断转变固有观念，更需要云服务的提供商、云服务开发商做出努力，从技术架构、安全运营和诚信服务大众等各个方面建立更具公信力、更安全的云服务。在技术层面上，云计算安全问题的每种安全威胁都有相对应的技术加以解决，其难点在于统一的安全标准和法律法规，让服务商、开发商、政府机构以及普通用户认清云计算安全问题威胁的严重性，努力营造一个有序规范的健康的云生态环境，使人们可以正确地思考自身云服务需求或者满足各方面的利益需求。

1. 云计算安全标准及法律法规

云计算是一项新兴技术，虽然已经有越来越多的云计算产品在满足用户的需要，但其在标准规范、安全约束等方面还处于初期阶段。国内外的发展水平也不尽相同，特别是我国作为发展中国家，在新技术的发展及应用方面比发达国这要晚五到十年，目前来讲处于云计算核心技术领域的企业更多是国外 IT 巨头，国内大的 IT 厂商需要加大在这方面的研究，而不是一味地跟风模仿，要有创造力。除了技术方面要加大投入外，笔者认为要在其发展初期就要制定安全标准、法律法规，要有前瞻性举措，能够维护用户的基本权利，防止投机倒把特别是有不良用心之人钻了空子，更不允许让国外的企业集团对我国的云计算产业有太多的控制，也只有这样才能更加有效地让云计算技术在我国健康快速的发展。

云计算从诞生之日起就伴随着法律争议，很多国这已经开始讨论在法律上对其加以规范，适用原有的数据保护法、隐私或者有针对性地制定相关法律。云计算难点在于这种模式已经脱离了地域问题，在这个“云生态环境”里，数据在哪里存储、服务开发商的位置、服务使用者都是在不同的国家地区，势必增加了云计算法律法规标准制定及执行难度。计算与传统的外包服务不同，其主要区别在于借助云计算，数据通过互联网进行存储和交付，数据的拥有者不能控制，甚至不知道数据的存储位置，数据的流动是全球性，跨越了国界，穿越了不同地区。产生法律问题的关键是任何人很难知道数据在哪里共享和传送，数据跨境传送、即时性地在全球传播，而每个国家都拥有自己的法律以及管理要求，云计算服务商显然无法做到与所涉及的所有国家的法律相符合，因此对各国管辖权之下的法律义务带来挑战。

第一，法律法规的制定。一方面这是一个全球性的问题，不管是民间标准组织也好，还是国家信息安全相关部门也好，都应该积极参与，众多的云服务商也要与政府一起合作，制定针对数据、隐私方面的共同标准，要考虑到功能、司法和合同几个方面的问题，例如政府管理法案和制度对于云计算服务、利益相关者和数据资源的影响等。再就是国家及地方性法规也需要加以研究制定云计算方面的法律法规，例如欧盟的SAFEHABOR联盟，它们在法律上明确规定了跨国进行存储和传输的电子信息需要遵循的标准，目前欧洲和美国都遵循这个标准，亚洲也有国家起草这方面的法律草案。在美国，涉及爱国者法、萨班斯法以主保护各类敏感信息的相关法律。美国联邦 CIO 委员会发布了新的安全机构方案，规范云计算的产品和服务，提出了安全控制标准，该安全控制涵盖全面的 IT 系统安全的关注领域：包括访问控制，意识和培训，审计和冲刺制；评估和授权；配置管理，应急规划，识别和认证；事件响应；维修；媒体保护；物理和环境的保护；规划；人员的安全；风险评估；系统及服务的采购和通信保障；系统和信息的完整性。每个控制涵盖了一个非常具体的领域，各个机构组织定义自己的云计算实现。例如，访问控制下的控制，包括账户管理、存取执法、信息流执法和职责分离。根据人员的安全要求，包括个别人员的筛选，终止和转让的控制，同时根据事件的响应类别的控制包括具体的事件响应的培训、处理、监测和报告。我国政府相关部门也在积极地制定相应的法规，对云计算企业制定合规性检查，包括厂商对客户承诺的不合理性、厂商信守承诺的程度、厂商对待客户数据的审计和监管力度，相信不久将会有针对云计算的相关法案的提出。

第二，云计算安全标准组织机构研究的推动作用。例如云安全联盟（Cloud Security Alliance，CSA）为推动云计算应用安全的研究交流与协作发展，业界多家公司在 2008 年 12 月联合成立了 CSA，该组织是一个非营利组织，旨在推广云计算应用安全的最佳实践，并为用户提供云计算方面的安全指引。CSA 在 2009 年 12 月 17 日发布了《云计算安全指南》中着重总结了云计算的技术架构模型、安全控制模型以及相关合规模型之间的映射关系，从云计算用户角度阐述了可能存在的商业隐患、安全威胁以及推荐采取的安全措施。目前已经有越来越多的 IT 企业、安全厂商和电信运营商加入到该组织。欧洲网络信息安全局（ENISA）和 CSA 联合发起了 CAM 项目。CAM 项目的研发目标是开发一个客观、可量化的测量标准，供客户评估和比较云计算服务商安全运行水平。

云安全联盟作为业界权威组织与商业标准公司 BSI（英国标准协会）强强联手推出 STAR 认证，致力于帮助企业在日趋激烈的云服务市场竞争中脱颖而出。2013 年 9 月 26 日，两机构正式宣布推出 STAR 认证项目，BSI 成为目前全球唯一可以进行 STAR 认证的第三方认证机构。2015 年 6 月 15 日，C-STAR 发布会在广州中国赛宝实验室召开。C-STAR 的发布代表着广州赛宝认证中心服务有限公司与 CSA 合作推出的国内首个全球认可的云安全评估服务落地中国。C-STAR 采用云计算安全的行业黄金标准 CSA 发布的云控制矩阵（Cloud Control Matrix），评估过程采用国际先进的成熟度等级评价模型，同时结合国内相关法律法规和标准要求，对云计算服务进行全方位的安全评价。C-STAR 评估将在帮助企业有效提升云计算服务安全水平、管理策略的同时，证明安全水平领先于云服务提供者行列，保持企业的云服务业务持续发展及其竞争优势，维护企业的声誉、品牌和客户信任。

第三，云服务商安全方案的制定。目前云服务商如 Amazon、IBM 和 Microsoft 也都部署相应的云计算安全解决方案，主要通过采用身份认证、安全审查、数据加密和系统冗余等技术及管理手段来提高云计算业务平台的健壮性、服务连续性和用户数据的安全性。另外，在电信运营商中 Verizon 也已经推出了云安全特色服务。

2. 培养云计算安全使用行为

云计算相关法律法规的完善在很大程度上约束了人们及利益实体的网络犯罪行为，但是云计算安全问题并不能当然也不可能根除。那么，从用户角度来讲就需要养成一个良好的上网使用云服务的好习惯。

（1）注意保护自己的个人终端设备信息

这里的终端设备包括所有能上网的终端设备，一般来讲，尽量不要让别人在没有授权的情况下，查看自己的一些设备，特别是一些私密信息一定要有保护措施。

（2）安全防护软件

选择合适的云安全杀毒软件，现在很多的杀毒软件已经进入了云计算时代，起到防止病毒侵入的危险，并能得到及时的安全提醒，但还要定期杀毒以防护自己的智能设备。

（3）上网要有安全意识

在上网或者访问云服务应用时，注意保护自己的认证信息，还要防止网络诈骗。一般不要在自己计算机里保存个人资料和账号信息，更不可通过网络应用传播这些信息。在外边或者通过别人的设备上网时，要注意注销自己登录信息，要访问一些安全的网站及应用。

（4）增长网络安全知识

平常要多积累网络安全方面的知识，掌握设置浏览器的安全级别，及时杀毒防毒，了解最新的安全信息等。在云平台开发应用或者使用云计算应用时，都需要充分了解该平台的安全标准措施，在自身的利益受到损害时能够得到补偿，如重要信息被窃取并被加以利用，是否有标准得到赔偿；数据丢失了，能否有恢复的方法等。

（5）尽量选用可靠的云计算服务商

当前，不同的云计算服务商纷至沓来，有由传统 IT 厂商演变而来的，也有新型的初创企业，甚至有从在线电子商务公司转变而来的。它们提供不同的服务类型，服务质量也良莠不齐。企业在选择这些云计算服务的时候要结合自身需求，从不同的角度进行考察。如何才能选出最适合的公有云服务商呢？

为了帮助企业选择一个最适合自己的公有云服务商，需要结合以下 5 个要素说明。

① 要素一：服务的类别

云计算的三大类服务是各不相同的，企业在选择云计算的时候要注意区别它们之间的差异。如果需要对服务有更多的控制，那么企业应该选取 IaaS 类服务。但是，更多的控制同时对企业 IT 的技术要求要更高，因为 IaaS 服务底层的硬件平台由服务商管理，但是其上的平台一般需要客户自己来管理。如果需要把尽可能多的 IT 服务外包出去，那么企业应该选择最上层的 SaaS 类服务。当然，如果选这类服务，企业对服务环境的控制力就非常有限，而且也不是所有应用需求都有相应的 SaaS 服务。

② 要素二：计费情况

提供商业云计算服务的供应商会根据不同的情况来进行收费，例如有多少使用用户、具体使用了多少计算资源和使用了什么样的服务等。与所有购买的服务一样，企业需要能够看清所有服务的计费情况，尤其是在所使用的云计算服务能够动态扩展资源的情况下。大部分云计算服务供应商都会提供一个应用或接口为用户提供资源计费的具体情况。如果服务提供商不能提供类似的信息，那么企业选择这样的供应商就很可能会有问题。当然，另外一个与计费直接相关的问题就是服务的收费情况，企业需要做两方面的比较。一个是直接提供服务的成本与一个服务周期内预计服务费用的比较，另外一个就是不同云计算服务商之间收费的横向比较。

③ 要素三：关于标准遵循和认证问题

云计算服务的标准遵循会从几个方面影响客户。如果云计算服务支持标准，那么用户就可以通过标准的方式来访问。例如微软 Windows Azure 平台的存储访问是基于标准的 REST 方式，那么无论用户使用什么语言在什么平台上，都可以基于 REST 来访问这些存储。另外一方面，云计算平台对标准的支持可以让用户有选择的余地，而不至于完全锁定在一个特定的云计算服务上面。

当然，不同层次的云计算服务对用户的锁定程度是不一样的，一般来说 PaaS 类服务比 IaaS 类服务更具有锁定性，而 SaaS 类服务比 PaaS 类服务更具有锁定性，但是用户至少需要有能够把数据从云计算服务平台上迁移或备份出来的能力。

云计算服务商所获得的认证也是一个非常重要的考察指标，认证是第三方对于服务商的一种认可和肯定。有一些认证与 IT 系统的运维和安全相关，例如 ISO/IEC 27001：2500。有一些认证与合规性相关，例如在美国有一个 SAS 70（Statement on Auditing Standards），审计准则说明的认证。

SAS 70 认证是一个关于服务商的内部控制和财务相关的认证，因此对于云计算服务商而言这个认证尤为重要。SAS 70 认证由美国注册公共会计师协会创建，这种认证主要包含两个级别。一种是第一类认证，通过企业自己搜集内部信息，向监管机构证明所做的所有行为、控制目标和流程符合法律法规的监管。第二类认证更加严格，是在第一类认证的基础上，增加了服务监管人对于这个企业审核的意见。有了这两个认证的企业基本上可以保证在法律法规以及风险管理方面符合企业对于云计算安全的考虑。

④ 要素四：安全性问题

云计算放大了 IT 的挑战，原来存储在自己服务器内部的一些服务资料，现在要存储到云中，而云当中的应用可能在任何的地方。如何保证用户登录的安全，这个应用能否从某一个点迁移到另外一个点，到底什么人能够看到什么样的信息，看到这些信息的资料多少到底是由什么决定的，所有这些问题都是企业在考虑云计算安全时需要考虑的因素。

从前面 IDC 的调研可以看到安全是企业采纳云计算时最担心的地方，但是如果在选择云计算服务的时候能够特别关注供应商在安全方面的具体实现情况，并且采用一些安全方面的最佳实践，那么将可以提高企业使用云计算服务的安全性。

公司在使用云计算服务之前应当进行全面的风险评估，其中涉及数据保护、数据完整性、数据恢复和合规性。建议企业在评估云计算安全的时候采用类似于金融服务行业的风险管控模式。云计算的风险管控要从安全性、隐私性、合规性以及服务的可持续性等方面综合考虑。

企业需要查看云计算服务商有没有相关的安全认证，相关的安全架构、流程和风险管控的方法等具体情况。另外，根据一些国家监管的规定，企业可能还需要了解服务商物理数据中心的位置，以满足企业对数据存储地点的要求。

⑤ 要素五：与企业已有系统的集成问题

企业在构建信息系统的时候要尽量避免形成“信息孤岛”的情况。无论是在数据层、应用层或者是在界面层，应用和应用之间都要能够比较方便地集成，从而让数据能够方便地流转，最终用户也能有良好的用户体验。这就需要企业在选择公有云服务的时候，要考虑目标公有云服务与自己企业内部的系统如何进行集成。这种集成可以通过多种方式来实现。

例如数据交换是一个比较基本的要求，最低的一个要求是可以借助手工操作的方式来进行。当然理想的目标是通过自动化的方式来实现各种集成方式。企业可以从两个方面来考察云计算服务的集成能力。一个是云计算服务是否提供与企业数据之间的安全传输通道来进行集成通信。例如微软的 Windows Azure 平台和亚马逊的 AWS 就提供它们的云平台数据中心与企业数据中心之间基于 IPSec 的安全通道。

另外一方面是看云计算服务供应商有没有提供一个开放的管理接口或管理工具，以便企业可以把云计算服务集成到自身数据中心中的应用管理中去。微软的 Windows Azure 平台提供了基于 REST 的服务管理的编程接口（Service Management API），而且微软还更进一步扩展了其基于 System Center 的系统管理工具，让企业 IT 管理人员可以在一个管理界面上同时管理其部署在企业内部的应用和部署在 Windows Azure 平台上的应用。

企业或者个人在使用云计算资源时，要听取专家建议，选用相对可靠的云计算服务商。要清楚地了解使用云服务的风险所在，对云计算发挥作用的时间和地点所产生的风险加以衡量。一般要听从专家推荐使用的那些规模大、商业信誉好的云计算服务提供商。企业通过减少对某些数据的控制，来节约经济成本，意味着可能要把企业信息、客户信息等敏感的商业数据存储到云计算服务提供商那里，对于信息管理者而言，他们必须对这种交易是否值得做出选择。另外还要注意自身数据的备份，以及重要数据一定要有加密才能传输或者存储在云服务提供商那里。

这些行为准则当然还不够全面，需要加以完善，而它的目标就是让我们有安全意识和行为，起到预防作用。当然也不要借助网络或者云计算做一些非法的事情，因为所有的操作在整个网络环境中是留有痕迹的，借助技术手段是完全可以被追踪到的。

3. 云安全

云安全的概念与云计算安全性问题既有联系又有一定区别，它实际是网络时代信息安全的最新体现，其融合了并行处理、网格计算、未知病毒行为判断等新兴技术和概念，通过网络的大量客户端对网络中软件行为的异常监测，获取互联网中木马、恶意程序的最新信息，传送到 Server 端进行自动分析和处理，再把病毒和木马的解决方案分发到每一个客户端。通常意义上的云安全指的是采用云计算的方式为用户提供安全服务，是云计算的一种具体应用，云安全是我国企业创造的概念，在国际云计算领域独树一帜。但云安全与云计算的安全问题又不可完全割裂。

云安全的概念提出后，曾引起了广泛的争议，许多人认为它是伪命题。但事实胜于雄辩，云安全的发展像一阵风，驱逐舰杀毒软件、瑞星、趋势、卡巴斯基、McAfee、Symantec、江民科技、Panda、金山、360 安全卫士和卡卡上网安全助手等都推出了云安全解决方案。

8.2 云计算的标准问题

标准是人们对科学技术和经济领域中重复出现的事物和概念，结合生产实际，经过论证、优化，由有关各方充分协调后为各方共同遵守的技术性文件。它是随着科学技术和生产实践的总结产生和发展的。任何技术的发展都需要有一个规范化的约束，如果缺少云计算标准无疑会阻碍人们接受云计算，云计算的发展也会变得越来越混沌模糊，造成市场混乱，以致走向极端。标准的制定是通过企业、民间组织和政府机构共同完成的成果，是一个综合性的带有社会责任等各方面的经验的成果。当然标准并不是由这些单位强制制定出来就能形成约束的，而是在各方良好的社会及法制环境下，得到市场充分竞争和公平竞争，由市场来检验，然后被广泛认可的。整个过程涉及整个产业链，由于云计算的特殊性，它也是一个全球性的问题，涉及多方面利益的问题，其标准化过程将是一个漫长而艰难的过程。不可否认，云计算标准应该是云计算的一个不可或缺的部分，它的发展明显落后于云计算相关技术的发展。

在国内，标准规范建设虽然已经起步，但仍然任重而道远。相关安全标准规范的缺乏、云计算安全等级保护标准尚未正式发布以及云的安全检测审查能力尚未形成，这些都给信息安全以及隐私保护带来了挑战。此外，从服务安全的角度，云服务商是否可靠、其服务行为有无漏洞，这些也需要建立相关的审查审计制度。

在国内，众多的 IT 企业也在积极参与国际上的云计算标准工作，如国际标准化组织中中国是积极的推动力量之一，CAS 中也有包括姚明信息科技、华为在内的中国企业，并且在中国也成立了分会。开放云计算宣言的企业已经有 300 多家参与其中，也有中国企业的身影。但是相对发达国家来说，标准化的努力工作还不够，核心技术方面还是一片空白，特别是对于云计算的应用层面上也是基于国外的一些 IT 巨头的产品上进行的一些二次开发或者模仿，没有形成核心创造力。

对于云计算标准方面的工作，我们要着眼引导市场正确地认识云计算，扶植新进入企业，具备理解和实现上的参考价值，让国内领先企业具备国际竞争力，让有兴趣的个人找到方向和可参考的实现建设，云计算同 PC 和互联网产业一样，是一个全球性很强的产业链，其产业布局、发展、标准制定都需要与全球发展和竞争态势联系起来，用借鉴和合作的态度与国际标准组织合作。

8.3 云计算其他问题

从起步、研发、应用和推广等各个环节上来说，我国云计算还面临的问题如下。

8.3.1 数据中心建设问题

全球进入“互联网 +”时代，信息化在各行各业的广泛渗透，带动传统的机房产业向数据中心产业转变。电子信息技术平均每 2.5 年发展一代，每一代 IT 技术的发展都意味着其支持技术的发展。即机房的环境要求、建筑、结构、空气调节、电气、电磁屏蔽、综合布线、监控与安全防范、防雷与接地和综合测试等技术的发展，这些技术的发展使得传统的机房已经不适应对工厂技术的许多新要求，推动数据中心革命，建设新一代数据中心已经成为业界的共同认识。

数据中心，作为互联网行业的基础服务体系，其重要性不言而喻。我国对数据中心建设发展日益重视，政府部门纷纷作出重要部署，数据中心建设发展的政策环境日趋明朗优化。国务院、工信部、发改委、国土资源部、电监会和能源局等部委都已通过市场准入、布局指导、资金支持和产业政策等方式稳步推进数据中心建设发展。

2013 年 1 月，工信部联合国家发改委、国土资源部、电监会、能源局等国家 5 部委联合发布了《关于数据中心建设布局的指导意见》（工信部联通［2013］13 号）。

2015 年 3 月工信部、国家机关事务管理局联合制定了《国家绿色数据中心试点工作方案》。这些政策从数据中心的选址、规模规划、能效指标，分重点、分领域、分步骤提升了数据中心节能环保水平、新技术应用等方面，对数据中心建设提出了指导性意见，这极大地促进了中国数据中心建设的整体布局优化。

天津市发布了《滨海新区大数据行动方案（2013～2015）》，提出“引进 10 个信息中心和数据中心项目”的建设目标。到 2017 年，将天津市建成具有国际竞争力的大数据产业基地和数据资源聚集服务区，其他一些地区在信息化建设等方面都加大力度，这些都为数据中心建设快速发展提供了良好的宏观环境。

我国数据中心建设产业整体发展良好，但在能耗、PUE、运维和标准等方面仍然存在一些问题，阻碍了全国数据中心建设产业的健康可持续发展。

1. 能耗过高

伴随着数据中心建设的快速发展，数据中心耗电问题日益突出。一个上规模的数据中心 3 年的电能费用，大约相当于该数据中心的建设费用，由此可见数据中心耗电量之巨大。通过近年来的调研，IDC 机房集中的地方，许多并非电力能源充沛的地方，例如北京、上海等地的电力则需要通过西电东送才能满足需求。

2. 电能利用效率（PUE）高

PUE 为 IT 设备的功率除以全体设施总功率。据不完全统计，我国已建成的数据中心约 90% 的设计 PUE 低于 2.0（平均 PUE 为 1.73）。大型及以上规模的数据中心设计 PUE 平均为 1.48，中小型数据中心设计 PUE 平均为 1.80。然而，仍然有近 50% 以上的数据中心设计 PUE 没有达到 1.5 的规划要求，同时数量庞大的最原始电子信息机房即老旧的数据中心改造任务相当艰巨。

3. 部署结构不合理，利用率偏低

统计显示，在规模结构方面，中国大规模数据中心比例偏低，大型数据中心发展规模甚至不足国外某一互联网公司总量，目前还没有实现集约化、规模化的建设。

数据中心建设发展新趋势如下：

（1）规模化：大型数据中心更受市场青睐

近年来，我国数据中心的建设规模不断扩大，许多地域的超大型数据中心规划建设规模甚至达到数十万平方米。从市场接受度来看，数据中心行业正在进行洗牌，用户更愿意选择技术力量雄厚、服务体系上乘的数据中心厂商。未来的数据中心将朝着全球化、国际化方向规模发展。

（2）虚拟化：传统数据中心将开展资源云端迁移

传统的数据中心之间，服务器、网络设备、存储设备和数据库资源等都是相互独立的，彼此之间毫无关联。虚拟化技术改变了不同数据中心间资源互不相关的状态，随着虚拟化技术的深入应用，服务器虚拟化已由理念走向实践，逐渐向应用程序领域拓展延伸，未来将有更多的应用程序向云端迁移。

（3）绿色化：传统数据中心将向绿色数据中心转变

不断上涨的能源成本和不断增长的计算需求，使得数据中心的能耗问题引发越来越高的关注度。数据中心建设过程中落实节地、节水、节电、节材和环境保护的基本建设方针，"节能环保，绿色低碳" 必将成为下一代数据中心建设的主题词。

（4）集中化：传统数据中心将步入整合缩减阶段

分散办公的现状，带来了相互分散的应用系统布局。然而，现实存在对分支机构数据进行集中处理的需求，远程办公又受困于网络无法互通等问题，致使总部与分支机构之间难以实现顺畅通信和资源共享。因此，数据中心集中化成为一种必需。未来，随着科学技术的发展，数据中心整合集中化之势态愈加明显。

当前，全国正在掀起了数据中心建设的热潮，数据中心正从最原始电子信息系统机房，向现代的大型数据中心方向迈进，虚拟化技术为数据中心建设注入了活力，绿色节能成为数据中心主旋律，"规模化、虚拟化、绿色化、集中化" 成为数据中心建设发展的大趋势。

8.3.2 云服务能力问题

总的来看，国内云计算服务商，如阿里云、百度云、新浪云、腾讯云和金山云都能在各自市场占一席之地，但服务能力与美国等发达国家相比仍然有较大差距，公共云计算服务业的规模相对较小，业务也比较单一，配套环境建设落后。随着 Google、Amazon 等企业加速在全球和中国周边的布局，云计算服务向境外集中的风险将进一步加大，未来的变数还很多，我们自己的企业还需要努力。

面对云计算安全问题，不能过分夸大，也不能对云计算彻底失望，而要以客观科学的态度分析并解决问题。云计算安全问题是一个伴随任何 IT 技术都需要面对的普遍问题，只是云计算的这种集中式一旦出现安全问题，造成的损失更大。

8.3.3 人才缺口问题

作为新行业，存在不完善是很正常的事情，新行业总在摸索中完善。云计算和众多新行业一样，面临一项重要问题：人才问题缺口大，需要大量云计算人才。在公有云和私有云 IT 服务领域将创造 1380 万个就业机会，超过一半的人才需求来自 500 人以下的中小企业。

云计算作为一个新行业，得到国内 IT 企业和互联网企业的关注，但目前存在企业和高校都在摸索中培养储备人才的现象。高校和企业对接，了解企业云计算所需求的人才，为云计算输送优质人才，将有助于云计算发展和学生就业。

云产业生态需要 IT 和 CT 产业的融合发展，需要复合型人才的培养和建设，因此学科融合和复合型人才的培养尤为重要。

云计算对中小企业的发展存在巨大的价值，人才也往往是到了需要的时候才发现后备不足。中国云计算起步晚，概念性弱，产业化概念被提出后，没有统一行业规则，没有形成专业的学科和体系，职位不存在空缺，但是人才供应不能满足要求。

企业与高校合作是找寻高精尖人才的渠道，高校通过校企合作也必将促进人才培养的数量和质量的提升。

小结

目前云计算及其产业的发展面临一系列的问题，它们是云计算的安全问题、云计算标准问题、政府在云计算及产业发展中角色问题、产业人才培养问题和服务监管理问题等，这些问题解决不好将直接影响了云计算及其产业的发展。

面对云计算安全问题，不能过分夸大，也不能对云计算彻底失望，而要以客观科学的态度分析并解决问题。云计算安全问题是一个伴随任何 IT 技术都需要面对的普遍问题，只是云计算的这种集中式一旦出现安全问题，造成的损失更大。

云计算安全问题是一个涉及公信力、制度、技术、法律和人们的使用习惯甚至监管等多个层面的复杂问题，也是用户关注的焦点问题。云计算安全问题的解决，需要用户不断转变固有观念，更需要云服务的提供商、云服务开发商做出努力，从技术架构、安全运营和诚信服务大众等各个方面建立更具公信力、更安全的云服务。在技术层面上，云计算安全问题的每种安全威胁都有相对应的技术加以解决，其难点在于统一的安全标准和法律法规，让服务商、开发商、政府机构以及普通用户认清云计算安全问题威胁的严重性，努力营造一个有序规范的健康的云生态环境，使人们可以正确地思考自身云服务需求或者满足各方面的利益需求。

在国内，众多的 IT 企业也在积极参与国际上的云计算标准工作，如在国际标准化组织中中国是积极的推动力量之一，CAS 中也有包括姚明信息科技、华为在内的中国企业，并且在中国也成立了分会。开放云计算宣言的企业已经有 300 多家参与其中，也有中国企业的身影。但是相对发达国家来说，标准化的努力工作还不够，核心技术方面还是一片空白，特别是对于云计算的应用层面上也是基于国外的一些 IT 巨头的产品上进行的一些二次开发或者模仿，没有形成核心创造力。

此外，云计算在我国还存在数据中心部署不合理、利用率低，云服务能力不足、规模小和人才缺口大等问题。

思考与练习

1. 请列举 3 个以上云计算事故，并分析对云计算应用的影响。
2. 结合云产业发展分析云计算安全问题。
3. 如果您是从事产品销售的小型企业，如何应用云计算安全问题?
4. 结合云计算参考模型，分析 IaaS、PaaS 和 SaaS 安全。
5. 云计算技术及产业的发展，标准化是非常重要的，我国云计算标准情况怎样?
6. 根据您的理解，云计算还存在哪些问题，简要分析。

第 9 章　云计算的应用

本章要点

- 云计算与移动互联网
- 云计算与 ERP
- 云计算与物联网
- 理解什么是 MOOC 及 MOOC 对教育行业产生了怎样的冲击
- 理解云计算对教育行业的改变

9.1　云计算与移动互联网

移动互联网是指以宽带 IP 为技术核心，可同时提供语音、数据和多媒体等业务服务的开放式基础电信网络。从用户行为角度来看，移动互联网广义上是指用户可以使用手机、笔记本电脑等移动终端，通过无线移动网络接入互联网；狭义上是指用户使用手机终端，通过无线通信方式访问采用 WAP 协议的网站。

9.1.1　助力移动互联网的发展

IT 和电信技术加快融合的进程，云计算就是一个契机，移动互联网则是一个重要的领域。根据摩根士丹利的报告，移动设备将成为不断发展的云服务的远程控制器，以云为基础的移动连接设备无论是数量还是类型都在快速增长。

云计算将为移动互联网的发展注入强大的动力。移动终端设备一般说来存储容量较小、计算能力不强，云计算将应用的“计算”与大规模的数据存储从终端转移到服务器端，从而降低了对移动终端设备的处理需求。这样移动终端主要承担与用户交互的功能，复杂的计算交由云端（服务器端）处理，终端不需要强大的运算能力即可响应用户操作，保证用户的良好使用体验，从而实现云计算支持下的 SaaS。

云计算降低了对网络的要求，例如，用户需要插卡某个文件时，不需要将整个文件传送给用户，而只需要根据需求发送用户需要查看的部分内容。由于终端不感知应用的具体实现，扩展应用变得更加容易，应用在强大的服务器端实现和部署，并以统一的方式（如通过浏览器）在终端实现与用户的交互，因此为用户扩展更多的应用变得更为容易。

9.1.2　移动互联网云计算的挑战

未来的云生态系统将从“端”“管”和“云” 3 个层面展开。“端”指的是接入终端设备，“管”指的是信息传输的管道，“云”指的是服务提供网络。具体到移动互联网而言，“端”指的是手机 MID 等移动接入的终端设备，“管”指的是（宽带）无线网络，“云”指的是提供各种服务和应用的内容网络。

由于自身特性和无线网络和设备的限制，移动互联网云计算的实现给人们带来了挑战。尤其是在多媒体互联网应用和身临其境的移动环境中，例如，在线游戏和 Augented Reality 都需要较高的处理能力和最小的网络延迟。对于一个给定的应用要运行在云端，宽带无线网络一般需要更长的执行时间，而且网络延迟的难题可能会让人们觉得某些应用和服务不适合通过移动云计算来完成。总体而言，较为突出的挑战如下。

1. 可靠的无线连接

移动云计算将被部署在具有多种不同的无线访问环境中，如 GPRS、LTE 和 WLAN 等接入技术。无论何种接入技术，移动云计算都要求无线连接具有以下特点。

- 需要一个"永远在线"的连接保证云端控制通道的传输。
- 需要一个"按需"可扩展链路带宽的无线连接。
- 需要考虑能源效率和成本，进行网络选择。

移动云计算最严峻的挑战可能是如何一直保证无线连接，以满足移动云计算在可扩展性、可用性、能源和成本效益方面的要求。因此，接入管理是移动云计算非常关键的一方面。

2. 弹性的移动业务

就最终用户而言，怎样提供服务并不重要。移动用户需要的是云移动应用商店。但是和下载到最终用户手机上的应用程序不同，这些应用程序需要在设备上和云端启动，并根据动态变化的计算环境和使用者的喜好在终端和云之间实现迁移。用户可以使用手机浏览器接入服务。总之，由于较低的 CPU 频率、小内存和低供电的计算环境，这些应用程序有很多限制。

3. 标准化工作

尽管云计算有很多优势，包括无限的可扩展性、总成本的降低、投资的减少、用户使用风险的减少和系统自动化，但还是没有公认的开放标准可用于云计算。不同的云计算服务提供商之间仍不能实现可移植性和可操作性，这阻碍了云计算的广泛部署和快速发展。客户不愿意以云计算平台代替目前的数据中心和 IT 资源，因为云计算平台依然存在一系列未解决的技术问题。

由于缺乏开放的标准，云计算领域存在如下问题。

1）有限的可扩展性。大多数云计算服务提供商（Cloud Computing Service Provider，CCSP）声称它们可以为客户提供无限的可扩展性，但实际上随着云计算的广泛使用和用户的快速增长，CCSP 很难满足所有用户的要求。

2）有限的可用性。其实，服务关闭的事件在 CCSP 中经常发生，包括 Amazon、Google 和软件。对于一个 CCSP 服务的依赖会因服务发生故障而遇到瓶颈障碍，因为一个 CCSP 的应用程序不能迁移到另一个 CCSP 上。

3）服务提供者的锁定。便携性的缺失使得 CCSP 之间的数据、应用程序传输变得不可能。因此，客户通常会锁定在某个 CCSP 服务。而 OCCF（Open Cloud Computing Federation，开放云计算联盟）将使整个云计算市场公平化，允许小规模竞争者进入市场，从而促进创新和活力。

4）封闭的部署环境服务。目前，应用程序无法扩展到多个 CCSP，因为两个 CCSP 之间没有互操作性。

9.1.3 移动互联网云计算产业链

移动互联网是移动通信宽带化和宽带互联网移动化交互发展的产物，它从一开始就打破了以电信运营商为主导和核心的产业链结构，终端厂商、互联网巨头、软件开发商等多元化价值主体加入移动互联网产业链，使得整个价值不断分裂、细分。图 9-1 所示为移动互联网的产业链构成。价值链中的高利润区由中间（电信运营商）向两端（需求识别与产品创意、用户获取与服务）转移，产业链上的各方都积极向两端发展，希望占据高利润区域。

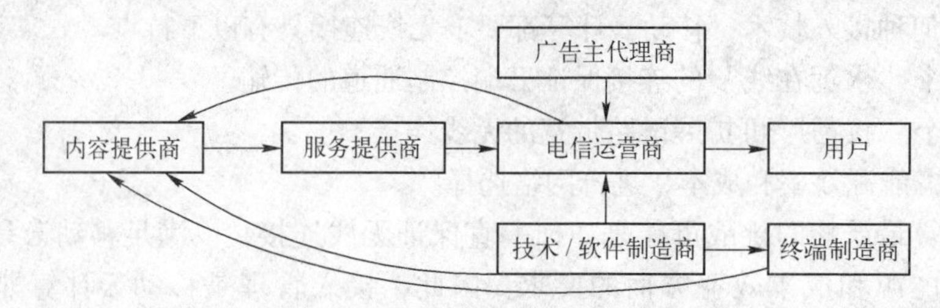

图 9-1 移动互联网的产业链构成

具体来说，内容提供商/服务提供商（CP/SP）发展迅速，但尚未具备掌控产业链的能力；互联网和 IT 巨头以手机操作系统为切入点，联合终端产商，高调进入移动互联网产业；终端厂商通过“终端 + 服务”的方式强势介入并积极布局移动互联网产业链，力图掌控产业链；运营商由封闭到开放，积极维护对产业链的掌控。所以，CP/SP 虽然对产业链的运营有着很大的影响，但目前真正有实力对电信运营商主导地位构成威胁的却是传统互联网企业和终端产商。运营商必须直面这样一个事实，即没有一个主体主导移动互联网的产业链，运营商真正要做且可以做的是扬长避短。

移动云计算的产业链结构主要由以下几种实体构成。

1. 云计算基础设施供应商

云计算基础设施供应商提供硬件和软件的基础设施，或应用程序和服务，如 Amazon、Google 和 Rackspace，其中后者是偏重基础设施的硬件方，而 Amazon 则兼而有之。

从供应商角度看，一般是通过提供有竞争力的定价模式，使其吸引消费者。能吸引消费者的业务通常是便宜的，但质量可靠，这时可以通过 hosted/SaaS 云基础的办法来部署自己的基础设施或利用他人资源来实现。

2. 云计算中的应用程序/服务提供商（第一层消费者）

第一层消费者一般是指云计算基础设施供应商或/和应用程序服务供应商。例如，Google 就是云计算基础设施和应用程序及服务的供应商。但大多数应用程序和服务都是运行在服务提供商提供的基础设施之上。

从第一层消费者的角度来看就是通过将资本支出转移到运营支出上来减少 IT 资本支出。这些客户依据设备数量寻找定价模式，同时尽量减少其昂贵的硬件和软件支出，帮助消费者最大限度地降低未知风险。这增加了对供应商在网络可扩展性、可用性和安全方面的要求。

3. 云计算中的开发者（第二层消费者）

第二层消费者就是应用程序和服务的开发者。尽管基于客户端而利用云端服务的应用程序越来越多，但典型的应用程序通常在云之上运行。

尽管一些应用很难建立，但开发者还是期望开发出简单、便宜的应用服务为用户提供更加丰富的操作体验，包括地图与定位、图片与存储等。这些开发商一般通过 SaaS 提供网络应用与服务。

4. 云计算中的最终用户（第三层消费者）

第三层消费者是典型的应用程序的最终用户。他们不直接消费服务，但消费应用，从而反过来消耗云服务。这些消费者不在乎应用程序托管与否，他们只关心应用程序是否运行良好，如安全性、高可用性和良好的使用体验等。

不同角色以不同的方式推动、发展云计算，但最后，云计算主要与经济效益有关，由云计算网络的第一层客户推动，应用程序和服务提供商则由最终用户和开发人员驱动。总之，这是一个应用/服务供应商通过多种基础设施消费其他应用/服务的网络。

移动运营商的基于云或托管方式正变得越来越重要，尤其在做新的技术最初部署时，因为它有助于减少未知风险。从开发者的角度来看，他们越来越依赖网络上的服务（即应用程序），甚至他们的本地/本机连接的应用程序就是 Web 服务的大用户。从整体来看，集中应用（移动网络）和服务（包括移动网络和本地应用程序）的消费将成为软件服务的消费趋势，运营商将在移动互网云计算产业链中处于有利位置。

9.1.4 移动互联网云计算技术的现状

云计算的发展并不局限于个人计算机，随着移动互联网的蓬勃发张，基于手机等移动终端的云计算服务已经出现。基于云计算的定义，移动互联网云计算是指通过移动网络以按需、易扩展的方式获得所需的基础设施、平台、软件（或应用）等 IT 资源或（信息）服务交付与使用模式。

根据计世咨询（CCW Research）在《2014～2015 年中国云计算市场现状与发展趋势研究报告》的数据表明：2012 年中国云建设市场规模为 181.6 亿元，2013 年中国云建设市场规模达到了 266.2 亿元，同比 2012 年增长 46.4%；在 2014 年中国云建设市场规模更是达到了 383.6 亿元；同比 2013 年增长 44.1%。随着越来越多的移动运营商通过与 IT 企业合作进入云计算领域，加上用户对云计算的认知程度和信任感逐步增强，移动互联网云计算将实现加速发展，固定与移动融合的云计算解决方案也将获得有力的推动。

移动互联网云计算的优势如下：

1. 突破终端硬件限制

虽然一些智能手机的主频已经达到 1 GHz，但是和传统的个人计算机相比还是相距甚远。单纯依靠手机终端进行大量数据处理时，硬件就成了最大的瓶颈。而在云计算中，由于运算能力及数据的存储都是来自于移动网络中的“云”。所以，移动设备本身的运算能力就不再重要。通过云计算可以有效地突破手机终端的硬件瓶颈。

2. 便捷的数据存取

由于云计算技术中的数据是存储在“云”的，一方面为用户提供了较大的数据存储空间；另一方面为用户提供便捷的存取机制，对云端的数据访问完全可以达到本地访问速度，也方便了不同用户之间的数据分享。

3. 智能均衡负载

针对负载较大的应用，采用云计算可以弹性地为用户提供资源，有效地利用多个应用之间的周期变化，智能均衡应用负载可提高资源利用率，从而保证每个应用的服务质量。

4. 降低管理成本

当需要管理的资源越来越多时，管理的成本也会越来越高。通过云计算来标准化和自动化管理流程，可简化管理任务，降低管理的成本。

5. 按需服务，降低成本

在互联网业务中，不同客户的需求是不同的，通过个性化和定制化服务可以满足不同用户的需求，但是往往会造成服务负载过大。而通过云计算技术可以使各个服务之间的资源得到共享，从而有效地降低服务的成本。

目前主要有电信运营商和服务提供商在提供移动互联网云计算服务。

表 9-1 所示为电信运营商所提供的云计算服务，可以看到，在移动云计算发展的初期，运营商基于虚拟化及分布式计算等技术，提供 CaaS、云存储和在线备份等 IaaS 服务。

表 9-1　电信运营商移动云计算服务

厂　家	CaaS	云　存　储	在 线 设 备	移动式服务
AT&T	√	√		
Verizon	√	√	√	
Vodafone			√	√
O2			√	
NIT				√
中国移动	√	√		
中国电信	√		√	√
中国联通	√	√		

表 9-2 所示为服务提供商目前所提供的移动互联网云计算服务，大部分都针对自己的终端研发了在线同步功能，实现“云 + 端”的互联互通。

表 9-2　服务提供商移动云计算服务

厂　家	服 务 名 称	服 务 内 容
微软	LiveMesh	在线同步
Google	Android	手机操作系统
苹果	Mobileme	在线同步
RIM		在线同步
诺基亚	Ovi	在线同步、软件更新
惠普	webOS	在线同步、用户信息集成

9.2　云计算与 ERP

云计算 ERP 软件继承了 SaaS、开源软件的特性，让客户通过网络得到 ERP 服务，客户不用安装硬件服务器。不用安装软件、不用建立数据中心机房、不用设置专职的 IT 维护队伍，不用支付升级费用，只需安装有浏览器的任何上网设备就可以使用高性能、功能集成、安全可靠和价格低廉的 ERP 软件。

云计算模式下的 ERP 系统运营模式与传统的运营模式有着很大区别。图 9-2 所示是现有云计算模式下云计算用户与供应商结构简图。从图中可以看出，传统的 ERP 系统提供商所在的位置处于中间环节，既是数据中心云计算服务商的用户，同时又是 ERP 系统用户的 SaaS 服务提供商。在这种模式下，对于 ERP 系统服务商来说，他们只需要关注软件的安装、维护和版本的集中控制以及根据用户的需求提供新型的服务；而 ERP 最终用户也可以在任何时间、任何地点访问服务，更容易共享数据并安全地将数据存储在基础系统中。对于云计算 ERP 的使用者来说，云计算 ERP 软件应该开放源代码，可以随时使用，随时扩展，只需按使用情况支付服务费而不需要支付版权许可费用。这些完全符合开源软件的定义。通过 SaaS 模式使用云计算软件，用户不需要支付软件许可费，只需支付服务费等租用费用。对于用户而言，通过云计算 ERP 则进一步提升了使用的自由让开源 ERP 在互联网时代有了更实际的意义。

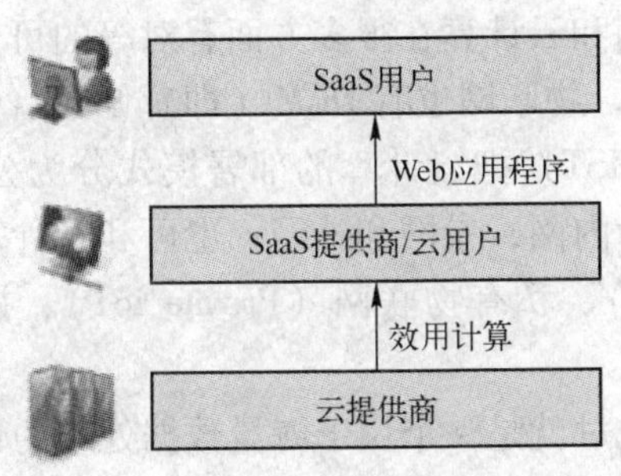

图 9-2　云计算用户和供应商

具体而言，云计算模式为 ERP 系统的发展带来了以下优势：

1）屏蔽底层环境。对于 ERP 系统服务提供商以及最终用户来说，底层的大多数硬件环境、软件环境都由云计算服务商提供，而软件服务商只需支付服务费用，不需要操作硬件的扩充与维护，降低了硬件的投入成本。

2）保障双方权利。云计算的模式避免了 ERP 系统的盗版问题。通过对系统的设计，可增加互动交流平台，便于 ERP 系统服务商根据用户的需求维护、升级自己的产品，更加有效地为用户提供服务。同时，由于成本的降低，ERP 服务商也可通过免费开放系统，只收取服务费打破传统的经营理念。

3）更加安全可靠。由于云计算服务提供商拥有庞大的云（计算资源）支持，即使有部分云出现故障，也不会影响到全局，不会导致用户无法使用资源。另外，专业的云计算提供商由于长期从事相关资源的维护保障工作，积累了大量经验，在安全保障方面会更加专业，减少了由于安全问题给用户带来的损失。

4）便于深度分析。云计算的优势在于处理海量的数据与信息，通过对不同用户可公开数据资源的深度分析与挖掘，为用户提供了更加广泛的附加服务。这一点应该是云计算完全不同于现行 ERP 模式的一个创新点，这一优势合理利用将给服务商带来无限机会，给用户带来意想不到的收获。

当然，在现行的架构下，ERP 系统的云计算模式也存在着一些不足：

1）对通信设施的依赖。现行的模式主要依靠通信网络为基础，一旦网络发生面积故障，系统将无法工作。

2）用户数据私有性的保证。由于 ERP 系统一般涉及一个企业内部运作的大量数据以及商业秘密，如何保障企业的核心机密私有性对于云计算的模式发展是一个具有相当挑战性的课题，涉及制度、法律保障和模型安全设计等多方面的因素。

ERP 系统与云计算模式都处在发展阶段，尤其是云计算模式现在仍然处于最初级的阶段。虽然有部分服务商注意到了云计算模式下的 ERP 系统的潜力所在，开始提供相关的服务，但仍处于摸索阶段。因此，ERP 的云计算模式需要一段相当长的发展与改进过程。

9.3 云计算与物联网

2005 年，国际电信联盟（ITU）首次提出“物联网”（Internet of Things）的概念，到现在物联网已经取得了一定范围内的成功，它的出现已经或者即将极大地改变我们的生活。

同时，从结构上，物联网和云计算在很多方面有对等的可比性，例如，云计算 SPI（即 SaaS、PaaS、IaaS）三层划分，物联网也有 DCM（即感知层、传输层、应用层）三层划分。美国国家标准技术研究院（NIST）把云计算的部署模式分为公有云、私有云、社区云和混合云，物联网的存在方式分为内网，专网和外网；也可和云计算一样，把物联网的部署模式分为公有物联网（Public IoT）、私有物联网（Private IoT）、社区物联网（Community IoT）和混合物联网（Hybrid IoT）。

由于云计算从本质上来说过就是一个用于海量数据处理的计算平台，因此，云计算技术是物联网涵盖的技术范畴之一。随着物联网的发展，未来物联网将势必产生海量数据，而传统的硬件架构服务器将很难满足数据管理和处理的要求。如果将云计算运用到物联网的传输层和应用层，采用云计算的物联网将会在很大程度上提高运行效率。下面我们来关注一下物联网与云计算的关系、基于云计算的物联网环境以及云计算在典型物联网应用行业应用中的作用。

9.3.1 物联网与云计算的关系

物联网与云计算是近年来兴起的两个不同概念。它们互不隶属，但它们之间却有着千丝万缕的联系。

物联网与云计算都是基于互联网的，可以说互联网就是它们相互连接的一个纽带。人类是从信息积累搜索的互联网方式逐步向对信息智能判断的物联网方式前进的，而且这样的信息智能是结合不同的信息载体进行的。互联网教会人们怎么看信息，物联网则教会人们怎么用信息，更具智慧是物联网的特点。由于把信息的载体扩充到“物”，因此，物联网必然是一个大规模的信息计算系统。

物联网就是互联网通过传感网络向物理世界的延伸，它的最终目标就是对物理世界进行智能化管理。物联网的这一使命也决定了它必然要由一个大规模的计算平台作为支撑。

云计算与物联网的结合方式可以分为以下几种：

1）单中心、多终端方式的云中心大部分由私有云构成，可提供统一的界面，具备海量的存储能力与分级管理功能。

2）多中心、大量终端方式的云中心由公有云和私有云构成，两者可以实现互连。对于很多区域跨度加大的企业、单位而言，多中心、大量终端的模式较适合。

3）信息应用分层处理、海量终端方式的云中心由公有云和私有云构成，它的特点是用户的范围广、信息及数据种类多、安全性能高。

以上3种只是云计算与物联网结合方式的勾勒，还有很其他具体模式，也许已经有很多模式或者方式在实际当中应用了。

9.3.2 云计算与物联网结合面临的问题

技术总能带给人们很多的想象空间，作为当前较为先进的技术理念，物联网与云计算的结合也有很多需要解决的问题。

1. 规模问题

规模化是云计算与物联网结合的前提条件。只有当物联网的规模足够大之后，才有可能和云计算结合起来。

2. 安全问题

无论是云计算还是物联网，都有海量的物、人相关的数据。若安全措施不到位，或者数据管理存在漏洞，它们将使我们的生活无所遁形。

3. 网络连接问题

云计算和物联网都需要持续、稳定的网络连接，以传输大量数据。如果在低效率网络连接的环境下，则不能很好地工作，难以发挥应用的作用。

4. 标准化问题

标准是对任何技术的统一规范，由于云计算和物联网都是由多设备、多网络和多应用通过互相融合形成的复杂网络，需要把各系统都通过统一的接口、通信协议等标准联系在一起。

9.3.3 智能电网云

随着智能电网云技术的发展和全国性互联电网的形成，未来电力系统中数据和信息将变得更加复杂，数据和信息量将呈几何级数增长，各类信息间的关联度也将更加紧密。同时，电力系统在线动态分析和控制所要求的计算能力也将大幅度提高，当前电力系统的计算能力已难以适应新应用的需求。日益增长的数据量对电网公司系统的数据处理能力提出了新的要求。在这种情况下，电网企业已经不可能采用传统的投资方式，靠更换大量的计算设备和存储设备来解决问题，而是必须采用新的技术，充分挖掘出现有电力系统硬件设施的潜力，提高其适用性和利用率。

基于上述构想，可以将云计算引入电力系统，构建面向智能电网的云计算体系，形成电力系统的私有云－智能电网。智能电网云充分利用电网系统自身物理网络，整合现有的计算能力和存储资源，以满足日益增长的数据处理能力、电网实时控制和高级分析应用的计算需求。智能电网云以透明的方式向用户和电力系统应用提供各种服务，它是对虚拟化的计算和存储资源池进行动态部署、动态分配/重分配、实时监控的云计算系统，从而向用户或电力系统应用提供满足QoS要求的计算服务、数据存储服务及平台服务。

智能电网云计算环境可以分为3个基本层次，即物理资源层、平台层和应用层。物理资源层包括各种计算资源和存储资源，整个物理资源层也可以作为一种服务向用户提供，即IaaS。IaaS向用户提供的不仅包括虚拟化的计算资源、存储，还要保证用户访问时的网络宽带等。

平台层是智能电网云计算环境中最为关键的一层。作为连接上层应用和下层资源的纽带，其功能是屏蔽物理资源层中各种分布资源的异质特性并对它们进行有效的管理，也向应用层提供一致、透明的接口。

作为整个智能电网云计算系统的核心，平台层主要包括智能电网高级应用和实时控制程序设计和开发环境、海量数据存储的存储管理系统、海量数据文件系统及实现智能电网云计算的其他系统管理工具，如智能电网云计算系统中的资源部署、分配、监控管理、分布式并发控制等。平台层主要为应用程序开发者设计，开发者不用担心应用运行时所需要的资源，平台层提供应用程序运行及维护所需要的一切平台资源。平台层体现了平台及服务，即PaaS。

应用层是用户需求的具体表现，是通过各种工具和环境开发的特定智能电网应用系统。它是面向用户提供的软件应用服务及用户交互接口等，即SaaS。

在智能电网云计算环境中，资源负载在不同时间的差别可能很大，而智能电网应用服务数量的巨大导致出现故障的概率也随之增长，资源状态总是处于不断变化中。此外，由于资源的所有权也是分散的，各级电网都拥有一定的计算资源和存储资源，不同的资源提供者可以按各自的需求对资源施加不同的约束，从而导致整个环境很难采用统一的管理策略。因此，若采用集中式的体系结构，即在整个智能电网云环境中只设置一个资源管理系统，那么很容易造成瓶颈并导致故障点，从而使整个环境在可伸缩性、可靠性和灵活性方面都存在一定的问题，这对于大规模的智能电网云计算环境并不适应。

解决此问题的思路是引入分布式的资源管理体系结构，采用域模型。采用该模型后，整个智能电网云计算环境分为两级：第一级是若干逻辑上的单元，我们称其为管理域，它是由某级电网拥有的若干资源，如高性能计算机、海量数据库等，构成一个自治系统，每个管理域拥有自己的本地资源管理系统，负责管理本域内的各种资源；第二级则是这些管理域相互连接而构成的整个智能电网云计算环境。

管理域代表集中式资源管理的最大范围和分布式资源管理的基本单位，体现了两种机制的良好融合。每个域范围内的本地资源管理系统集中组织和管理该域内的资源信息，保证在域内的系统行为和管理策略是一致的。多个管理域通过相互协作以服务的形式提供可供整个智能电网云计算环境中的资源使用者访问的全局资源，每个域的内部结构对资源使用者而言则是透明的。引入管理域后的智能电网云组成，如图9-3所示。

将云计算技术引入智能电网领域，充分挖掘现有电力系统计算能力和存储设施，以提高其适用性和利用率，无疑具有极其重要的研究价值和意义。

尽管智能电网云概念的提出较好地利用了电力系统现有的硬件资源，但在解决资源调度、可靠性及域间交互等方面的问题时，仍面临许多挑战。对这些问题进行广泛而深入的研究，无疑会对智能电网云计算技术发展产生深远的影响。

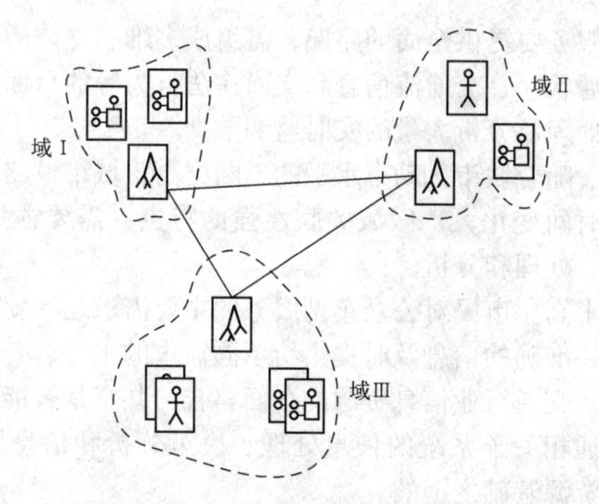

图 9-3 基于资源管理域的智能电网云组成

9.3.4 智能交通云

交通信息服务是智能交通系统（Intelligent Transportation System，ITS）建设的重点内容，目前，我国省会级城市交通信息服务系统的基础建设已初步形成，但普遍面临着整合利用交通信息来服务于交通管理和初行者问题。如何对海量的交通信息进行处理、分析、挖掘和利用，将是未来交通信息服务的关键问题，而在云计算技术以其自动化 IT 资源调度、快速部署及优异的扩展性等优势，将成为解决这一问题的重要技术手段。

1. 国内外智能交通的发展状况

近年来，随着我国城市化进程的加快和社会经济的快速发展，各类机动车的保有量急剧增加，传统的依靠加大基础设施投入的方法已经不能解决人们日益增长的交通出行需求，以深圳市为例，至 2010 年年底，机动车的保有量将超过 170 万辆，目前每月新增加的机动车约 2.4 万辆。城市交通面临运输效率低、安全形势突出、能源消耗高、环境污染严重等问题，各类道路交通出行的需求已经接近现有设施通行能力的极限，交通运输问题成为制约我国国民经济发展的重要因素，智能交通是改善和提高交通运输系统这一现状的重要手段。2020 年，科技部正式确定 10 个城市为首批全国智能交通系统应用示范工程试点城市，包括北京、广州、中山、深圳、上海、天津、重庆、济南、青岛和杭州，其中，北京、上海和广州分别结合奥运会、世博会和亚运会等大型赛事活动进行了智能系统的建设，取得显著成效。

日本是世界上率先展开 ITS 研究的国家之一，在 1973 年日本通户省开始开发汽车综合控制系统（Comprehensive Automobile Control System，CASC），目前日本 ITS 研究与应用开发工作主要围绕 3 个方面进行，即提供实时道路交通信息的汽车和通信系统（Vehicle information Communication System，VICS）、电子不停车收费系统（Electronic Toll Collection，ETC）和先进的公路系统（Advanced Highway System，AHS）。新加坡在 ITS 的发展方面已经走到了世界的前列，其智能交通信号控制系统实现了自适应和整体协调。韩国的智能公交调度及信息服务系统 TAGO，让首尔市的交通井然有序。首尔市的智能交通在交通故障、交通监测和公共交通等领域都得到了充分的应用和发展，交通服务水平属于亚洲高水平。

2. 交通数据的特点

交通数据有以下特点：

- 数据量大。交通服务要提供全面的路况，需组成多维、立体的交通综合监测网络，实现对城市道路交通状况、交通流信息和交通违法行为等的全面监测，特别是在交通高峰期需要采集、处理及分析大量的实时监测数据。
- 应用负载波动大。随着城市机动车水平的不断提高，城市道路交通状况日趋复杂，交通流特性呈现随时间变化大、区域关联性强的特点，需要根据实时的交通流数据及时、全面地采集、处理和分析。
- 信息实时处理要求高。市民对公众车型服务的主要需求之一就是对交通信息发布的时效性要求高，需将准确的信息及时提供给不同需求的主体。
- 有数据共享需求。交通行业信息资源的全面整合与共享是智能交通系统高效运行的基本前提，智能交通相关子系统的信息处理、决策分析和信息服务是建立在全面、准确、及时的信息资源基础之上的。
- 有高可用性、高稳定性要求。交通数据需面向政府、社会和公众提供交通服务，为出行者提供安全、畅通、高品质的行程服务，对智能交通手段进行充分利用，以保障交通运输的高安全、高时效和高准确性，势必要求 ITS 应用系统具体高可用性和高稳定性。

如果交通数据系统采用烟筒式系统建设方式，将产生建设成本较高、建设周期较长、IT 管理效率较低、管理人员工作量繁重等问题。随着 ITS 应用的发展，服务器规模日益庞大，将带来高能耗；数据中心空间紧张、服务器；利用率低或者利用率不均衡等状况，造成资源浪费，还会造成 IT 基础架构对业务需求反应不够灵敏，不能有效地调配系统资源适应业务需求等问题。

云计算通过虚拟化等技术，整合服务器、存储和网络等硬件资源，优化系统资源配置比例，实现应用的灵活性，同时提升资源利用率，降低总能耗，降低运维成本。因此，在智能交通系统中引入云计算有助于系统的实施。

3. 交通数据的数据中心云计算化（私有云）

交通专网中的智能交通数据中心的主要任务是为智能交通的各个业务系统提供数据接收、存储、处理、交换和分析等服务，不同的业务系统随着交通数据流的压力而应用负载波动大，智能交通数据交换平台中的各个子系统也会有相应的波动，为了提高智能交通数据中心硬件资源的利用率，并保障系统的高可用性及稳定性，可在智能交通数据中心采用私有基础设施云平台。交通私有云平台主要提供以下功能。

- 基础架构虚拟化，提供服务器、存储设备虚拟化服务。
- 虚拟架构查看及监控，查看虚拟资源使用状况及远程控制（如远程启动、远程关闭等）。
- 统计和计量。
- 服务品质协议（Service Level Agreement，SLA）服务，如可靠性、负载均衡、弹性扩容、数据备份等。

4. 智能交通的公共信息服务平台、地理信息系统云计算化（公共云）

在智能交通业务系统中，有一部分互动信息系统、公共发布系统及交通地理信息系统运行在互联网上，是以公众出行信息需求为中心，整合各类位置及交通信息资源和服务，形成统一的交通信息来源，为公众提供多种形式、便捷、实时的出行信息服务。该系统还为企业提供相关的服务接口，补充公众之间及公众与企业、交通相关部门、政府的互动方式，以更好地服务于大众用户。

公众出行信息系统主要提供常规信息、基础信息和出行信息等的动态查询服务及职能出行分析服务。该服务不但要直接为大众用户所使用，也为运营企业提供服务。

交通地理信息系统（GIS－T）也可以作为主要服务通过公共云平台，向广大市民提供交通常用信息、地理基础信息和出行地理信息导航等的智能导航服务。该服务直接向大众市民所用，也同时为交通运营企业针对 GIS－T 的二次开发提供丰富的接口调用服务。

所有在互联网上的应用都属于公众云平台，智能交通把信息查询服务及智能分析服务作为一个平台服务提供给其他用户使用，不但可以标准化服务访问接口，也可以随负载压力动态调整 IT 资源，提高资源的利用率并提高保障系统的高可用性及稳定性。交通公共云平台主要提供以下功能：

- 基于平台的 PaaS 服务。
- 资源服务部署，申请、分配、动态调整和释放资源。
- SLA 服务，如可靠性、负载均衡、弹性扩容和数据备份等。
- 其他软件应用服务（SaaS），如地理信息服务、信息发布服务、互动信息服务和出行诱导服务等。

5. 关于智能交通云的争议

有关专家认为，数据安全是全球对云计算最大的质疑，例如，智能交通领域的城市轨道交通，传统安防服务的主体是地铁运营安防，其监控覆盖范围是地铁运营所涵盖的有限站点和区域，录像资料保密性和安全性要求高，且不接入公共网络，其服务对象是地铁运营人员和公安。同时，由于其安全级别要求更高，如信号系统对安防系统有特殊要求，使得安防系统在设计时必须特别的考虑。系统即使扩容也要受制于地铁站点的数量，不会无限制的扩容。对于这种相对封闭的系统来说，“云计算”显然没有太多的价值。

这些专家还认为其他如城市治安监控、金融、高速公路等传统的安防行业，由于整个系统的建设和设计初衷会考虑到保障整体系统的可控性、稳定性及系统间的联动、封闭的反馈环自动化控制等要求，注定会融入有一个相对封闭的大系统而非“云”系统，因此不适合采用“云计算”的模式。

总之，对智能交通，无可否认的是云计算会在其中扮演重要的角色，但如何扮演，是第一主角还是重要配角，这些都是值得探讨和研究问题。

9.3.5 医疗健康云

同样，云计算在医疗健康领域的应用也被寄予厚望。产生了所谓的医疗健康云的概念。医疗健康云在云计算、物联网、3G 通信及多媒体等新技术基础上，结合医疗技术，旨在提高医疗水平效率、降低医疗开支、实现医疗资源共享和扩大医疗范围，以满足广大人民群众日益提升的健康需求的一项全新的医疗服务。云医疗目前也是国内外云计算落地行业应用中最热门的领域之一。

1. 医疗健康云的优势

- 数据安全。利用云医疗健康信息平台中心的网络安全措施，断绝了数据被盗走的风险；利用存储安全措施，使得医疗信息数据定期进行本地及异地备份，提高了数据的冗余度，使得数据安全性大幅提升。
- 信息共享。将多个省市的信息整合到一个环境中，有利于各个部门的信息共享，提升服务质量。

- 动态扩展。利用云医疗中心的云环境，可对云医疗系统的访问性能、存储性能和灾备性能等进行无缝扩展升级。
- 布局全国。借助云医疗的远程可操作性，可形成覆盖全国的云医疗健康信息平台，医疗信息在整个云内共享，惠及更多的群众。
- 前期费用较低。因为几乎不需要在医疗机构内部部署技术（即“可负担”）。

2. 前期健康云需要考虑的问题

将云计算用于医疗机构时，必须考虑以下问题：

- 系统必须能够适应各部门的需要和组织的规模。
- 架构必须鼓励以更开放的方式共享信息和数据源。
- 资本预算紧张，所以任何技术更新都不能给原本就不堪重负的预算环境带来过大的负担。
- 随着更多的病人进入系统，更多的数据变成数字化，可扩展性必不可少。
- 由于医生和病人将得益于远程访问系统和数据功能，可移植性不可或缺。
- 安全和数据保护至关重要。

综观所有医疗信息技术，采用云计算面临的最大阻力也许是来自对病人信息的安全和隐私方面的担心。医疗行业在数据隐私方面有一些具体的要求，已成为《健康保险可携性及责任性法案》（HIPAA）的隐私条例，政府通过这些条例为个人健康信息提供保护。

同样，许多医疗信息技术系统处理的是生死攸关的流程和规程（如急症室筛查决策支持系统或药物相互作用数据库）。面向医疗行业的云计算必须拥有最高级别的可用性，并提供万无一失的安全性，这样才能得到医疗市场的认可。

因此，一般的IT云计算环境可能不适合许多医疗的应用。随着私有云计算的概念流行起来，医疗行业必须更进一步：建立专门满足医疗行业安全性和可用性要求的医疗云环境。

目前可观察到两类医疗健康云，一类是面向医疗服务提供者，如IBM和Active Health合作的Collaborative Care，可以称为医疗云；另一类是面向患者的，如Google Health、Microsoft Health Vault及美国政府面向退伍军人提供的Blue Button，暂且称其为健康云。

除了将现有的IT服务搬到云上外，将来更大的机会在于方便了医疗机构之间、医疗机构和患者之间信息的分享和服务的互操作性，以及在此基础上开放给第三方去成长新的业务。对于像过渡期护理（Transitional Care）、慢性病预防与管理、临床科研等涉及多家医疗医药机构的合作、患者积极参与的情形，在医疗健康云上进行将如虎添翼。

9.4 云计算与教育

9.4.1 MOOC

教育科研是一个国家保持可持续发展和创新的基础，也是全社会关注的重点。教育科研领域的信息化建设建设要采纳最新的信息技术，实现广泛的合作，促进先进的教育科研成果的流通，从而提高教育效果，加快科技进步。

在传统的课堂讲授方式中，老师通过口述并运用板书配合讲解，老师一直是教学中的主体，“老师教，学生学”这种教学模式使得学生一直处于被动学习的状态，学生缺乏对教学内容的真实感受。这种教学模式带来的弊端是很多的，学生长时间处于这种“被动”的学习状态，学习积极性很难提高，学习效果就会下降，甚至会造成学生厌学、弃学的结果，显然，这和现代教育讲究的个性化、全方位、创新性的学习理念背道而驰。

随着信息技术的迅速发展，特别是从互联网到移动互联网，创造了跨时空的生活、工作和学习方式，使知识获取的方式发生了根本变化。教与学可以不受时间、空间和地点条件的限制，知识获取渠道灵活与多样化。全球开放教育资源运动在全球许多国家和地区迅速发展，并伴随云计算、物联网等技术的发展，MOOC（Massive Online Open Course，大规模网络开放课程）应运而生，并在短期内得到了迅速发展。

1. 什么是 MOOC

慕课，简称“MOOC”，也称“MOOCs”，是新近涌现出来的一种在线课程开发模式，它发端于过去的那种发布资源、学习管理系统以及将学习管理系统与更多的开放网络资源综合起来的旧的课程开发模式。它的出现被喻为教育史上一场海啸，一次教育风暴，500 年来高等教育领域最为深刻的技术变革。

2. MOOC 的发展历史

MOOC 一词源于 2008 年戴夫·科米尔（Dave Cormier）和布莱恩·亚历山大（Bryan Alexander）对乔治·西蒙斯（George Siemens）和斯蒂芬·唐斯（Stephen Downes）在马尼托巴大学开设的名为“联通主义学习理论和连接性知识”的新型大规模开放式网络课程英文名“Massive Open Online Courses”首字母的缩写。2011 年，美国斯坦福大学将 3 门计算机课程对全球免费开放，注册学习人数均超过或接近 10 万人。掀起了 MOOC 学习的热潮。2012 年，更多的学校、组织及个人都在互联网上提供 MOOC。美国《纽约时报》将 2012 年称为 MOOC 元年。2013 年是 MOOC 在我国飞速发展的一年。2013 年 1 月，香港中文大学加盟 Coursera；4 月，香港科技大学加盟了 Coursera；5 月 21 日，北京大学、清华大学、香港大学、香港科技大学等 6 所亚洲大学宣布加盟 edX；7 月 8 日，复旦大学和上海交通大学宣布加盟了 Coursera。除此之外，各大高校也在自主或联合开发自己的 MOOC 平台和在线学习平台，如清华大学自主开发的“学堂在线”，西南交通大学与台湾新竹交通大学、上海交通大学、西安交通大学等共同建设开放式 MOOC 课程平台，上海交通大学联合北京大学、清华大学、复旦大学等 12 所大学共同组成“在线课程共享联盟”等。2013 年被称为中国的 MOOC 元年，如图 9-4 所示。

3. 课程特征

- 工具资源多元化：MOOC 课程整合多种社交网络工具和多种形式的数字化资源，形成多元化的学习工具和丰富的课程资源。
- 课程易于使用：突破传统课程时间、空间的限制，依托互联网世界各地的学习者在家即可学到国内外著名高校课程。
- 课程受众面广：突破传统课程人数限制，能够满足大规模课程学习者学习。
- 课程参与自主性：MOOC 课程具有较高的入学率，同时也具有较高的辍学率，这就需要学习者具有较强的自主学习能力才能按时完成课程学习内容。

4. 我们身边的 MOOC

随着 MOOC 的深入人心，越来越多的人加入了 MOOC 学习的热潮，对高校产生了巨大的冲击，许多高校纷纷开始建立自己的 MOOC，加入 MOOC 组织，如图 9-5 所示。

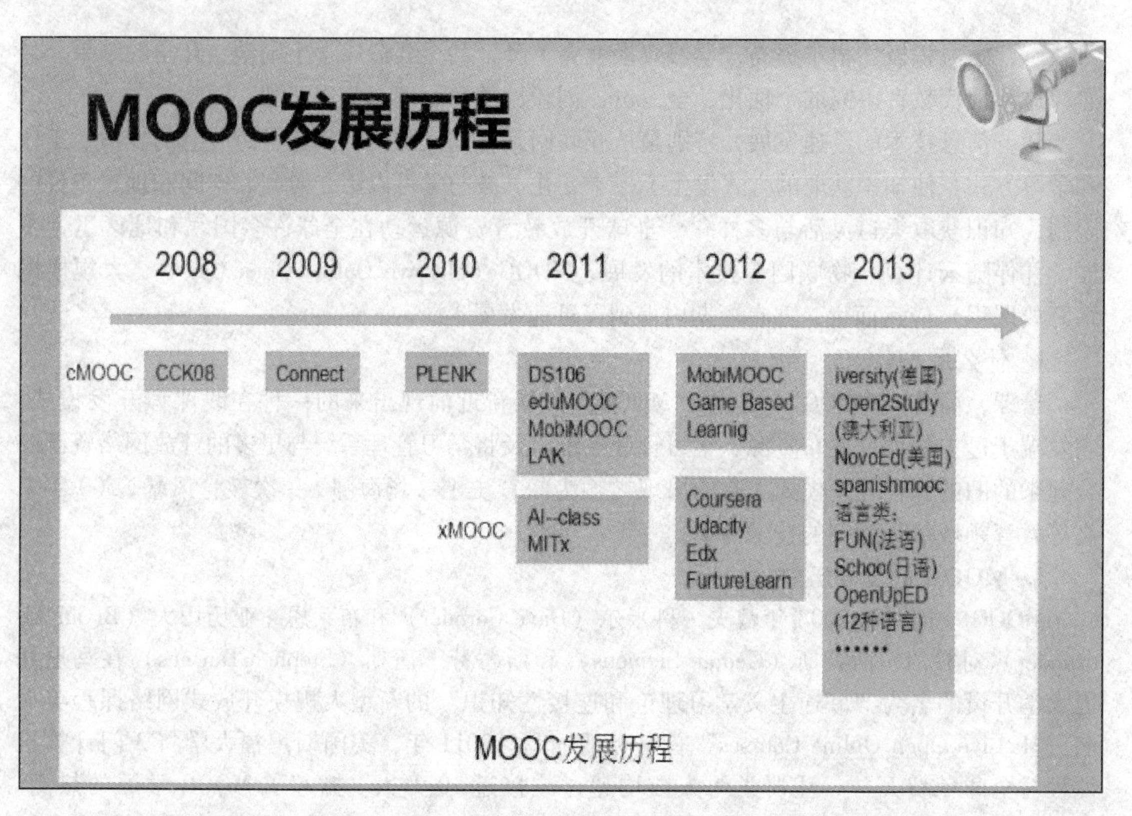

图 9-4　MOOC 发展历程

图 9-5　高校的 MOOC

9.4.2 云计算对教育发展的重要意义

1. 实现全球化教育资源的共享

借助云技术，可以整合全部教育资源，达到优势互补的作用。如果我们把全球的优势教育资源整合起来，形成一个强大的“云”，那么在家中就可以观看全球所有名师的讲课视频，查阅全球所有的报纸、期刊，访问所有的在线图书馆，从而达到学习方便、高效、费用低廉，节约时间和成本的效果。

2. 促进学生学习方式的变革

由于云计算具有资源丰富、操作简单、弹性高、扩展性强和基于 Web 的服务器、存储、数据库等优点，所以对于学生来说，便于其从“云”端选择自己所需要的各种资源，也便于其根据自己的实际情况选择自己合适的学习进程、学习时间和学习方式，因而，可将学生从过去传统的死板的教学模式中解脱出来，有利于接受能力、认知能力强的学生缩短自己的学习进程，获取更多的知识，还有利于其形成举一反三、推陈出新的能力。

3. 推动教师的改变

云技术的使用要求广大教师也应该具备良好的信息技术使用能力，否则再好的资源也不能发挥其应有的作用。因此，教师应该在目前就要利用现有的多媒体技术，逐步实现电子备课和网络教案，最终实现和云技术的全面对接。

9.4.3 云计算与教育行业所面临的挑战

在云技术日益成熟的今天，很多领域都开始设计云技术，教育也不例外。教育信息化在培养人才，提升教育质量等方面将发挥更大的作用。从国家层面来说，为了促进教育均衡和教育公平，各个高校充分进行课程共享、资源共享，给彼此形成优势互补。教育云技术以其按需提供资源的特点，成为高校关注的焦点。但教育云的构建却不是一帆风顺的，它同样面临着挑战。

1）知识产权的问题。在建设教育云技术时，要将各个高校的资源集中起来，给用户提供服务。但是资源从何而来。

2）隐私问题。现在信息部门已经掌握了学校的很多资源，这就涉及隐私问题，例如信息资源可以提供给谁，通过什么途径提供，这并没有法律依据可循。

3）云平台的安全问题。云服务可以将资源都储存在云中，从法律角度来说，用户疑虑信息安全是否得到保障是无可厚非的。因此，信息托管部门必须建立健全的管理制度，对师生保持可靠的信任度。

思考与练习

1. 结合云计算在互联网中的挑战和现状分析我们需要如何改进现有信息系统。

2. 分析云计算是如何与 ERP 系统相结合的，云 ERP 与传统 ERP 之间最大的不同是什么？

3. 云计算在物联网行业中具体有哪些应用？分析这些应用所带来的好处。

4. 分析云计算对教育行业产生哪些影响。

参 考 文 献

[1] 许守东. 云计算技术应用与实践 [M]. 北京：中国铁道出版社，2013.
[2] 程克非，罗江华，兰文富. 云计算基础教程 [M]. 北京：人民邮电出版社，2013.
[3] 王吉斌，彭盾. 互联网+：传统企业的自我颠覆、组织重构、管理进化与互联网转型 [M]. 北京：机械工业出版社，2015.
[4] 虚拟化与云计算小组. 云计算实践之道：战略蓝图与技术架构 [M]. 北京：电子工业出版社，2011.
[5] 祁伟，等. 云计算：从基础架构到最佳实践 [M]. 北京：清华大学出版社，2013.
[6] 熊信彰. 降云：VMware vSphere 4 云操作系统搭建配置入门与实战 [M]. 北京：中国水利水电出版社，2011.
[7] 朱近之. 智慧的云计算：物联网的平台 [M]. 北京：电子工业出版社，2011.
[8] 中国电子技术标准化研究院. 云计算标准化白皮书 [M]. 北京：中国铁道出版社，2014.
[9] 王鹏. 云计算的关键技术与应用实例 [M]. 北京：人民邮电出版社，2010.
[10] 王金波，等. 虚拟化与云计算 [M]. 北京：电子工业出版社，2009.